Kreativität im Schnittpunkt der Observanzen
Creatività e osservanza

Vigilanzkulturen / Cultures of Vigilance

Herausgegeben vom / Edited by
Sonderforschungsbereich 1369
Ludwig-Maximilians-Universität München

Wissenschaftlicher Beirat
Erdmute Alber, Peter Burschel, Thomas Duve,
Rivke Jaffe, Isabel Karremann, Christian Kiening und
Nicole Reinhardt

Band / Volume 7

Kreativität im Schnittpunkt der Observanzen
Creatività e osservanza

―

Italienische Literatur um 1600 zwischen
Gegenreformation und Regelpoetik
Letteratura italiana del Seicento tra Controriforma e
normatività poetica

Hrsg. von / A cura di
Maddalena Fingerle und Florian Mehltretter

DE GRUYTER

Gefördert durch die Deutsche Forschungsgemeinschaft (DFG) – Projektnummer 394775490 – SFB 1369

ISBN 978-3-11-116665-0
e-ISBN (PDF) 978-3-11-116716-9
ISBN (EPUB) 978-3-11-116725-1
ISSN 2749-8913
DOI https://doi.org/10.1515/9783111167169

Dieses Werk ist lizenziert unter der Creative Commons Namensnennung - Nicht kommerziell - Keine Bearbeitungen 4.0 International Lizenz. Weitere Informationen finden Sie unter https://creativecommons.org/licenses/by-nc-nd/4.0/

Die Bedingungen der Creative-Commons-Lizenz für die Weiterverwendung gelten nicht für Inhalte (z. B. Grafiken, Abbildungen, Fotos, Auszüge usw.), die nicht Teil der Open-Access-Publikation sind. Diese erfordern ggf. die Einholung einer weiteren Genehmigung des Rechteinhabers. Die Verpflichtung zur Recherche und Klärung liegt allein bei der Partei, die das Material weiterverwendet.

Library of Congress Control Number: 2023931043

Bibliografische Information der Deutschen Nationalbibliothek
Die Deutsche Nationalbibliothek verzeichnet diese Publikation in der Deutschen Nationalbibliografie; detaillierte bibliografische Daten sind im Internet über http://dnb.dnb.de abrufbar.

© 2023 bei den Autorinnen und Autoren, Zusammenstellung © 2023 Maddalena Fingerle, Florian Mehltretter, publiziert von Walter de Gruyter GmbH, Berlin/Boston
Dieses Buch ist als Open-Access-Publikation verfügbar über www.degruyter.com

Titelbild: Jan Both: *Landschaft mit Merkur, Juno und dem toten Argus*, 1650/51, Bayerische Staatsgemäldesammlungen, München (Inv.-Nr. 795).
Printing and binding: CPI books GmbH, Leck

www.degruyter.com

Inhalt

Einleitung —— 1

Irene Fantappiè
Il nome dell'autore e la forma del testo. Strategie di evasione dalla vigilanza in Anton Francesco Doni e Ortensio Lando —— 7

Bernhard Huss
Ordnung und Gewalt, Vigilanz und Übergriff. Die üble Wurzel Arkadiens in Luigi Grotos *Calisto* —— 31

Claudia Wiener
Die Wachsamkeit als Heldentugend in der *Syrias* des Pietro Angeli da Barga —— 59

Marc Föcking
Attenzione all'Anticristo! Vigilanza e paura nella *Rappresentatione del Giudicio universale* (1596) di Paolo Bozzi —— 93

Clizia Carminati
Vigilanza: una questione tra Tasso e Marino —— 113

Maddalena Fingerle
Grottesco e grottesca nell'*Adone* di Giovan Battista Marino —— 135

Ilaria Paltrinieri
Considerazioni sulle *parti nona* e *decima* de *Lo stato rustico* di Giovan Vincenzo Imperiale —— 147

David Nelting
Vigilanz und Observanz im *poema sacro*: Überlegungen zur Vorrede von Gasparo Murtolas *Della creatione del mondo* (1608) —— 173

Florian Mehltretter
Oper als korrektive Performanz. *La catena d'Adon*e von Tronsarelli/Mazzocchi und die Indizierung von Marinos Adonis-Epos —— 193

Carlo Bosi
Opere veneziane per scene non veneziane: tra censura e assimilazione —— 207

Einleitung

Italienische Literatur entsteht um 1600 in einem Schnittpunkt von poetologischen und religiösen Normierungsbestrebungen und unter wachsamer Beobachtung sowohl seitens einer kritisch diskutierenden literarischen Gemeinschaft als auch der gegenreformatorischen Zensur und Inquisition. Die kirchlichen Autoritäten kontrollieren die Literatur von außen, während die Literaten in einem Dialog des Aushandelns von Normen und der wachsamen Beratung und Kritik untereinander begriffen sind. Der Titel dieses Bandes benennt dies mit dem Begriff der ‚Observanz' in seiner Doppelbedeutung von ‚Beobachtung' und ‚Regelbeachtung'. Der ‚Schnittpunkt' der Observanzen meint die Intersektion unterschiedlicher Beziehungen von Normierung und Überwachung, von Aufmerksamkeit und Achtgeben, aber auch unterschiedlicher darauf bezogener Akte der Evasion und der Reflexion. Dabei agieren Autoren, Künstler und (auch geistliche) Intellektuelle im Rahmen bestimmter kultureller Voraussetzungen und sehen sich im Dienste allgemeiner Zielsetzungen dazu gebracht, auf etwas zu achten, auf etwas aufmerksam zu sein – ob nun aus heutiger Sicht negativ (Zensur) oder positiv (Gefahrenabwehr).

Solche kulturellen Zusammenhänge untersucht der Münchener Sonderforschungsbereich 1369 als ‚Vigilanzkulturen'. Der Begriff ‚Vigilanz' meint im Sprachgebrauch des Forschungsverbunds nicht (wie hingegen im Italienischen oder anderen romanischen Sprachen) einzelne Phänomene der Sachebene wie Aufmerksamkeit, Wachsamkeit oder Überwachung selbst, sondern wird als analytischer Begriff für die Koppelung persönlicher Aufmerksamkeit mit überindividuellen Zielen verwendet. In den verschiedensten Bereichen bringen und brachten Gesellschaften ihre Mitglieder dazu, auf etwas zu achten oder über etwas zu wachen oder auch sich und andere zu überwachen. ‚Vigilanz' ist dabei einerseits akteursbezogen gedacht, findet aber andererseits immer unter den je historisch spezifischen kulturellen Voraussetzungen einer ‚Vigilanzkultur' statt.

Die Vigilanzkultur in Italien um 1600 bringt in der Literatur teils komplexe Problemlagen (Inkompatibilität gattungspoetologischer und religiöser Normen im Romanzo), Wechselwirkungen (im Verhältnis zwischen klassizistischer und gegenreformatorischer Poetik) und Evasionsstrategien (allegorische Immunisierung problematischer Textpassagen) hervor, die das Teilprojekt C03 des Sonderforschungsbereichs an den Autoren Torquato Tasso und Giambattista Marino untersucht. Die Tagung, deren Ergebnisse in dem vorliegenden Band präsentiert werden, erweitert dieses Interesse auf andere Autoren und andere mediale Formate (Theater, Musiktheater) sowie auf weitere Formen der Wachsamkeit: Da sind einerseits Formen und Funktionen der Wachsamkeit von Autoren selbst, etwa auf die Gestaltung des eigenen Texts und seiner Medialität oder auf die eigene Autorschaft durch evasive Verschleierung oder vorsichtige Pluralisierung in Pseudo- und Heteronymie (Doni, Lando). Andererseits wird die Aufmerksamkeit der Rezipienten angesteuert; beispielsweise kann sie auf Problemlagen poetologischer und moralischer Normierung gelenkt werden (Groto) oder aber zerstreut und ‚zerspielt' werden (Marino), religiöse Observanz kann sich gar in poetischer Selbstreferenz verlieren (Imperiale, Murtola). Fragen der dichterischen und lesenden Aufmerksamkeit können zusammenfallen, wenn ein Autor die Aufmerksamkeit der Rezipienten massiv darauf lenkt, dass sein Text religiöse und poetologische Normen präzise beachtet (Tronsarelli) oder das Problem der Wachsamkeit selbst reflexiv thematisiert (da Barga). Schließlich kann das Zusammenwirken heterogener Zensurakte die Gestalt literarischer Texte sogar für deren Rezeptionsgeschichte bereichernd bestimmen (*L'incoronazione di Poppea*). In keinem der genannten Fälle lässt sich das literarische Kunstwerk auf einen Effekt zufälliger Außenwirkungen wie Repression reduzieren; stets gilt es, die besonderen Wege literarischer Kreativität im Schnittpunkt der Observanzen genauer zu kartieren und zu modellieren.

Die Beiträge dieses Bandes unternehmen dies und zeigen dabei eine Vielgestalt literarisch anspruchsvoller Entwürfe, Problemlösungen oder auch Problematisierungen auf, sogar innerhalb eines je einzelnen Textes oder Korpus'. Aufgrund dieser Vielfalt bietet es sich nicht an, die Anordnung der Artikel in ein konzeptuelles Schema zu zwängen. Sie werden daher chronologisch nach der Entstehung ihrer je hauptsächlich untersuchten Texte geordnet, so dass zugleich der Schattenriss einer historischen Entwicklung sichtbar wird.

Der Beitrag von Irene Fantappiè, *Il nome dell'autore e la forma del testo. Strategie di evasione dalla vigilanza in Anton Francesco Doni e Ortensio Lando*, befasst sich mit zwei Autoren des 16. Jahrhunderts, die mit komplexen Strategien ihre Namen der politischen und religiösen Überwachung entziehen. Diese Evasionsstrategien, die neben dem Problem der Autorschaft auch dasjenige der Textualität und Medialität angehen, haben, wie die Verfasserin zeigt, neben ihrer pragmatischen vor allem eine poetologische Valenz. Ortensio Lando zielt auf Pseudonymie, Heteronymie und Anonymat, um ein Kaleidoskop von Pseudo-Identitäten zu schaffen, in welchem er selbst gewissermaßen verschwindet. Anton Francesco Doni hingegen über-exponiert sich durch die Multiplikation unterschiedlicher Autormasken, die alle seinen Namen tragen, aber keiner konstanten Identität zugewiesen werden können; dadurch wird er als Autor fiktionalisiert. Beide wenden sich vom Buchdruck ab und produzieren wieder Handschriften, aber mit unterschiedlichen Zielsetzungen: Während Lando durch die Handschriftlichkeit der auf Druckerzeugnisse gerichteten Aufmerksamkeit der Zensoren entgeht, ermöglicht Doni durch sie eine neue Aufmerksamkeit auf den Text, seine präzise, komplexe und kontrollierte (nicht durch Drucker verdorbene) Gestaltung durch den Autor, der auch als Schreiber wirkt und interessante intermediale Formen realisiert. In beiden

Fällen wird der Text der Kontrolle anderer Personen entzogen, ebenso wie der Autor selbst. Maximiert wird jedoch die Achtsamkeit des Autors auf seinen Text.

Luigi Groto ist ein Dichter der ‚manieristischen' Phase des späten 16. Jahrhunderts, der, wie Bernhard Huss zeigt, die Observanz poetologischer Normen in einer Weise auf die Spitze treibt, dass sie als eigentliches Thema des jeweiligen Textes die Aufmerksamkeit der Rezipienten auf sich zieht. Moralische Normen werden von ihm im Rahmen seiner ‚Poetik der Forcierung' ähnlich behandelt und damit zugleich zur Diskussion gestellt, wie Huss' Analyse des Schäferdramas *La Calisto* erweist. Insbesondere die schon in Ovids Fassung des Mythos von Jupiters Vergewaltigung der Nymphe Kallisto angelegte „Spannung von Norm, Normverstoß und (fragwürdiger) Kompensation des Verstoßes" wird von Groto scharf herausgearbeitet, wobei Groto insbesondere Konflikte zwischen normativen Ordnungen hervortreibt, die wiederum von komplexen Verhältnissen der Wachsamkeit, des Achtgebens und der Überwachung durchzogen sind. Diese Ordnungen geraten auf der Handlungsebene zugleich in Gefahr durch die Verwischung der sie fundierenden Geschlechteroppositionen, welche ausgerechnet durch Jupiters und Merkurs zum Zweck erotischer Annäherung an die Nymphen Dianas angenommene weibliche Gestalt erfolgt. Je nach der Aufmerksamkeitsform des (höfischen) Publikums können diese Inszenierungen von Ordnungskollisionen in der Komik mancher Szenen untergehen oder aber unübersehbar hervortreten.

Claudia Wiener untersucht anhand des lateinischen Kreuzzugsepos *Syrias* von Tassos Kollegen Pietro Angeli da Barga (Bargaeus), wie im Schnittpunkt poetologischer, politischer und religiöser Aufmerksamkeit die Wachsamkeit (etwa gegen nächtliche Angriffe) auf der thematischen Ebene des Textes reflexiv eingeholt und als Heldentugend modelliert wird. Diese Tugend gehört, wie deutlich wird, zu einem posttridentinischen ethischen und politischen Programm, das etwa in Jesuitendramen greifbar ist. Sie gilt besonders für Herrscher, die nicht zuletzt den Glauben gegen heidnische Invasoren und inländische Ketzer wachsam verteidigen sollen.

Marc Föcking analysiert ein geistliches Drama, die *Rappresentatione del Giudicio universale* von Paolo Bozzi (1596), zwischen Normenobservanz und performativer Steigerung christlicher Wachsamkeit. Bozzi, der als Tragödienautor mit den aristotelischen Normen vertraut ist, versteht (anders als andere Autoren seiner Zeit), dass eine Darstellung des Jüngsten Gerichts in einer Regeltragödie ausgeschlossen ist, und zieht sich auf die Gattung der *sacra rappresentazione* zurück – wählt aber dennoch einen lateinischen Vorbildtext, um der Norm der *imitatio auctorum* zu genügen. Die Theateraufführung soll die Wachsamkeit der Rezipienten in Bezug auf das eigene Seelenheil im Horizont sowohl eines täglichen Urteils darüber als auch des kommenden Weltengerichts befördern.

Der Artikel von Clizia Carminati, *Vigilanza: una questione tra Tasso e Marino*, stellt reiches historisches Material zu den beiden wichtigsten italienischen Dichtern kurz vor und kurz nach 1600 in ihrem Verhältnis insbesondere zu zensorischer Überwachung bereit und interpretiert dieses ausführlich. Torquato Tasso verinnerlicht einerseits die religiösen Werte und Normen sozusagen auf systematischer Ebene, ist jedoch andererseits auf der Hut gegenüber den Aktivitäten einzelner Personen, die im Dienst des Systems stehen. Im Hinblick auf die Observanz der poetologischen Regeln nimmt Tasso selbst das Amt des obersten Richters ein. Tasso ‚bewacht' sein Gedicht gegen Einmischungen von außen und gegen einen Raubdruck. Marino hingegen fordert die Zensur teils verdeckt heraus, teils entzieht er sich der Überwachung durch Flucht. Mit bemerkenswerter Nonchalance ‚erspielt' sich Marino Freiräume, sowohl in seiner Lebensführung als Schriftsteller als auch in der Abfassung seiner Texte. In seinem Umgang mit den Zensurorganen bedient er sich seiner Beziehungen zu mächtigen Akteuren, um die komplexe Maschinerie zu seinen Gunsten zu beeinflussen. Nie passt er seinen Text an die Vorgaben der Zensoren an, allenfalls sorgt er dafür, dass die Autographen vernichtet werden, so dass er notfalls die Autorschaft an inkriminierten Texten leugnen kann.

Maddalena Fingerle befasst sich mit der Rolle des Grotesken als ästhetischer Kategorie und der Grotesken als typographische Schmuckformen bildkünstlerischer Herkunft im Erstdruck von Marinos *Adone*. Es wird deutlich, dass Marinos (von der Zensur kritisch gesehene) Kombination des Schönen mit dem Hässlichen als grotesk im Sinne der (späteren) Diskussion über diese Qualität gedeutet werden kann. Die Verwendung von Grotesken in der medialen Gestaltung des Erstdrucks des Epos dient der Verschleierung und Verwirrung, greift sie doch ein weitgehend amimetisches, deutungsoffenes Bildverfahren auf. Marinos Text reflektiert zugleich auf den Einsatz buchkünstlerischer Grotesken auf der thematischen Ebene. Der Konvergenzpunkt von Groteske und dem Grotesken ist der Effekt der Verfremdung. Als solcher betont er den wirklichkeitsenthobenen Kunstcharakter dieses provozierenden Werks, vermochte dieses aber nicht vor der Indizierung zu schützen.

Ilaria Paltrinieri analysiert die Traum-Episode aus dem erfolgreichen Epos *Lo stato rustico* (1607) von Marinos geschätztem Kollegen Giovan Vincenzo Imperiale (auf den er im *Adone* auch anspielt). Hier geht es um Träumen und Wachen, aber auch um die Achtsamkeit auf poetologische Optionen. Imperiale legt in dem Diptychon der Träume von Clizio und Euterpe die Entwicklung einer eigenen und besonderen Poetik an, auf der Basis neuplatonischer Tugendvorstellungen. Auffällig ist dabei, dass die vermittelten Werte nicht christlich, sondern weltlich-literarisch perspektiviert sind. Imperiale meidet in seinem Epos die inhaltliche Berührung mit religiösen oder auch politischen Fragen, obwohl er als biographische Person sowohl mit hohen Amtsträgern der Kirche als auch der Politik in Kontakt stand. Dies kann eine Folge starker auktorialer Selbstkontrolle oder gar Selbstzensur sein, aber auch Effekt eines letztlich doch rein dichterischen, tendenziell weltabgewandten Interesses. Ein Vergleich mit einer 30 Jahre später verfassten Arbeit Imperiales, die eine deutlich religiöse Wendung impliziert, spricht jedenfalls für die Relevanz der religiösen Observanz im Horizont des Autors.

Marinos Gegenspieler Gaspare Murtola und damit verbunden die Fährnisse weltlichen Dichtens über geistliche Themen nimmt David Neltings Lektüre der Vorrede von Murtolas *Creazione del mondo* (1608) in den Blick. Neben religiöser gilt hier auch eine gegenüber der vorhergehenden Epoche veränderte poetologische Observanz: „Murtola ‚beobachtet' sehr wohl Formularien der tardocinquecentesken Regelpoetik, aber er ‚beachtet' sie nicht mehr." Nelting zeigt jedoch, dass, wie orthodox abgesichert der Text auch immer in religiöser Hinsicht sein mag, im Unterschied zu anderen Publikationen Murtolas die Vorrede des Schöpfungsepos dezidiert auf dieser poetologischen Dimension beharrt, den Text als narrativen und poetischen fokussiert und die geistliche Dimension des immerhin als *poema sacro* bezeichneten Epos abblendet. Dies könnte freilich, so Nelting, über bloße Evasion hinaus ein Indiz für eine primäre Wichtigkeit des Dichterischen sein, dem die religiöse Dimension nachgeordnet wäre, ja: im Modus der Dichtung scheint bei Murtola die religiöse Dimension des Werdens der Welt als *Schöpfung* geradezu provokant unterbelichtet: Ein Befund, der suggeriert, dass poetologische und sogar religiöse Normenobservanz um 1600 nur noch ein Oberflächenphänomen sein könnten, das einen tiefen Wandel der Einstellungen und auch der Lesererwartungen verbirgt.

Florian Mehltretter zeigt, dass die Oper *La catena d'Adone*, mit Musik von Domenico Mazzocchi auf einen Text von Ottavio Tronsarelli 1626 in Rom uraufgeführt, also nach Marinos Tod und während des Prozesses der Indizierung seines *Adone*, eine Episode aus diesem Epos (Gesang XII–XIII) hinsichtlich sowohl poetologischer als auch religiöser bzw. moralischer Observanzen normalisiert und homogenisiert. Die Modellpluralität Marinos wird abgebaut, problematische Passagen werden herausgenommen, und das ganze wird im Sinne eines christlichen Aristotelismus korrigiert, gesichert durch einen zusätzlichen allegoretischen Paratext. Dies ist keine theoretische, sondern eine theatralisch performative Stellungnahme zu einem Zensurvorgang, in den die Oper im Sinne einer Wachsamkeit auf Sprache und Sinn eingreift.

Carlo Bosi bewegt sich weiter auf die Jahrhundertmitte zu und verfolgt venezianische Opern des 17. Jahrhunderts in Wiederaufnahmen außerhalb des Territoriums der Serenissima. Sind aufgrund der wachsam verteidigten Freiheit der venezianischen Republik und der besonderen freidenkerischen Umgebung der Accademia degli Incogniti, aus deren Umfeld viele Operntexte kommen, diese oft provokant in Bezug auf literarische und religiöse Observanzen, so kommt es durch die Aufführung in anderen politischen Kontexten außerhalb Venedigs zu vielerlei Textveränderungen, die häufig konkret auf Zensur zurückgeführt werden können oder auch auf Selbstzensur beruhen. Die Modifikationen erweisen sich als teils unvorhersehbar und sogar überraschend, je nachdem, welche Werte und Normen im jeweiligen Aufführungskontext für besonders relevant gehalten werden. Dies führt teils auch zu hybriden Textüberlieferungen; so kann eventuell die heutigen Opernfreunden so anregend widersprüchliche Gestalt von Monteverdis und Busenellos *Poppea* auf Kontaminationen mit einer zensierten neapolitanischen Fassung zurückgeführt werden, die insbesondere die Herrscherfiguren in ein günstigeres Licht zu tauchen sucht. Hier wirken kreative Lösungen im Schnittpunkt der Observanzen teils zufällig zusammen und erzeugen eine Art von künstlerischer Interessantheit, die nicht mehr einzelnen Autoren zuzuschreiben wäre.

,Von hundert Augen', erzählt uns Ovid, ,hatte Argus das Haupt umkränzt' (*Metamorphosen* I, 625), und daher war er der ideale Wächter über Io. Von Merkurs Flöte und erzählender Stimme wird er dennoch eingeschläfert und verliert so sein Leben. Juno schließlich setzt die Augen des Toten in das prächtige Gefieder ihres bevorzugten Vogels, des Pfaus (I, 722–723). Dieses von vielen Künstlern um 1600 (Antonio Tempesta, Paul Brill, P.P. Rubens) gestaltete Sujet bildet in der Version von Jan Both (1650/51) das Titelbild dieses Bandes und soll auf die Vielfalt der wechselseitigen Zusammenhänge zwischen Wachsamkeit und Ästhetik verweisen, die darin aufgezeigt werden. Die interdisziplinäre und internationale Tagung, aus der die Beiträge hervorgegangen sind, wurde vom 27. bis 29. April 2022 im Rahmen des SFBs „Vigilanzkulturen. Transformationen – Räume – Techniken" in München durchgeführt. Wir bedanken uns bei der Deutschen Forschungsgemeinschaft für die Förderung dieses Projekts und die Möglichkeit, diesen Band aus Mitteln des SFBs publizieren zu können. Sehr herzlich sei auch der Carl Friedrich von Siemens Stiftung gedankt, in deren Räumen und mit deren großzügiger Unterstützung wir tagen durften. Allen Teilnehmer:innen der Tagung sowie den Hilfskräften (vor allem Cosimo Schlagintweit und Kilian Müller) gilt unser besonderer Dank.

Irene Fantappiè

Il nome dell'autore e la forma del testo. Strategie di evasione dalla vigilanza in Anton Francesco Doni e Ortensio Lando

Fin dalla fase iniziale della Controriforma, alcuni scrittori del Cinquecento italiano impiegano strategie atte a sottrarre il proprio nome e i propri testi alla sorveglianza delle autorità politico-religiose e delle *auctoritates* culturali. Di seguito intendo analizzare alcuni aspetti di tali strategie e al contempo far emergere come la loro valenza sia non soltanto pragmatica e politica ma anche, anzi soprattutto, poetologica: queste strategie servono, oltre che a sfuggire al controllo delle istituzioni, anche a esprimere determinate idee sulla letteratura e sul rapporto tra finzione e realtà. Nel corso dell'indagine si vedrà, inoltre, come l'evasione dai meccanismi di controllo coincida con una appropriazione degli stessi, vale a dire con un aumento del grado di consapevole 'vigilanza' sulla propria figura autoriale e sulle proprie opere.

L'analisi si concentrerà in primo luogo sulla concezione e gestione del proprio nome d'autore (siamo dunque sul piano dell'autorialità); in secondo luogo, sulla concezione e gestione dell'opera letteraria come oggetto, con particolare riferimento alla forma manoscritta (siamo quindi sul piano della testualità e della materialità del testo).

Per intersecare questi due piani farò riferimento a due casi concreti, quelli di Ortensio Lando e Anton Francesco Doni. L'accoppiata è, per così dire, un classico: i due letterati vengono da sempre considerati affini, sia perché agiscono all'interno di coordinate cronologiche e geografiche non troppo diverse, sia perché sono in contatto tra loro e si leggono reciprocamente, sia, soprattutto, perché prendono posizioni similmente 'irregolari' in ambito letterario e religioso. In queste pagine cercherò invece di mostrare che Lando e Doni si rapportano al proprio nome d'autore e alla materialità dei propri testi impiegando strategie che sono complementari, se non opposte, nelle modalità – pur essendo, come emergerà alla fine, consonanti negli intenti generali.

Nello specifico, vedremo come Lando punti su pseudonimia, eteronimia, anonimia e più in generale sull'alterazione dei parametri di identificazione individuale al fine creare un caleidoscopio di non-identità o di pseudo-identità dietro alle quali la sua scompare, tant'è che di lui si sa molto poco. Doni, invece, plasma molteplici riproduzioni di una figura autoriale che porta il suo nome, cioè sovraespone sé stesso; questo sé stesso che egli sovraespone, però, non è un individuo, bensì una *persona*, una figura finzionalizzata. Inoltre, se Lando produce manoscritti per sottrarsi alla sorveglianza che grava sulle opere a stampa, o li pensa come mero preludio a edizioni vere e proprie, verso la fine degli anni Quaranta Doni decide di voltare le spalle alle tipografie – un gesto sorprendente in un momento in cui l'arte della stampa è alla sua acme – *in primis* per un altro motivo. Doni sceglie di tornare al manoscritto poiché lo ritiene l'unico mezzo che, portando ai massimi il controllo sul testo da parte di chi scrive, permette di condurre sperimentazioni che nel mondo delle tipografie sono impossibili (o sono divenute tali); in tal modo escogita soluzioni innovative per quanto concerne le modalità di rapporto tra testo e immagine, recuperando una idea di testo letterario come oggetto 'originale'.

Il nome dell'autore

È frequentissimo il ricorso di Ortensio Lando a pratiche di cancellazione, occultamento o alterazione del proprio nome. Delle circa trenta opere a lui ragionevolmente attribuite (tra scritti originali e traduzioni), solo quattro escono sotto il suo vero nome.[1] Pressoché la metà di questa trentina di testi viene pubblicata anonima.[2] Per otto opere Lando impiega diversi pseudonimi e per tre opere ricorre ad allonimi, segnatamente ad allonimi femminili (ovverosia pubblica i suoi testi come opere di donne realmente esistenti: Isabella Sforza, Lucrezia Gonzaga).[3] Le

---

1 Le opere che Lando pubblica col proprio nome sono *Miscellaneae Quaestiones* (1550); *Dialogo nel quale si ragiona della consolazione, et utilità, che si gusta leggendo la Sacra Scrittura* (1552); *Vari componimenti* (1552); edizione della *Predica del Rev. Mon. Cornelio vescovo di Bitonto* (1553).
2 Lando fa uscire anonimi i seguenti testi: *Cicero* (1534); *Paradossi* (1543); *Confutatione del libro de' paradossi* (1544); *Essortazione agli uomini* (1545); *Sermoni funebri* (1548); *Oracoli de' moderni ingegni* (1550); *Ragionamenti familiari* (1550); *Consolatorie de diversi autori* (1550); *Quattro libri de' dubbi* (1552); *Sette libri de cataloghi* (1552); *Due panegirici* (1552), *Breve prattica di medicina* (ca. 1552–1553); *La Republica nuovamente ritrovata dell'isola di Eutopia* (1548, traduzione); *La moglie* (1550, traduzione). Su anonimato e pseudonimia in Lando cfr. Greco, *Autopromotion*, p. 59–115.
3 Queste le opere pseudonime landiane: *Forcianae Quaestiones* (1545); *Funus* (1540); *Dialogo contra gli uomini letterati* (1541); *Commentario delle più mostruose cose* (1546); *Vita del beato Ermodoro* (1550); *La Sferza* (1550); *Dialogo erasmico* (1542, traduzione); *Cribratio medicamentorum* (1534, edizione). Queste le opere allonime (cioè pubblicate sotto il nome di un'altra persona esistente): *Della vera tranquillità dell'animo* (1548); *Lettere di molte valorose donne* (1548), sulle quali si tornerà in seguito; *Lettere di Lucrezia Gonzaga* (1552). Su Lando come figura che compare sotto pseudonimo in opere altrui (e specificatamente nell'*Aranei encomion* di Celio Secondo Curione) cfr. Biasiori, L'amico mascherato.

opere di Doni, al contrario, non sono mai anonime e riportano nella stragrande maggioranza dei casi il suo vero nome.[4]

Un punto di contatto tra Lando e Doni sembrerebbe essere invece l'abitudine, propria di entrambi, di auto-designarsi per mezzo di eteronimi basati su una caratteristica caratteriale o fisica (come "Bizzarro" o "Dubbioso"). Tali "phrénonymes" (come li chiama Maurice Laugaa nel suo ormai classico studio sulla pseudonimia, rifacendosi alla classificazione di Pierquin de Gembloux che in tal modo si riferisce ai casi di "qualité morale prise pour nom propre"[5]) vengono impiegati sia nei titoli e nei paratesti, sia dentro ai testi, spesso come nomi di personaggi la cui voce coincide con quella dell'autore.

È però interessante notare, anche qui, una differenza tra i due scrittori. Doni sceglie per lo più eteronimi che rimandano alla sua figura in modo diretto: ad esempio, i doppi dell'autore disseminati nei *Marmi* (1552–1553) hanno nomi come "Inquieto" o "Svegliato",[6] cioè fanno riferimento proprio alle caratteristiche personali che Doni più volte afferma esplicitamente di avere.[7] I "phrénonymes" di

---

4 Le eccezioni sono rarissime. Gli *Spiriti folletti* (1546) escono sotto lo pseudonimo di Celio Sanese. In due pubblicazioni del 1553, il nome di Doni viene celato (ma non troppo) dietro due "phrénonymes" (rispettivamente Diligente e Negligente); cfr. *infra*, n. 8.
5 Laugaa, *La pensée du pseudonyme*, p. 249; la classificazione di Pierquin de Gembloux è del 1856.
6 Sul "phrénonym" Svegliato (da intendersi come "d'ingegno vivo, acuto, e destro", cfr. *Vocabolario degli Accademici della Crusca* I, s.v.) e sulle origini lucianee di questa controfigura dell'autore cfr. Fantappiè, Lodovico Domenichi e Anton Francesco Doni di fronte a Luciano, p. 215–217.
7 Come persona inquieta e d'ingegno acuto Doni si descrive a più riprese ad esempio nelle sue *Lettere* (1544). Un esempio di 'autoritratto' di Doni basato proprio sull'inquietudine e l'irrequietezza e, tratto dalle *Lettere*, verrà analizzato *infra*. Tra gli altri "phrénonymes" impiegati da Doni si notino Affannato, Ardito, Assetato, Disperato, Dubbioso, Impaziente, Malcontento, Malinconico, Ostinato, Pazzo, Perduto, Sbandito, Selvaggio, Smarrito, Stracco, Sviato, Svergognato, Viandante (per un elenco completo cfr. Masi, Coreografie doniane, p. 59, n. 44). Vale la pena sottolineare che tra questi "phrénonymes" ce n'è anche qualcuno basato su caratteristiche lontane dalle descrizioni che Doni fornisce di sé stesso: Adormentato, Leggiadro, Quieto, Spensierato. D'altra parte, questo secondo tipo di "phrénonymes" non soltanto è molto meno frequente, ma viene per lo più impiegato in strettissima connessione con esempi di "phrénonymes" del primo tipo: l'autore, cioè, si presenta al lettore per mezzo di una coppia di eteronimi dal significato opposto. Attraverso tali coppie antonimiche di "phrénonymes", Doni allude a uno dei propri tratti identitari che egli con maggior frequenza sbandiera di fronte al pubblico: la tendenza alla (auto)contraddizione e al paradosso. Un esempio sono i dialoghi tra Quieto e Ardito, tra Adormentato e Disperato, tra Savio e Pazzo, tra Ignorante e Dottore nei *Marmi*; oppure – per fare un esempio di uso "phrénonymes" nei titoli dei testi – il ricorso a Diligente e Negligente, due eteronimi che Doni impiega per presentarsi, rispettivamente, come il curatore della ristampa dell'*Angelica innamorata* di Vincenzo Brusantino, 1553 (*Angelica Innamorata di M. Vincentio Brusantino ferrarese [...] Revista per il medesimo Autore, et corretta per il Diligente*) e come colui che "accomoda" le rime del Burchiello (cfr. *Rime del Burchiello comentate dal Doni*, 1553, p. 17: *Le rime del poeta Burchiello fiorentino. Accomodate per il*

Doni sono quindi a lui direttamente relazionabili e innescano una proliferazione di riproduzioni di sé stesso, causando una sovraesposizione della propria figura (intesa come costrutto autoriale di natura finzionale).

Lando, al contrario, mette più distanza possibile tra sé stesso e i nomi che inventa, optando per eteronimi che rimandano a caratteristiche che egli palesemente non possiede, o che comunque sono agli antipodi rispetto a quelle proprie della figura autoriale che il suo pubblico conosce. Un esempio è "Tranquillo", un "phrénonym" che cozza clamorosamente con la sua notoria indole di "vir inconstantissimus" (come lo definì Sebastianus Gryphius in una sua lettera a Giovanni Angelo Odoni e a Fileno Lunardi)[8] e di "più instabil huomo che viva, poi che non si sa fermar in verun luogo" (così Agostino Landi parla dell'autore negli *Oracoli de' moderni ingegni*, 1550).[9] "Tranquillo" è in forte contrasto anche con la descrizione che, nel 1545, l'autore della *Confutatione del libro de' paradossi* (cioè Lando) fa dell'autore dei *Paradossi* del 1543 (cioè ancora una volta Lando, anche se nella finzione letteraria si tratta appunto di due persone diverse), il quale viene definito, tra le altre cose, "frenetico e incostante":

> Intendendo, che frequentissimo fusse nella conversazione d'un mio strettissimo parente, puosi ogni mia industria per conoscerlo di faccia, si come avanti per fama lo conosceva: e accioche egli sia cosi da voi, come i scritti suoi schivato, e fuggito, ho pensato di farvene un ritratto, con quei piu fini colori, che per me si potessero giamai. Egli in prima è di statura picciola, anzi che grande, di barba nera e affumicata, di volto pallido, tisicuccio e macilento, d'occhio corbido e poco acuto, di favella e accento lombardo, quantunque molto si affatichi di parer toscano, pieno d'ira e di disdegno, ambizioso, impaziente, orgoglioso, frenetico e inconstante.[10]

L'incostanza dell'autore viene ribadita in un altro passo della stessa opera: "O che grande inconstantia è quella, che in te veggo, o che strana mutatione: non sono così volubili le ruote, che il grano tritano, quanto parmi volubile il cervello di

---

Negligente Academico Pellegrino, cit. in Masi, *Coreografie doniane*, p. 59). I due volumi escono per lo stesso editore, Marcolini, e quasi in contemporanea. Si noti che, nel caso del Burchiello, il nome di Doni compare nel titolo del volume, e che, nel caso di Brusantino, il Diligente era presentato come Accademico Pellegrino, il che costituisce un chiaro riferimento a Doni (sull'Accademia Pellegrina si tornerà tra poco): la presenza di Doni è dunque più che palpabile in entrambe le pubblicazioni. Vale in ultimo la pena sottolineare come la tendenza al paradosso, e alla presentazione di sé impostata su quest'ultimo, accomuni Doni a Lando; su Lando, il paradosso e gli autoritratti 'silenici' dell'autore cfr. Migliorini, *Aenigmatica varietas*, p. 159–198.

8 Cfr. Baudrier, *Bibliographie lyonnaise*, p. 32. In un'altra lettera dello stesso Gryphius agli stessi destinatari, Lando viene definito, similmente, "vir levissimus", cfr. ibid., p. 33.
9 Per la definizione di Agostino Landi cfr. Lando, *Oracoli*, c. 14^r.
10 Id., *Confutatione*, c. 3^v.

costui: ama e disama in un punto: vuole e non vuole: non è per mia fè sì mutabile il camaleonte."[11]

L'auto-designazione antifrastica di "Tranquillo" viene usata da Lando da sola o come apposizione al proprio nome, spesso ridotto ad acronimo. La ritroviamo sia nei titoli delle opere (un esempio sono le *Disquisitiones cum doctae tum piae in selectiora Divinae Scripturae loca H. Tranquillo authore,* dei primi anni Quaranta),[12] sia anche nei paratesti. Nella lettera ai lettori inclusa nei *Paradossi,* Paolo Mascranico ci informa: "L'autore della presente opera il quale fu M. O. L. M. detto per sopra nome il Tranq. [...]" (l'acronimo sta per Messer Ortensio Lando Milanese).[13] E una simile dichiarazione troviamo alla fine del *Commentario delle più notabili e mostruose cose d'Italia* (1546) nelle parole di Niccolò Morra: "Godi, Lettore il presente *Commentario,* nato dal costantissimo cervello di M. O. L. detto per la sua natural mansuetudine il Tranq."[14] (si noti qui l'uso ironico dell'aggettivo "costantissimo" e del sostantivo "mansuetudine", da intendersi, al pari dell'eteronimo "Tranquillo", in senso antifrastico).

"Tranquillo" è anche il nome assunto da Lando al suo ingresso, nel 1540, nell'Accademia ferrarese degli Elevati,[15] il che ci porta a rilevare un'ulteriore differenza tra Lando e Doni per quanto concerne la concezione e la gestione del nome d'autore: anche quando si tratta di creare appellativi che manifestano la propria appartenenza a un determinato gruppo o ambiente o luogo (sia esso un'accademia letteraria o un altro tipo di comunità o gruppo sociale), Lando punta sullo scarto dalla realtà, mentre Doni sull'effetto di iper-realtà che solo la finzione riesce a scatenare. Lando firma diverse sue opere con lo pseudonimo di "Anonimo di Utopia" (il già citato *Commentario* che viene pubblicato insieme al *Catalogo delli inventori delle cose, che si mangiano, & se beveno, novamente ritrovate, & da M. Anonymo di Utopia composto,* 1546; la *Sferza de scrittori antichi et moderni di M. Anonimo di Utopia,* 1550) o di "Philaletis ex Utopia cives" (il *Funus,* 1540) o di "M.

---

11 Ibid., c. 7ᵛ.
12 Su quest'opera, di cui si conserva solo il manoscritto incompleto, cfr. Seidel Menchi, Sulla fortuna di Erasmo in Italia, p. 591–597.
13 Lando, *Paradossi,* p. 272.
14 Id., *Commentario,* c. 47ᵛ. Su Lando come Tranquillo cfr. Rozzo, I Paradossi di Ortensio Lando tra Lione e Venezia, p. 183, e Greco, *Autopromotion,* spec. p. 78, dove giustamente si sottolinea come gli autori dei paratesti nei quali avviene il gioco con questo eteronimo (come i sopra citati Mascranico e Morra) siano dei prestanome di Lando stesso; in tal modo, Lando sta perseguendo una strategia editoriale precisa (della quale fa parte anche la rivelazione della vera identità dell'autore per mezzo delle sue iniziali, tutt'altro che accidentale). Sulla modificazione del proprio nome d'autore quale strategia autopromozionale cfr. anche Corsaro, L'Utopia nella storia, soprattutto p. 417–419.
15 Seidel Menchi, Un inedito di Ortensio Lando, p. 510.

Filalete Cittadino di Utopia"[16] (*Dialogo contra gli uomini letterati*, 1541), dichiarandosi quindi appartenente alla comunità non-esistente *par excellence*, quella di Utopia (si ricordi che Lando fu anche l'autore della traduzione in volgare dell'*Utopia* di Moro).[17]

Lo pseudonimo, in Lando, tende insomma a far cadere l'accento sulla distanza da ciò che è, sulla non-realtà o sul rovesciamento della realtà; come d'altra parte accadeva con l'eteronimo "Tranquillo", che si poneva agli antipodi del carattere dell'autore (o quantomeno del carattere della figura autoriale accessibile al lettore).

Anche Doni spesso si presenta impiegando il proprio nome o apposizioni allo stesso per fare riferimento, a un determinato ambiente: molte delle sue opere più importanti (i già citati *Marmi*, ma anche i *Fiori della zucca*, i *Mondi*, la *Moral Filosofia*, gli *Inferni*, l'edizione Marcolini dei *Pistolotti Amorosi*, tutti usciti tra il 1551 e il 1554) riportano diciture come "Anton Francesco Doni Academico Pellegrino" o simili.[18] Ci sono, però, due differenze fondamentali. In primo luogo, Doni – al contrario di Lando – mantiene la menzione esplicita del proprio vero nome e cognome. In secondo luogo, la comunità alla quale Doni si riferisce non è – come nel caso di Utopia – una palese non-realtà; la si potrebbe definire piuttosto, per le ragioni esposte in seguito, una 'finzione realmente esistita.'

---

16 Philalete è, tra l'altro, uno pseudonimo parlante, visto che significa 'amante della verità'; per chi sa interpretarlo è quindi un "phrénonym". Si tratta di uno pseudonimo all'epoca frequente, come quello assai simile di Philarete/Filarete ('amante della virtù'). Per quello che riguarda l'associazione tra Philalete e la città di Utopia, si noti che entrambi gli elementi costituiscono un riferimento a Luciano di Samosata. Che Luciano sia uno dei grandi modelli del capolavoro di Moro è noto. Il legame tra Philalete e Luciano è testimoniato dal *Dialogo di Philalite, il quale fu cacciato dalla sua patria, e dapoi dalla corte di Xerse re di Persia, et la veritade*, pubblicato nella celebre silloge di volgarizzamenti lucianei *I dilettevoli dialogi di Luciano philosopho* (la prima edizione esce per Nicolò Zoppino nel 1525, ma la silloge viene ristampata sette volte fino al 1551). Il *Dialogo di Philalite* è in realtà la traduzione di un apocrifo (l'originale latino – palesemente ispirato a Luciano – è quattrocentesco, l'autore è Maffeo Vegio), ma il testo nel Cinquecento è attribuito unanimemente a Luciano e anzi risulta essere uno dei suoi dialoghi più noti.

17 Il volgarizzamento viene pubblicato col titolo *La Republica nuovamente ritrovata, del governo dell'isola di Eutopia, nella quale si vede nuovi modi di governare Stati, reggier Popoli, dar Leggi a i senatori, con molta profondità di sapienza, storia non meno utile che necessaria* (Venezia 1548). Su Lando e l'Utopia cfr. Seidel Menchi, Lando cittadino di Utopia, e Corsaro, L'Utopia nella storia.

18 A volte le opere escono sotto uno pseudonimo collettivo riferito all'Accademia, ma Doni usa la perifrasi "in nome di" per auto-attribuirsi l'opera (un esempio sono i *Pistolotti amorosi de' magnifici signori Academici Pellegrini* – l'edizione marcoliniana del 1554 – dove nel *colophon* si legge "scritti dal Doni in nome de' Signori Academici per compiacere et dilettare alla gioventù che si trova nell'Accademia"). Cfr. Masi, Coreografie doniane, p. 57–58, n. 37.

L'Accademia Pellegrina è in senso stretto una invenzione di Doni, visto che nessuno dei suoi numerosi membri sembra essere stato reale (o realmente tale) ad esclusione del suo segretario, che è Doni stesso; o meglio, gli altri membri dell'Accademia sono proprio quegli "Svegliato", "Inquieto", "Perduto" che costituiscono, come si è detto, rifrazioni del costrutto autoriale modellato dallo scrittore fiorentino.[19] L'Accademia Pellegrina è una finzione, quindi, ma è una finzione che viene presentata come reale e che in qualche modo è esistita nel mondo reale, ad esempio quando l'Accademia lancia una raccolta fondi – fondi veri, non fittizi – per costruire un mausoleo di Petrarca ad Arquà (che poi non verrà mai edificato).[20] Inoltre, è sull'Accademia come 'finzione esistente' che Doni fonda le sue opere più significative. I *Marmi* si presentano difatti come dialoghi condotti o riportati da Accademici Pellegrini;[21] casi non dissimili sono quelli dei *Mondi* e degli *Inferni*.

---

19 Se l'Accademia Pellegrina sia esistita o meno è una questione discussa; il quadro più completo e attendibile dei dati in nostro possesso si trova in Masi, Coreografie doniane (ma si veda anche Di Filippo Bareggi, *Il mestiere di scrivere*, p. 147-149, su posizioni diverse). Si noti che tutte le notizie sull'Accademia si trovano esclusivamente nelle opere dello stesso Doni. La prima presentazione dell'Accademia – fondata nel 1549 – si legge in una lettera di Doni all'organista di San Marco Jacques Buus, inserita nella *Prima libraria* (1550); la presentazione rimane estremamente evasiva sui nomi dei membri. Diversa è la descrizione dell'Accademia presente in un'altra opera doniana, le *Foglie della Zucca*, e specificamente nel capitolo *Il Farfallone Ultimo*; qui Doni è dettagliato per quel che riguarda i nomi dei presunti accademici. Si tratta di nomi veri (Tiziano, Sansovino), ma, come nota Masi (Coreografie doniane, p. 54), è forte la sensazione che quello di Doni sia, invece che un elenco di affiliati, una "semplice nominazione encomiastica di gentiluomini, letterati e artisti illustri che si trovavano allora a Venezia." Nella seconda parte dei *Marmi* si legge il dialogo tra *Academici Fiorentini e Peregrini*, dove si parla diffusamente dell'Accademia, dei suoi usi e delle sue convenzioni, senza però annoverarne tra i membri persone esistenti. Rilevante è anche che non esistano testimonianze di persone che affermino di aver fatto parte dell'Accademia Pellegrina, ad esclusione di Doni e del suo editore Marcolini. Parimenti, non esistono menzioni degli Accademici Pellegrini svincolate dalla figura del Doni: quella che sembrerebbe essere una eccezione – le *Argute et facete lettere* di Cesare Rao (1562), che contiene alcune lettere dello Svegliato Accademico Pellegrino e del Presidente dell'Academia Pellegrina – in realtà non lo è, dato che il testo delle suddette lettere è costituito da brani tratti da opere dello scrittore fiorentino (cfr. Masi, Coreografie doniane, p. 70).
20 Ci sono tre documenti, dell'aprile 1563, che testimoniano l'idea di Doni (e dell'Accademia Pellegrina) di costruire il mausoleo ad Arquà, dove egli in quel momento risiedeva. I fondi vengono richiesti al duca Alfonso II d'Este e a Cosimo de' Medici. Cfr. Masi, Coreografie doniane, p. 61.
21 La quarta parte dei *Marmi* è costituita da dialoghi i cui interlocutori sono esclusivamente membri dell'Accademia Pellegrina (Inquieto, Perduto, Impaziente...), e già nelle prime tre parti si incontrano numerosi Accademici Pellegrini (tra i quali il summenzionato Svegliato). L'Accademia Pellegrina è inoltre alla base della cornice narrativa che conferisce una qualche unitarietà alla radicale *varietas* dei dialoghi contenuti nei *Marmi:* nella narrazione incipitaria, lo "Svegliato

In queste opere l'entità finzionale dell'Accademia scatena spesso un effetto di iper-realtà:[22] i dialoghi tra Accademici Pellegrini, spesso *Doppelgänger* dell'autore, rendono possibile al lettore – proprio per via del fatto che l'Accademia non è altro che un "sistema autoreferenziale"[23] – acquisire una visione multifocale e ad altissima definizione dell'identità di Doni (con 'identità di Doni' si intende, ancora una volta, il costrutto da lui presentato come tale).

Nelle sue opere Doni sovraespone, oltre che la propria figura, anche il proprio nome. Un esempio è il penultimo dialogo dei *Marmi* (siamo nella quarta parte del libro) dove l'Inquieto, che come si è detto è un altro dei doppi di Doni, dialoga con un personaggio il cui nome è "Doni". L'effetto è quello di un Doni che dialoga con sé stesso, e che anzi ascolta il proprio alter ego mentre si auto-descrive; e quell'autoritratto dell'Inquieto è un ritratto di Doni stesso.[24] Inoltre, poche pagine più avanti, i *Marmi* si chiudono con un sonetto sui "doni del Doni". L'autore gioca qui col significato letterale del proprio cognome (sfruttando in tal modo l'ambiguità tra la funzione oggettivante e soggettivante della denominazione). Al contempo, per mezzo di innumerevoli paronomasie, crea un effetto di ridondanza autoreferenziale:

> Doni, a cui tanti doni ha il ciel donato
> che donar non si puon doni maggiori,
> ben convengono al Doni questi onori,
> poi che co' doni suoi fa l'uom beato.
> Per te, Doni gentil, fian superato

Academico Peregrino" racconta di credersi esser diventato "un uccellaccio grande grande che vegga con una sottil vista ogni cosa" (Doni, *I marmi*, p. 7). Come noto, in forma di uccellaccio lo Svegliato – portando sulle ali alcuni dei colleghi accademici – potrà poi volare sopra Firenze, nascondersi nelle nicchie vicine a Santa Maria del Fiore e ascoltare coloro che dialogano sulle scalinate marmoree di quella chiesa; tali dialoghi costituiscono il contenuto dei *Marmi*.

22 Tale effetto è coadiuvato dal fatto che, almeno nel caso dei *Marmi*, tra i personaggi che – dialogano tra loro ci sono persone realmente esistite: come testimoniato da ricerche d'archivio (cfr. i riferimenti citati da Carlo Alberto Girotto e Giovanna Rizzarelli nell'Introduzione a Doni, *I marmi*, p. XVI), i vari Giorgio di Stefano o Matteo Sofferroni che sentiamo discorrere sulle scale di Santa Maria del Fiore sono membri della popolazione fiorentina dell'epoca, che Doni presenta in modo relativamente verosimile. Sempre per quel che riguarda l'effetto di (iper-)realtà scatenato dalle finzioni doniane, si noti anche che le regole dell'Accademia Pellegrina come descritte nei *Marmi* (cfr. *supra*, n. 20) riprendono quasi letteralmente quelle di una Accademia esistente nonché celebre – l'Accademia Fiorentina – di cui Doni faceva effettivamente parte (cfr. Masi, Coreografie doniane, p. 77).

23 Ibid., p. 78.

24 Doni, *I marmi*, p. 631–640. È il ritratto, si noti, di qualcuno che non è contenuto in sé stesso, che non coincide con sé stesso: "non cappio in me medesimo" dice l'Inquieto a Doni (p. 640; "cappio" deriva dal latino *capere*).

Arpino e Mantoa, con tuoi don migliori,
e donando stupor a gli uman cori,
fai che 'l cielo ti dona oltra l'usato".

Così dicean le Muse, e in compagnia
avean le Grazie, e 'l monte d'Elicona
poggiando, ne salian liete e contente.

Tra lor di verde lauro allor s'ordia,
ch'al Don dar la voleano, una corona;
e s'udì in tanto il Don suonar sovente.[25]

Lando, invece, solo raramente decide di esporre il proprio nome,[26] e, quando lo fa, spesso decide di criptarlo, nascondendolo alla immediata vista del lettore per mezzo di un anagramma. Così accade nei *Paradossi* e nel *Catalogo delli inventori*, che si chiudono con due formule –, rispettivamente SVISNETROH TABEDUL e SUISETROH SVDNAL ROTVA TSE. Leggendo le singole parole da destra verso sinistra, le formule suonano rispettivamente *Hortensius ludebat* e *Hortensius Landus autor est*; si noti, nel primo caso, l'accenno esplicito alla dimensione (serissima) del gioco.

Vale inoltre la pena gettare un rapido sguardo a un genere letterario praticato sia da Lando che da Doni: il libro di lettere. Un genere, questo, dove il nome dell'autore ha una valenza particolare, visto che può comparire, oltre che come tale, anche dentro al testo, come firma delle singole lettere (e sappiamo come il nome che diventa firma acquisisca importanti valenze non soltanto giuridiche ma anche culturali e specificamente poetologico-letterarie).[27] Doni (sull'esempio di Aretino e di Franco) pubblica lettere proprie, sottoscritte col suo nome, e più in generale usa il libro di lettere – sul modello di Aretino, che, nell'ambito della letteratura in volgare, quel genere l'aveva di fatto fondato o comunque codificato – quale "strumento per propagandare una rappresentazione lusinghiera di sé".[28] Il

---

25 Ibid., p. 658s.
26 Per la lista delle opere uscite col nome di Ortensio Lando si veda *supra*, n. 1. L'unico testo in cui, a mia conoscenza, Lando dà il proprio nome a un personaggio è la sua prima opera, il *Cicero relegatus et Cicero revocatus*, 1534, il cui protagonista è Geremia Lando. Geremia era il nome con cui Lando aveva preso parte, tra il 1523 e il 1534, all'Ordine degli Eremitani di Sant'Agostino. Sull'identificazione tra Lando e Geremia cfr. Fahy, Per la vita di Ortensio Lando, p. 247. Il testo del *Cicero relegatus et Cicero revocatus* è ora disponibile, in originale e traduzione italiana, anche in una edizione moderna (Lando, *Cicero relegatus et Cicero revocatus*).
27 Sulla firma fatta col nome dell'autore, sulla sua storia e sulle sue implicazioni in vari ambiti, tra i quali quello letterario, cfr. almeno Fraenkel, *La signature* e i saggi raccolti in Bravo, *La signature*.
28 Genovese, *La lettera oltre il genere*, p. XXVI; rimando alla monografia di Genovese anche per una più ampia e puntuale trattazione del genere 'libro di lettere' nel Cinquecento.

libro di lettere, in quanto mezzo di autopromozione, funge in Doni anche da cassa di risonanza del nome dell'autore, e più in generale della figura ad esso associata.

Lando invece non pubblica libri di lettere proprie, bensì le *Lettere di molte valorose donne:* il libro – uscito a Venezia per Giolito nel 1548 – si presenta come una raccolta di lettere autentiche di oltre duecento donne, allestita da un curatore anonimo che compare anche in qualità di autore della lettera dedicatoria. Tale curatore è Lando. Il lettore agilmente lo rileva grazie alla nota finale firmata da Bartolomeo Pestalozzi, dove si dichiara "Hortensius Landus collegit", e grazie ai sonetti di Lodovico Dolce, Girolamo Parabosco, Pietro Aretino e Francesco Sansovino nonché al madrigale di Nicolò degli Alberti posti in calce; questi peritesti lodano sì le valorose donne, ma anche Lando.[29] E proprio Lando è anche l'autore di tutte le lettere (lo si evince con chiarezza dallo stile e dai temi trattati, ma anche dal già citato sonetto di Dolce, che loda Lando per aver prestato il suo stile alle valorose donne).[30] Sempre Lando è infine anche l'inventore di alcuni dei nomi di queste donne, in parte mai esistite.[31] Lando insomma fa in modo che sia chiaro al pubblico chi c'è dietro alle *Lettere di molte valorose donne*, eppure decide di non esporre il suo nome nelle modalità convenzionali, né come autore né come curatore, affidandosi piuttosto a una auto-attribuzione (e autopromozione) indiretta.

Nell'Italia dei tardi anni Quaranta e primi anni Cinquanta del Cinquecento, a cosa serve tutto ciò, ovverosia a quale scopo mirano le strategie di gestione del proprio nome messe in atto da Doni e da Lando? Di certo esse sono legate alla situazione storico-politica, cioè nascono dall'urgenza di sottrarsi, almeno parzialmente, ai meccanismi di controllo delle autorità religiose e di governo, meccanismi che, con l'inasprirsi della Controriforma, proprio in quegli anni diventano più severi. La finzionalizzazione di sé messa in atto da Doni, del quale sono note le posizioni eterodosse, in certa misura scarica su un costrutto la responsabilità di quel egli che scrive e fa come individuo. Ma è soprattutto Lando, più volte oggetto dell'attenzione dell'Inquisizione, a fare impiego di pseudo-, etero- e anonimia quali strumenti di alterazione identitaria atti a evadere la sorveglianza delle istituzioni. Non è un caso che, come ha notato Corsaro, siano proprio gli scritti del Lando più palesemente "ideologo ed eversivo"[32] ad uscire sotto pseudonimo, e segnatamente sotto uno pseudonimo non facilmente riconoscibile, quello di "Anonimo di Utopia".

---

29 *Lettere di molte valorose donne*, c. 171^v–172^r.
30 Ibid., c. 162^r. Sulle *Lettere di molte valorose donne* cfr. Bellucci, Lettere di molte valorose donne… e di alcune petegolette; Pezzini, Dissimulazione e paradosso nelle Lettere di molte valorose donne; Ray, *Writing gender in women's letter collections*.
31 Sui nomi di donna presenti nella suddetta opera cfr. Daenens, Donne valorose, eretiche, finte sante, p. 181–184.
32 Corsaro, Ortensio Lando letterato in volgare, p. 145.

Ciononostante, nel 1554 l'*Index* veneziano e milanese, e poi di nuovo nel 1559 l'*Index* romano, mettono al bando assieme agli scritti di Erasmo anche le opere di Lando, che in quest'ultima occasione viene denominato "Hortensius Tranquillus, alias Hieremias, alias Landus";[33] si noti come i compilatori dell'*Index* si prendano la briga di listare gli pseudonimi.

D'altra parte le suddette strategie di gestione del proprio nome d'autore servono anche a esprimere una posizione poetologica, un modo di intendere la letteratura e chi la scrive.[34] Libri come le *Lettere delle valorose donne* di Lando o i *Marmi* del Doni parlano non solo di ciò di cui parlano, ma anche del fatto che non si sa chi stia parlando, o che non si sa fino a che punto chi sta parlando sia reale. Tali strategie servono cioè a veicolare una determinata concezione di autore, e addirittura mirano a metterla il più possibile in luce: l'autore che evade la sorveglianza nascondendosi o finzionalizzandosi, l'autore che cioè gioca con il proprio "indice posturale",[35] porta difatti con forza l'attenzione del lettore sul proprio modo di essere autore (oltre a contribuire a qualificare sé stesso come tale).[36] Plasmare il proprio nome, trasformandolo o moltiplicandone l'eco, implica insomma dar forma alla propria concezione di autore e presentarla al pubblico.

E la concezione di autore che Lando e Doni intendono veicolare è, nonostante le discrepanze sopra evidenziate, sostanzialmente consonante: i due difatti mettono in atto processi diversi o addirittura speculari, ma in vista di un obiettivo sostanzialmente condiviso. Poiché se è vero – e lo è per entrambi gli scrittori – che giocare col proprio "indice posturale" coincide con un aumento del coefficiente di libertà e di anarchia, è anche vero che tali strategie – come si può affermare con Laugaa – "ricompongono l'ipotesi di un sistema",[37] ovverosia costituiscono una proposta organica e 'positiva' relativa alla concezione di autore.

---

33 Cfr. De Bujanda, *Index de Rome*, p. 497.
34 Cfr. Corsaro, *L'Utopia nella storia*, p. 413–427 e soprattutto p. 417, dove si rileva come gli pseudonimi di Lando, soprattutto quelli utopiensi, siano sì "un accorgimento prudenziale al fine di evitare problemi di riconoscimento e di censura", ma anche "una via innovativa di presentazione al pubblico".
35 Meizoz, *Postures littéraires*, p. 18.
36 "Si vous savez changer de nom, vous savez écrire", scrive Gérard Genette (*Seuils*, p. 53). Su questi aspetti cfr. anche Martens, *La pseudonymie dans la littérature française*, soprattutto l'introduzione generale (p. 6–15).
37 "La circulation des pseudonymes coïncide avec l'afflux d'une liberté et d'une anarchie; mais ces énergies, ces pulsions n'effectuent pas de pures différences; elles s'investissent dans un jeu de normes, de formes et de régularités qui recomposent, en marge des marques officielles de la nomination, l'hypothèse d'un systeme", cfr. Laugaa, *La pensée du pseudonyme*, p. 5s. (Laugaa si riferisce specificamente allo pseudonimo, ma la sua osservazione può ricondursi a ogni tipo di consapevole manipolazione del proprio nome d'autore).

L'autorialità che sta alla base delle opere di Lando e Doni è basata, mi pare, sulla dialettica tra tendenze opposte: costruzione e decostruzione, ad esempio. Sia Doni sia Lando, difatti, mirano a evidenziare – più vigorosamente e palesemente di quanto non si fosse fatto in precedenza – che l'autore non è un individuo realmente esistente ma un costrutto, una autorappresentazione consapevolmente congegnata, modellata, creata (al pari dell'opera letteraria che a tale figura viene ascritta); al contempo, però, entrambi tendono anche a una continua decostruzione di tale costrutto.

Per esemplificare ciò basti menzionare il Lando che nella *Confutatione del libro de' paradossi* si presenta sotto le spoglie di una figura autoriale anonimo-criptata, la quale ferocemente attacca la figura autoriale anonimo-criptata con cui egli stesso si era presentato nei *Paradossi:* come scrive nella *Confutatione,* "per lo sviscerato amore che ho sempre alla verità portato, incontanente mi disposi di far altrui accorgere in quali errori cercasse costui [l'autore dei *Paradossi*] di avvilupparci."[38] Lando in tal modo – in accordo con la propria predilezione per la palinodia e per lo schema antilogico, che si ritrovano in molti dei suoi testi e in forza dei quali Procaccioli ha giustamente parlato di "insanabile ambivalenza" della *"mens landiana"*[39] – si sdoppia in "autor bugiardo e autor veritiero"[40] e instaura una dialettica tra figure autoriali, tutte palesemente frutto di costruzione (e quindi necessariamente discrepanti rispetto all'autore come individuo), le quali si decostruiscono vicendevolmente.

Per quel che concerne Doni, si pensi alla lettera nella quale egli esemplifica il proprio rapporto con la propria identità autoriale raccontando la sua abitudine di prendere un fantoccio e fargli indossare i propri panni (la veste è, anche e soprattutto nel Cinquecento, metafora poetologica);[41] e, dopo aver costruito questa sorta di alter ego materiale, Doni viene preso – così racconta – dall'irrefrenabile istinto di attaccarlo, gettarlo per terra e distruggerlo:

---

38 Lando, *Confutatione,* c. 3ᵛ.
39 Procaccioli, Per Ortensio Lando a Venezia, p. 105. Procaccioli continua osservando: "la *Confutatione* non è aggiunta posticcia, appiccata per ragioni di opportunità, per attenuare un qualche effetto di scandalo conseguente al testo iniziale; è invece il secondo momento di un confronto con temi e figure che prevedevano, nel loro svolgimento, tanto il *pro* che il (sia pure solo formale) *contra*. Una specie di Abelardo volgare, insomma, Ortensio Lando, che è solito accumulare le ragioni del suo personalissimo *sic et non.*" Su questi aspetti della scrittura landiana, e più in generale sul suo rapporto col paradosso, cfr. (oltre all'edizione dei *Paradossi* del 2000 commentata da Corsaro, e relativa introduzione) Figorilli, Ortensio Lando e le scritture paradossali, e Migliorini, *Aenigmatica varietas,* p. 159–198.
40 Daenens, Encomium mendacii, p. 109.
41 Sulla veste e il vestirsi/svestirsi come metafore poetologiche nella letteratura del Cinquecento italiano mi permetto di rimandare a Fantappiè, Kleiderwechsel.

> Perché io mi sono a noia da me medesimo, e spesso metto tutti i miei panni sopra un uomo di legno: e fattomi indietro duo passi rompo la triegua con la mia beretta, e col mio saione, con le pianelle, e con la toga. O il moscherino tosto mi tocca il naso; e fo una bravata a quegli stracci da me solo; e grido tanto, ch'io fo correre tutta la casa all'arme: e quando io sono in colera da dovero fo alle pugna; e lo getto per terra dandogli del manigoldo.[42]

Costruzione e decostruzione, dunque. Ma almeno anche un'altra dinamica accomuna a mio avviso l'autorialità di Lando e Doni: quella tra occultamento e svelamento. Lando da una parte spesso cela il proprio volto dietro all'anonimia, omettendo il proprio nome nel frontespizio, e dall'altra dissemina, nei paratesti di quella stessa opera, numerosi indizi che rimandano a lui stesso; un esempio sono le già menzionate *Lettere di valorose donne*. Una tale dinamica di occultamento e svelamento si ritrova anche nelle marche editoriali fatte approntare da Doni per la sua casa editrice fiorentina (marche che Doni impiega anche nelle le opere date a stampare a Venezia a Marcolini, cioè *Zucca*, *Mondi*, *Moral Filosofia*; si tratta quindi non solo di marche editoriali ma di vere e proprie imprese, che il pubblico associa al Doni autore ancor prima che al Doni editore).[43]

La prima marca (fig. 1) è stata a lungo erroneamente interpretata come una donna che si toglie la maschera, mentre in realtà – come ha dimostrato Gertrud Bing[44] e come in ogni caso si evince dalla presenza della parola ASCONDO nel motto QUEL CHE PIÙ MI MOLESTA / ASCONDO E TACCIO – la donna sta mettendo la maschera, ovverosia si sta nascondendo dietro ad essa; nella seconda marca (fig. 2), la donna ha gettato ai suoi piedi la maschera e le sta dando fuoco (motto: QUEL CHE MI MOLESTAVA / ACCENDO ET ARDO). Attraverso tali marche (e non solo), Doni punta insomma a veicolare un concetto di autore quale da una parte 'persona costruita', 'soggetto che indossa una maschera', dall'altra quale 'persona che si disvela', 'soggetto che si disfa della maschera e la brucia in pubblico'.

L'autorialità quindi – per Doni e anche per Lando – è mascheramento e smascheramento; dove il mascheramento va inteso però non necessariamente come inganno, ma anzi come possibile garanzia di veridicità, nella misura in cui

---

[42] Doni, *Lettere*, c. 69ᵛ–70ʳ. Si tratta di una lettera a Baldassarre Stampa.
[43] Su queste due marche cfr. Pierazzo, Iconografia della Zucca del Doni; Mulinacci, Un "laberinto piacevole", p. 185–189; Genovese, *La lettera oltre il genere*, p. 194–202. Per le varianti delle marche cfr. Zappella, *Le marche dei tipografi e degli editori*, I, p. 148. Sul riuso delle immagini in Doni c'è un'ampia bibliografia; cfr. almeno Bolzoni, Riuso e riscrittura di immagini, e Rizzarelli, "Se le parole si potessero scorgere".
[44] Bing, Nugae circa Veritatem, p. 310. Cfr. anche Pierazzo, Iconografia della Zucca del Doni, p. 413.

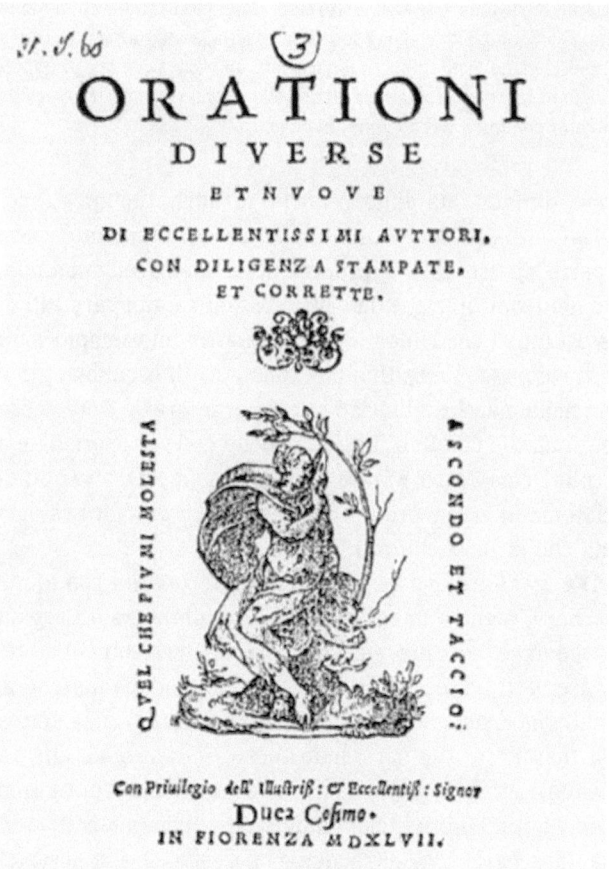

Fig. 1: *I mondi del Doni, Libro primo.* Venezia 1532, c. 32ʳ.

(seguendo l'esempio di Luciano) l'autore non menzognero *par excellence* è proprio colui il quale ammette che la propria identità è una maschera.[45]

---

[45] Per ulteriori riflessioni sull'autorialità di Doni (specialmente in relazione ai concetti di 'verità' e 'finzione') e sui modelli di tale autorialità (in particolare quello lucianeo) mi permetto di rimandare a Fantappiè, Lodovico Domenichi e Anton Francesco Doni di fronte a Luciano, e ead., Intertestualità e inter-autorialità.

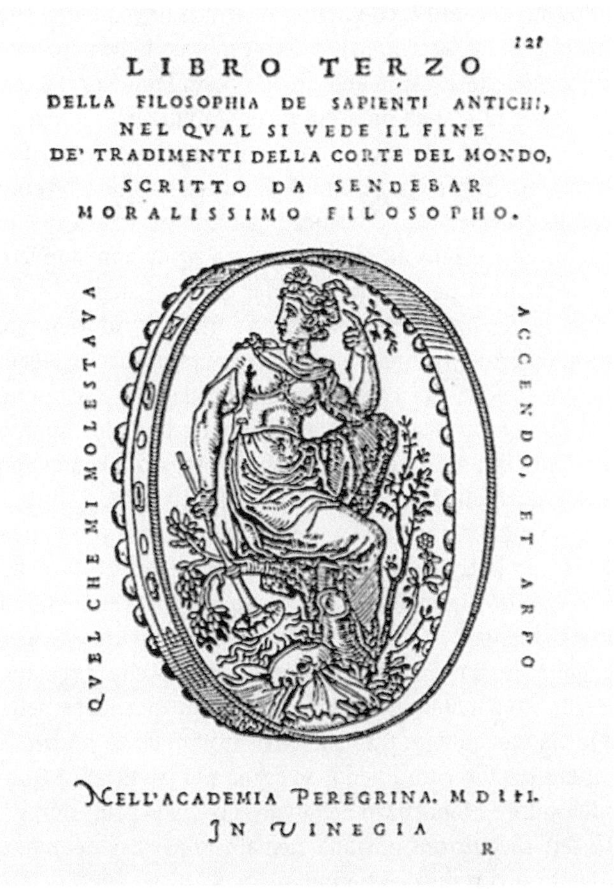
121

LIBRO TERZO

DELLA FILOSOPHIA DE SAPIENTI ANTICHI,
NEL QVAL SI VEDE IL FINE
DE' TRADIMENTI DELLA CORTE DEL MONDO,
SCRITTO DA SENDEBAR
MORALISSIMO FILOSOPHO.

QVEL CHE MI MOLESTAVA

ACCENDO, ET ARPO

NELL'ACADEMIA PEREGRINA. M D LII.
IN VINEGIA

R

Fig. 2: *I mondi del Doni, Libro primo*. Venezia 1532, c. 109^{v}.

La forma del testo

Vale la pena inoltre soffermarsi sulle strategie che Lando e Doni impiegano per relazionarsi alle loro opere come oggetti materiali. Significativo è in particolare il rapporto – stretto, eppure poco indagato – di Lando e Doni con una specifica forma del testo: il manoscritto.

Sappiamo che la forma manoscritta non muore con l'avvento della stampa: l'opposizione tra "scribal culture" e "print culture"[46] è stata messa sempre più in

46 Eisenstein, *The Printing Revolution*, p. 17–19.

dubbio dalle ricerche degli ultimi decenni,[47] che hanno relativizzato sia l'idea che il libro a stampa abbia sostituito il manoscritto, sia più in generale la convinzione che queste due 'culture' siano mai state veramente in contrasto l'una con l'altra. Una ulteriore spinta in questo senso è stata data dai recenti studi sugli autografi dei letterati italiani,[48] che, riportando alla luce e studiando (anche con l'ausilio delle tecnologie digitali) documenti finora ignoti, hanno dimostrato come l'avvento della stampa, pur innescando trasformazioni radicali per quanto concerne la materialità del testo letterario, sia sfociato in una coesistenza – pur non stabile e costantemente in divenire, a seconda del momento e del contesto storico – tra manoscritto e libro a stampa. La tradizione del manoscritto di lusso, ad esempio, perdura fino al diciassettesimo secolo: raffinati esemplari pergamenacei rilegati, redatti da copisti di professione e talvolta commissionati dall'autore dell'opera, risultano ancora per tutto il Cinquecento dotati di valore tanto economico quanto sociale e performativo (in quanto tali erano oggetto di dono e spesso diventavano anche il punto focale di una qualche forma di cerimoniale di corte).[49]

La coesistenza tra stampa e manoscritto, e la permanenza di quest'ultimo ben oltre il momento in cui fioriscono le tipografie, è inoltre in certa misura favorita dai rivolgimenti politico-religiosi del Cinquecento. Un esempio è proprio quello di Ortensio Lando, che sfrutta il manoscritto in primo luogo come strumento per sfuggire alla sorveglianza delle autorità: è in forma manoscritta che circolano diversi suoi testi di argomento dottrinale, quelli più a rischio di incappare nella censura. Un esempio sono le già menzionate *Disquisitiones*, trattatello su posizioni palesemente evangeliche, il cui manoscritto Lando consegna nei primi anni Quaranta al vescovo di Trento Cristoforo Mandruzzo del quale cercava la protezione.[50] Non è un caso, certo, che tali *Disquisitiones* siano firmate non col vero nome dell'autore ma – come già detto – con uno pseudonimo.

Lando impiega inoltre la forma manoscritta anche come strumento per saggiare su un pubblico ristretto la reazione alle proprie idee prima di darle alle stampe (così d'altra parte fanno gli eterodossi di mezza Europa).[51] È questo il caso

---

[47] Cfr. almeno Martin/Delmas, *Histoire et pouvoirs de l'écrit*; Petrucci, Copisti e libri manoscritti; Chartier, *La main de l'auteur et l'esprit de l'imprimeur.*
[48] Cfr. almeno Motolese/Procaccioli/Russo, *Autografi dei letterati italiani*; Baldassarri et al., *"Di mano propria"*.
[49] Cfr. Petrucci, Copisti e libri manoscritti.
[50] Cfr. Seidel Menchi, Sulla fortuna di Erasmo in Italia, p. 591–597.
[51] Basti menzionare il caso di Heinrich Cornelius Agrippa von Nettesheim, che già a partire dal 1510 fece circolare in forma manoscritta un testo facilmente tacciabile di eterodossia, *De occulta philosophia*, per stamparlo poi solo nel 1533, cioè dopo essersi 'fatto un nome' col *De vanitate scientiarum* (1530).

del dialogo *Contra gli uomini letterati*, di cui presso la Biblioteca Braidense di Milano si conserva un esemplare databile al 1541.[52] Il manoscritto, firmato con lo pseudonimo di "Filalete cittadino di Utopia", anticipa gli argomenti di uno dei paradossi stampati nell'omonimo volume due anni dopo (si tratta del terzo paradosso, cioè *Meglio è d'esser ignorante che dotto*). Con ogni probabilità anche altri lacerti dei *Paradossi* circolavano manoscritti – in un ambiente ristretto e selezionato – ancor prima dell'edizione a stampa, come testimonierebbe la loro ripresa *ante* 1543 da parte di Maurice Scève.[53]

Se Lando usa il manoscritto per evadere la censura e per valutare la viabilità dell'edizione a stampa, per Doni il manoscritto – o meglio, la combinazione tra manoscritto e libro a stampa: perché nel Cinquecento non soltanto di coesistenza tra queste due culture si tratta, bensì anche di mutua interazione e addirittura di ibridazione – serve *in primis* a sperimentare nuove concezioni di testo letterario prescindendo da determinate istanze normative.

Doni redige la ventina di esemplari che costituiscono il *corpus* dei suoi manoscritti tra il 1547 e il 1574. Il 1547, oltre a essere notoriamente un anno cruciale per quanto riguarda l'inasprirsi del controllo sulla produzione libraria, è anche l'anno in cui Doni chiude l'esperienza con Marcolini e più in generale col mondo degli stampatori e tipografi, per dedicarsi alla produzione di manoscritti. Non si tratta di un passo indietro, cioè di un ritorno all'epoca pre-stampa, ma di un audace tentativo di reinventare il manoscritto a partire dalla stampa (addirittura Doni spesso produce i suoi manoscritti ispirandosi a testi a stampa, specialmente quelli marcoliniani).[54] Lo scopo è quello di produrre oggetti dai quali trarre un ritorno economico, certo, ma al contempo anche di rilanciare il manoscritto come strumento di una letteratura sorvegliata solo da chi la fa – cioè l'autore –[55] e,

---

52 Il manoscritto ci è pervenuto grazie alla trascrizione di Alberto Lollio in un manoscritto miscellaneo segnalato da Seidel Menchi, Un inedito di Ortensio Lando; per il testo cfr. Corsaro, Il dialogo di Ortensio Lando Contra gli huomini letterati, p. 91–102. Cfr. anche Corsaro, Ortensio Lando letterato in volgare, p. 135 s.
53 Cfr. l'Introduzione di Corsaro a Lando, *Paradossi*, p. 4.
54 Cfr. Maffei, Autografi con immagini, p. 419–422.
55 Vale la pena ricordare che il ricorso al manoscritto è nel medio Cinquecento legato anche a quello che Celenza ha definito lo "stigma of print" (Celenza, Manuscript, p. 35). Lo scetticismo e l'aperta critica nei confronti della stampa – erano motivati dai non rari casi in cui il testo, passando per molte mani durante i vari passaggi che contraddistinguevano il processo di lavorazione tipografica, veniva corrotto e riempito di errori; scegliendo la forma manoscritta l'autore si rendeva garante della correttezza del testo. Come si sa, Doni – pur essendo (stato) parte integrante del *milieu* dell'editoria italiana dell'epoca – fa propri molti temi legati allo "stigma of print", ad esempio nel *Dialogo della stampa* (testo pur plagiato da Domenichi).

quindi, come spazio di sperimentazione finalmente libera, al riparo dalla potenza normativizzante delle autorità politiche e delle *auctoritates* letterario-culturali.

Tematicamente i manoscritti doniani sono molto eterogenei (si va dalle opere sulle ville a quelle apoftegmatiche, dalle raccolte di imprese alle commedie, dai poemi storici agli scritti cabalistici), mentre si nota una certa omogeneità di realizzazione: i manoscritti – quasi tutti di dedica – sono redatti in una scrittura calligrafica e costellati di numerose figure, anch'esse opera di Doni, dalla valenza non solo decorativa ma anche strutturale.[56]

Più di ogni altra cosa, il *corpus* è accomunato da una precisa concezione del testo letterario, che viene inteso – in evidente opposizione alla riproducibilità in serie resa possibile dalla stampa – come un 'originale'. La forma autografa, al contrario di quella allografa, qualifica già di per sé il testo letterario come non-riproducibile (al massimo, falsificabile);[57] ma tanto più il testo manoscritto diventa un 'originale' (non soltanto un *unicum*, ma un oggetto al quale è possibile ascrivere una valenza particolare in relazione a fattori sociali, culturali, letterario-poetologici) se l'autore, come in questo caso, fa di tutto per singolarizzarlo e arricchirlo di risonanze giocando sulla *variatio*. Ad esempio, per diverse copie manoscritte della stessa opera Doni usa differenti redazioni del testo, oppure modifica gli apparati figurativi. È il caso delle *Ville*, di cui possediamo quattro versioni manoscritte – una quinta è andata perduta – ciascuna delle quali presenta varianti di maggiore o minore entità, riguardanti tanto il testo quanto le immagini.[58]

Il *corpus* dei manoscritti doniani sorge quindi da una idea di libro come oggetto capace di resistere – singolarizzandosi e reinventandosi – alla riproduzione in serie e quindi al controllo altrui che tale riproduzione in serie rende

---

[56] Per una descrizione generale del *corpus* dei manoscritti di Doni cfr. Girotto/Masi, Le carte di Anton Francesco Doni, e Girotto, Anton Francesco Doni.

[57] Mi riferisco alla distinzione tra 'autographic' e 'allographic' proposta da Nelson Goodman: "Let us speak of a work of art as authographic if the distinction between original and forgery of it is significant; or better, if and only if even the most exact duplication of it does not thereby count as genuine" (Goodman, *The Languages of Art*, p. 113).

[58] Il testo si ritrova non soltanto in quattro copie manoscritte ma anche in una a stampa, pubblicata a Bologna da Bonacci nel 1566. Maffei nota tra le altre cose la *variatio*, nei diversi manoscritti, degli schemi classificatori che servono a rendere conto dei diversi tipi di abitazioni (dalla capanna alla villa signorile): gli "arbori" delle *Ville*, attraverso i quali vengono rappresentate le parti in cui si struttura l'opera, sono rappresentati una volta da rami con foglie e frutti, una volta con giragli vegetali, una volta invece Doni inventa una composizione a nastri rettangolari concentrici, di modo che la gerarchia delle abitazioni corrisponda alla grandezza dei rettangoli (il rettangolo più piccolo si riferisce alla capanna, il più grande alla villa). Cfr. Maffei, Tra sogno e disincanto (che analizza in particolare il manoscritto conservato a Milano presso la Biblioteca Trivulziana, *Le ville del Doni fiorentino*, datato 1573).

possibile. Questo libro ideale che Doni va perseguendo con il manoscritto scavalla le griglie normative di ambito non solo sociale-politico ma anche poetologico. Così Doni usa il manoscritto per sperimentare, assai più radicalmente di quanto non avesse fatto con le precedenti pubblicazioni a stampa, nella direzione del libro modulare, combinatorio (e in quanto tale 'unico'): le sue *Medaglie* (1550) consistono di una combinazione di incisioni di Enea Vico e di lettere autografe di Doni, e ogni copia del libro è diversa poiché per ognuna vengono impiegate differenti incisioni e differenti lettere;[59] o, ancora, nel manoscritto dell'*Attavanta* custodito al Museo Correr, databile al 1559–1560 Doni, incolla sulle pagine – il procedimento è proprio quello del *collage* – alcuni ritagli tratti da edizioni coeve illustrate, così da rendere l'esemplare ancora più palesemente un *unicum*.[60]

La singolarizzazione dell'opera letteraria avviene inoltre per mezzo dell'ibridazione tra parola e altre forme d'espressione; l'immagine, come si è visto, ma anche la musica. Così ad esempio nelle *Nuove pitture*, dei primi anni '60, l'autore inserisce una composizione a quattro voci che 'traduce' le ultime due tavole del manoscritto, dedicate alla morte, in musica e in immagini (le note sono espresse con campanelli, cuori e fiori, in omaggio al tema vegetale che serpeggia nell'intero libro).[61]

---

59 Cfr. Ricottini Marsili-Libelli, *Anton Francesco Doni*, p. 64–60; Mulinacci, Un "laberinto piacevole"; Maffei, Autografi con immagini, soprattutto p. 398 s.
60 Cfr. Girotto, Anton Francesco Doni, p. 197. Si tratta di: *Attavanta Villa del Doni. Libro primo al magnifico Signor il S. Pandolfo Attavanti dedicata*, conservata a Venezia presso la Biblioteca del Museo Civico Correr (BCor 1433).
61 Cfr. *Le nuove pitture del Doni fiorentino*, Biblioteca Apostolica Vaticana (Patetta 364), c. 27^v. La prima redazione dell'opera è il suddetto manoscritto redatto e illustrato da Doni, dedicato a Luigi d'Este. Di questo manoscritto esiste anche una edizione a stampa, del 1564 (*Pitture del Doni Academico Pellegrino*, Padova, Percaccino). Si tratta di testi molto diversi, nonostante entrambi si basino sulle "pitture" (complesse immagini allegoriche dense di riferimenti letterari e figurativi, pensate per una realizzazione pittorica e nello specifico per adornare dimore di uomini colti). Il manoscritto (in folio, di raffinatissima fattura) presenta un frontespizio arricchito da una cornice vegetale, disegnato da Doni stesso, ed è arricchito da cartigli e inserzioni decorative vegetali, capilettera ornati anch'essi con rami, fiori e frutti; parole e immagini si intrecciano, le figure sorgono dai testi e viceversa. Sono presenti anche carmi figurati e giochi di parole illustrati. L'edizione a stampa, molto più severa del manoscritto e pensata per raggiungere un più vasto pubblico, è modellata non più sul tema vegetale ma su una metafora architettonica, legata al progetto di un "tempio" di Petrarca che poi non verrà realizzato. L'opera sarà inclusa, con qualche variante, nella *Zucca* nell'edizione del 1565. Sia i testi sia le immagini delle *Pitture* sono frutto, in gran parte dei casi, di riuso di materiali precedenti, propri o altrui (quelli altrui vanno dai versi di Ariosto e di Ovidio all'emblematica, dai cicli pittorici manieristi a monete e emblemi, da temi classici a quelli dell'attualità politica). Cfr. l'ampio studio di Sonia Maffei contenuto in Doni, *Le nuove pitture*, p. 11–128 (il volume contiene anche l'edizione del testo).

Fig. 3: *Attavanta Villa del Doni. Libro primo al magnifico Signor il S. Pandolfo Attavanti dedicata.* Venezia, Biblioteca del Museo Civico Correr (BCor 1433), c. 13ᵛ.

Se dunque nel libro a stampa a venire sottratta ai meccanismi di controllo è la figura autoriale, nel libro manoscritto ciò che si sottrae alla sorveglianza è piuttosto il testo. In entrambi i casi, sottrarre qualcosa al controllo altrui non significa solo introdurre un coefficiente di libertà, bensì anche poter massimizzare il controllo proprio; significa quindi raggiungere un picco di vigile consapevolezza sul piano dell'autorialità e della testualità.

Fig. 4: *Le Nuove Pitture del Doni*, Biblioteca Apostolica Vaticana (Patetta 364), c. 27ʳ.

Riferimenti bibliografici

Doni, Anton Francesco: *Lettere*. Venezia 1544.
Doni, Anton Francesco: *Le nuove pitture del Doni fiorentino. Libro primo consacrato al mirabil signore donno Aloise da Este illustrissimo et reverendissimo* (Città del Vaticano, BAV, ms. Patetta 364), a cura di Sonia Maffei, cura del testo, presentazione, trascrizione, commento e saggio critico di S. M., con una nota musicale di Virgilio Bernardoni e una nota linguistica di Carlo Alberto Girotto. Napoli 2006.
Doni, Anton Francesco: *I Marmi. Edizione critica e commento*, a cura di Carlo Alberto Girotto e Giovanna Rizzarelli. Firenze 2017.

[Lando, Ortensio]: *Confutatione del libro de Paradossi nuovamente composta, et in tre orationi distinta.* Venezia 1545.

[Lando, Ortensio]: *Commentario delle più notabili, et mostruose cose d'Italia, & altri luoghi, di lingua aramea in italiana tradotto, nel qual s'impara, & prendesi istremo piacere, vi si e poi aggionto un breve Catalogo delli inventori delle cose, che si mangiano, & se beveno, novamente ritrovate, & da M. Anonymo di Utopia composto.* Venezia 1546.

[Lando, Ortensio]: *Oracoli de' moderni ingegni sì d'uomini come di donne, ne' quali, unita si vede tutta la filosofia morale, che fra molti scrittori sparsa si leggeva.* Venezia 1550.

Lando, Ortensio: *Paradossi a cura di Antonio Corsaro.* Roma 2000.

Lando, Ortensio: *Cicero relegatus et Cicero revocatus. Dialogi festivissimi*, a cura di Elisa Tinelli. Bari 2017.

Lando, Ortensio: *Lettere di molte valorose donne nelle quali chiaramente appare non esser né d'eloquentia né di dottrina alli huomini inferiori.* Venezia 1548.

Vocabolario degli Accademici della Crusca. Venezia: Giovanni Alberti 1612, online: http://vocabolario.sns.it/html/index.html.

Baldassarri, Guido/Motolese, Matteo/Procaccioli, Paolo/Russo, Emilio: *"Di mano propria": gli autografi dei letterati italiani. Atti del convegno internazionale di Forlì, 24–27 novembre 2008.* Roma 2010.

Baudrier, Henri-Louis: *Bibliographie lyonnaise. Recherches sur les imprimeurs, libraires, relieurs et fondeurs de lettres de Lyon au 16. siècle.* Paris 1910.

Bellucci, Novella: Lettere di molte valorose donne [...] e di alcune petegolette ovvero: di un libro di lettere di Ortensio Lando. In: Quondam, Amedeo (a cura di): *Le "carte messaggiere". Retorica e modelli di comunicazione epistolare: per un indice di libri di lettere del Cinquecento.* Roma 1981, p. 255–276.

Biasiori, Lucio: L'amico mascherato. Ortensio Lando nei panni di 'Physiteus' nell'Aranei encomion di Celio Secondo Curione (1540). In: *Bruniana & Campanelliana. Ricerche filosofiche e materiali storico-testuali* xxii/2 (2016), p. 531–539.

Bing, Gertrude: Nugae circa Veritatem. Notes on Anton Francesco Doni. In: *Journal of the Warburg Institute* i/4 (1937), p. 304–312.

Bolzoni, Lina: Riuso e riscrittura di immagini dal Palatino al Della Porta, dal Doni a Federico Zuccari, al Toscanella. In: Mazzacurati, Giancarlo/Plaisance, Michel (a cura di): *Scritture di scritture. Testi, generi, modelli nel Rinascimento.* Roma 1987, p. 171–206.

Bravo, Federico (a cura di): *La signature.* Pessac 2012.

Celenza, Christopher S.: Manuscript. In: Grendler/Paul F. (a cura di): *Encyclopedia of the Renaissance.* Vol 4. New York 1999, p. 32–36.

Chartier, Roger: *La main de l'auteur et l'esprit de l'imprimeur: XVIe–XVIIIe siècle.* Paris 2015.

Corsaro, Antonio: Il dialogo di Ortensio Lando Contra gli huomini letterati (una tarda restituzione). In: *Studi e Problemi di Critica Testuale* xxxix (1989), p. 91–131.

Corsaro, Antonio: Ortensio Lando letterato in volgare. Intorno all'esperienza di un reduce "ciceroniano". In: Procaccioli, Paolo/Romano, Angelo (a cura di): *Cinquecento capriccioso e irregolare. Eresie letterarie nell'Italia del Classicismo, Seminario di letteratura italiana, Viterbo, 6 febbraio 1998.* Manziana 1999, p. 131–148.

Corsaro, Antonio: L'Utopia nella storia. Da Thomas More a Ortensio Lando a Sansovino. Del governo de i regni. In: D'Onghia, Luca/Musto, Daniele (a cura di): *Francesco Sansovino scrittore del mondo. Atti del convegno internazionale di studi (Pisa, 5-6-7 dicembre 2018).* Pisa 2019, p. 413–427.

Daenens, Francine: Encomium mendacii, ovvero del paradosso. In: Cardini, Franco (a cura di): *La menzogna*. Firenze 1989, p. 99–119.

Daenens, Francine: Donne valorose, eretiche, finte sante. Note sull'antologia giolitina del 1548. In: Zarri, Gabriella (a cura di): *Per lettera: la scrittura epistolare femminile*. Roma 1999, p. 181–207.

De Bujanda, Jesús Martinez (a cura di): *Index de Rome, 1557, 1559, 1564: les premiers index romains et l'index du Concile de Trente*. Sherbrooke 1990.

Di Filippo Bareggi, Claudia: *Il mestiere di scrivere. Lavoro intellettuale e mercato librario a Venezia nel Cinquecento*. Roma 1998.

Eisenstein, Elisabeth L.: *The Printing Revolution in Early Modern Europe*. Cambridge 1983.

Fahy, Conor: Per la vita di Ortensio Lando. In: *Giornale storico della letteratura italiana* CXLII (1965), p. 243–258.

Fantappiè, Irene: Kleiderwechsel. Zur poetologischen Bedeutung vestimentärer Metaphern in der italienischen Literatur des Cinquecento. In: *Germanisch-Romanische Monatsschrift* 70/2 (2020), p. 115–132.

Fantappiè, Irene: Lodovico Domenichi e Anton Francesco Doni di fronte a Luciano. In: Huss, Bernhard/Fantappiè, Irene (a cura di): *L'altra antichità. Autorialità e testualità nella letteratura della prima età moderna / The Other Antiquity. Authorship and Textuality in Early Modern Literature*. Manziana 2022, p. 191–229.

Fantappiè, Irene: Intertestualità e inter-autorialità. Riscritture rinascimentali di figure autoriali classiche. In: Juri, Amelia (a cura di): *Nuove prospettive sull'intertestualità e sugli studi della ricezione. Il Rinascimento italiano*. Pisa (in stampa).

Figorilli, Maria Cristina: Ortensio Lando e le scritture paradossali e facete del Cinquecento. In: *La Rassegna della Letteratura Italiana* 122/2 (2018), p. 295–314.

Fraenkel, Béatrice: *La signature. Genèse d'un signe*. Paris 1992.

Genette, Gérard: *Seuils*. Paris 2002 [1987].

Genovese, Gianluca: *La lettera oltre il genere: il libro di lettere, dall'Aretino al Doni, e le origini dell'autobiografia moderna*. Roma 2009.

Girotto, Carlo Alberto/Masi, Giorgio: Le carte di Anton Francesco Doni. In: *L'Ellisse. Studi storici di letteratura italiana* 111 (2008), p. 171–218.

Girotto, Carlo Alberto: Anton Francesco Doni (Firenze 1513-Monselice 1574). In: Motolese, Matteo/Procaccioli, Paolo/Russo, Emilio (a cura di): *Autografi dei letterati italiani. Il Cinquecento*. Vol. 1. Roma 2009, p. 197–208.

Goodman, Nelson: *Languages of Art. An Approach to the Theory of Symbols*. Indianapolis 1976.

Greco, Federica: *Autopromotion, paradoxe et réécriture dans l'oeuvre d'Ortensio Lando*. Université Grenoble Alpes (Littératures), 2018 (tesi di dottorato).

Laugaa, Maurice: *La pensée du pseudonyme*. Paris 1986.

Maffei, Sonia: Autografi con immagini: il caso di Anton Francesco Doni. In: Baldassarri, Guido/Motolese, Matteo/Procaccioli, Paolo/Russo, Emilio (a cura di): *"Di mano propria": gli autografi dei letterati italiani. Atti del convegno internazionale di Forlì, 24–27 novembre 2008*. Roma 2010, p. 379–422.

Maffei, Sonia: Tra sogno e disincanto. Le utopie di Doni dai "Mondi" al Manoscritto Trivulziano delle "Ville". In: Olivieri, Achille/Rinaldi, Massimo (a cura di): *L'Utopia di Cuccagna tra '500 e '700, il caso della Fratta nel Polesine*. Rovigo 2011, p. 175–208.

Martens, David (a cura di): *La pseudonymie dans la littérature française: de François Rabelais à Éric Chevillard*. Rennes 2017.

Martin, Henri-Jean/Delmas, Bruno: *Histoire et pouvoirs de l'écrit.* Paris 1988.
Masi, Giorgio: Coreografie doniane. L'Accademia Pellegrina. In: Procaccioli, Paolo/Romano, Angelo (a cura di): *Cinquecento capriccioso e irregolare. Eresie letterarie nell'Italia del Classicismo, Seminario di letteratura italiana, Viterbo, 6 febbraio 1998.* Manziana 1999, p. 45–85.
Meizoz, Jérôme: *Postures littéraires: mises en scène modernes de l'auteur.* Genève 2007.
Migliorini, Arianna: *Aenigmatica varietas. Il paradosso come forma del filosofare fra Quattrocento e Cinquecento.* Università degli Studi di Salerno, anno accademico 2020/2021 (tesi di dottorato).
Motolese, Matteo/Procaccioli, Paolo/Russo, Emilio: *Autografi dei letterati italiani. Il Cinquecento.* Roma 2009.
Mulinacci, Anna Paola: Un "laberinto piacevole": le 'libere imprese' di Anton Francesco Doni. In: Masi, Giorgio, Giuseppe (a cura di): *"Una soma di libri". L'edizione delle opere di Anton Francesco Doni. Atti del seminario (Pisa, Palazzo Alla Giornata, 14 ottobre 2002).* Firenze 2008, p. 167–236.
Petrucci, Armando: Copisti e libri manoscritti dopo l'avvento della stampa. In: Condello, Emma/De Gregorio: *Scribi e colofoni, le sottoscrizioni di copisti dalle origini all'avvento della stampa. Atti del seminario di Erice. 23–28 ottobre 1993.* Spoleto 1995, p. 507–526.
Pezzini, Serena: Dissimulazione e paradosso nelle Lettere di molte valorose donne (1548) a cura di Ortensio Lando. In: *Italianistica* xxxi/1 (2002), p. 67–83.
Pierazzo, Elena: Iconografia della Zucca del Doni: emblematica, ekfrasis e variantistica. In: *Italianistica* xxvii/2 (1998), p. 403–425.
Procaccioli, Paolo: Per Ortensio Lando a Venezia. In margine alla recente edizione dei Paradossi. In: *Filologia e critica* xxvii/1 (2002), p. 102–123.
Ray, Meredith Kennedy: *Writing gender in women's letter collections of the Italian Renaissance.* Toronto 2009.
Ricottini Marsili-Libelli, Cecilia: *Anton Francesco Doni, scrittore e stampatore: bibliografia delle opere e della critica e annali tipografici.* Firenze 1960.
Rizzarelli, Giovanna: *"Se le parole si potessero scorgere". I Mondi di Doni tra Italia e Francia.* Manziana 2007.
Rozzo, Ugo: I Paradossi di Ortensio Lando tra Lione e Venezia e il loro contenuto teologico. In: *La Bibliofilia* 113/2 (maggio-agosto 2011), p. 175–210.
Seidel Menchi, Silvana: Sulla fortuna di Erasmo in Italia: Ortensio Lando e altri eterodossi della prima metà del Cinquecento. In: *Rivista Storica Svizzera* XXIV (1974), p. 537–634.
Seidel Menchi, Silvana: Un inedito di Ortensio Lando. Il Dialogo contra gli huomini letterati. In: *Rivista storica svizzera* XXVII (1977), p. 509–527.
Seidel Menchi, Silvana: Ortensio Lando cittadino di Utopia: un esercizio di lettura. In: *La fortuna dell'Utopia di Thomas More nel dibattito politico europeo del '500. II giornata Luigi Firpo* 2 (1996), p. 95–118.
Zappella, Giuseppina: *Le marche dei tipografi e degli editori italiani nel Cinquecento.* Milano 1986.

Bernhard Huss

Ordnung und Gewalt, Vigilanz und Übergriff. Die üble Wurzel Arkadiens in Luigi Grotos *Calisto*

Luigi Groto, genannt *Il Cieco d'Adria* (1541–1585),[1] war seinerzeit eine literarische Berühmtheit in Italien und Europa; sein Ruhm reichte bis nach England, wo ihn Ben Jonson mit Autoren wie Petrarca, Tasso, Dante, Guarini, Ariosto und Aretino in eine Reihe stellte.[2] Groto hat die unterschiedlichsten Textgattungen bedient. Er ist vielleicht am bekanntesten durch seine Lyrik, hat aber auch Briefe und Reden hinterlassen, als Bearbeiter von Giovanni Boccaccios *Decameron* und von Ariostos *Cinque canti* figuriert, eine Akademie begründet und in anderen Akademien mitgearbeitet,[3] das Kulturleben seiner Heimatstadt Adria maßgeblich bestimmt, in der berühmten Einweihungspremiere des Teatro Olimpico in Vicenza 1585 als Hauptdarsteller im *König Ödipus* mitgewirkt[4] und nicht zuletzt Theaterstücke aller seinerzeit relevanten dramatischen Gattungen hinterlassen, weil er sowohl Tragödien und Komödien als auch pastorale und sakrale Dramen geschrieben hat[5] – ein literarisches Alleinstellungsmerkmal, dessen er sich rühmte.[6] Seine Stücke sind regelmäßig aufgeführt worden, in der Regel im lokalen adriatischen Kontext, wobei

---

[1] Zur Biographie Grotos vgl. Gallo, Groto; Clerc, Luigi Groto, sowie die weiterführenden Hinweise bei Huss, Luigi Groto's *Adriana*, S. 120 Anm. 5, und bei Clerc, Tradizione, S. 96 f. m. Anm. 5; nützlich auch der Abriss bei Mauri, *Voyage*, S. 111–113. Clerc, Tradizione, bietet alle wichtigen Literaturangaben zur älteren und neueren Forschung; vgl. für weitere Details die im Folgenden zitierten Publikationen des Verf.s.
[2] Nämlich in Akt 3, Szene 4, Vers 76–81 des *Volpone* (Clerc, Tradizione, S. 95 f. m. Anm. 2). Signifikant ist für unser Thema, dass in dieser Aufzählung mit Tasso und Guarini die zentralen Autoren für die poetische Normierung des italienischen Pastoraldramas vertreten sind.
[3] Gemeint sind die Akademien der Illustrati in Adria, der Addormentati in Rovigo und der Pastori Frattigiani in Fratta Polesine (Mauri, *Voyage*, S. 113).
[4] Vgl. Pieri, Laboratorio, S. 4 Anm. 4.
[5] Grotos dramatisches Werk umfasst neben unpublizierten, verlorenen Werken – darunter mehreren Tragödien – die veröffentlichten Stücke *Dalida* 1572, *Il pentimento amoroso* 1576, *Adriana* 1578, *Emilia* 1579, *Il tesoro* 1580, *Calisto* 1582, *Alteria* 1584 sowie das ‚dramma sacro' *Isac*, gedruckt erstmals 1586, aber uraufgeführt bereits 1558 (vgl. Pieri, Laboratorio, S. 5 m. Anm. 8; Zampolli, Scena, S. 94). Zum Dramatiker Groto vgl. den rezenten Überblick von Clerc, Tradizione (zum Tragiker ergänzend Decroisette, Pleurez); zu seinen Komödien Calore, Commedie; Simonato, Commedie; zu seinen Pastoraldramen Pieri, Arcadia; Pieri, Ameni siti; Fumi, Note. Nach wie vor unverzichtbar für das Studium der Theaterstücke des Cieco d'Adria ist der seminale Artikel von Pieri, Laboratorio.
[6] Nämlich im Prolog zur *Emilia*, vgl. Zampolli, Réflexion, S. 39.

Open Access. © 2023 bei den Autorinnen und Autoren, publiziert von De Gruyter. Dieses Werk ist lizenziert unter einer Creative Commons Namensnennung 4.0 International Lizenz.
https://doi.org/10.1515/9783111167169-003

Groto als vollgültiger Theatermann für alle Phasen und Dimensionen der Produktion verantwortlich zeichnete,[7] und wurden vor allem ziemlich häufig gedruckt.[8]

Grotos literarische Prominenz gründet sich auf einem forcierten poetischen Experimentalismus.[9] Der vielgesichtige Experimentator Groto, den man ebenso als didaktisch orientierten Kulturschaffenden[10] wie als subversiven, aggressiven, antikonformistischen literarischen Provokateur[11] charakterisiert hat, war ein Experte in Sachen Aushandlung von Dichtungsregeln. In den verschiedenen Gattungen, in denen er als Literat hervortrat, ging es ihm im Grunde stets um eine implizite (teils, v. a. in diversen Paratexten, auch explizite) Debatte um kulturelle Normen und deren Tragfähigkeit. Groto treibt die im italienischen Cinquecento sehr ausgeprägte Normativitätsdiskussion prinzipiell auf die Spitze, indem er die poetologischen Vorgaben bis zu einem Extrempunkt realisiert, an dem die Norm nicht mehr einfach nur den poetischen Text reguliert, sondern in ihrer Zuspitzung so deutlich sichtbar wird, dass sie zum eigentlichen Thema (und vielleicht zum Problem) des poetischen Textes gerät: Die Zuspitzung macht die Norm sichtbar und stellt sie zur Debatte (wie wir am Beispiel der *Calisto* sehen werden, gilt das nicht nur für die formalen Charakteristika, sondern auch für inhaltliche, etwa ethische und ideologische, Implikate seiner Texte). Diese Poetik der Forcierung ist es, die Groto nicht zu Unrecht das Etikett eines literarischen Parademanieristen Italiens eingetragen hat.[12]

Im Bereich der Lyrik geriert sich Groto als eine Art Übertreibungskünstler der normativen Poetik des Petrarkismus, den Pietro Bembo in der ersten Hälfte des 16. Jahrhunderts mit bemerkenswerter Resonanz als wichtigste Orientierungsmarke der literarischen Landschaft Italiens installiert hatte.[13] Die Sprachmuster und Konzeptismen des lyrischen Petrarkismus überträgt er (darin Bembos Normsetzung folgend) in andere Gattungen[14] und verändert deren Physiognomie dadurch grundlegend: Seine *Adriana* etwa ist eine petrarkisierte Tragödie und wird dadurch

---

7 Pieri, Laboratorio, S. 4.
8 Eine kurze Übersicht zur zeitgenössischen und späteren Rezeptionsgeschichte von Grotos Werk findet sich bei Decroisette, Pleurez, S. 165–167.
9 Vgl. Clerc, Tradizione, S. 101, sowie bes. Pieri, Laboratorio, und Huss, Luigi Groto's *Adriana*.
10 Vgl. Zampolli, Scena.
11 Vgl. Mangini, Teatro, S. 131 zu den Komödien Grotos: „la caratteristica essenziale, vale a dire il latente conflitto tra la tensione volontaristica di regolarsi secondo i dettami controriformisti e, d'altro canto, l'insopprimibile spinta della sua naturale critica eversiva o provocatoria".
12 Zur damit einhergehenden Hervortreibung der manieristischen figura auctoris bei Groto vgl. Huss, Figura auctoris und Selbstreferenz (aktualisierte italienische Version: Huss, Figura auctoris e autotematizzazione).
13 Vgl. Huss, Luigi Grotos *Rime*; ergänzend Huss, Dichter.
14 Vgl. zum hiermit angesprochenen Konnex von Petrarkismus und Tragödie und zur einschlägigen Relevanz der *Adriana* Huss, Petrarkismus (aktualisierte italienische Version: Huss, Petrarchismo).

zu einem großen Katalog petrarkistischer Klage auf der Bühne (die dadurch weniger Handlung zu sehen und umso mehr lyrische Sprache zu hören bekommt). Zugleich tritt Groto mit diesem Stück in die Debatte um die Gültigkeit der aristotelischen Regelgebung für das Drama des Cinquecento ein. Ihm geht es vor allem um die omnipräsente Diskussion über die tragischen Wirkaffekte von ‚Mitleid' und ‚Schrecken'. In charakteristischer Manier seziert und separiert er diese beiden Affekte und exerziert ihre Erweckung in zwei voneinander getrennten Stücken durch (was den dramatischen Aristotelismus ausstellt und zugleich recht eigentlich unterminiert):[15] Die *Adriana* gerät zur Mitleidstragödie (*pietà*),[16] während die dazu komplementäre *Dalida* eine Tragödie des Schreckens (*orrore*) in der Traditionslinie der Dramatik Senecas ist.

Ebenso unterschiedlich nehmen sich die beiden Pastoraldramen Grotos aus, Stücke einer Gattung, deren Formbarkeit den Experimentalismus besonders begünstigte.[17] Während sich der *Pentimento amoroso* als eine fast ein wenig tändelnde, sanfte, ‚apollinische' Verhandlung von pastoralen Beziehungsgeschichten gibt, ist die *Calisto* ein ‚dionysisches' Stück, in dem sexuelle Transgression, die Inversion von Geschlechterrollen und Geschlechterhierarchien, die Etablierung und Desintegration von figuralen Identitäten, die Hierarchie des göttlichen und des menschlichen Kosmos und generell die Frage nach der Beständigkeit, Außerkraftsetzung, Modifikation und Manipulierbarkeit ethischer Normen im Zentrum stehen.[18]

Um dieses letztere Stück soll es hier gehen. Die *Calisto* ist ein Pastoraldrama, dessen erste Version laut einer Notiz auf der Seite der Dramatis personae („PERSONE che parlano") im Erstdruck (Venedig: Zoppino 1583, fol. A5ʳ) in Adria bereits 1561 aufgeführt wurde, dann aber vom Autor überarbeitet („riformata") und erneut am 24. Februar 1582 in Adria gespielt wurde. Dem genannten Erstdruck von 1583,

---

15 Vgl. Huss, Luigi Grotos tragisches Diptychon (italienische Version: Huss, Dittico tragico).
16 Zum experimentellen Zuschnitt der *Adriana* detailliert Huss, Luigi Groto's *Adriana*.
17 Das Pastoraldrama ist „un non-genere ibrido e multiforme che solo dalla metà degli anni '70 comincia ad acquistare dignità e statuto letterario indiscutibili" (Pieri, Ameni siti, S. 319); vgl. bereits Pieri, Laboratorio, S. 16.
18 Zur Antithese von ‚apollinisch' vs. ‚dionysisch' in diesem Zusammenhang Pieri, Laboratorio, S. 14; vgl. ibid., S. 14–17. Diskutabel dagegen die gattungsmäßige Zuordnung in der Einführung der *Calisto*-Ausgabe von Giachino, S. 5 („Se la *Calisto* è ibridata con la commedia, il *Pentimento* è ibridato con la tragedia"). Vgl. demgegenüber die Betonung der Verbindung gerade des *Pentimento amoroso* zur Gattung Komödie bei Mauri, *Voyage*, S. 114 f.

nach dem wir hier im Wesentlichen zitieren,[19] folgten 1586 und 1599 weitere Zoppino-Ausgaben sowie 1612 ein erneuter Venezianer Druck, diesmal bei Turrino.[20]

Die Daten der Entstehungsgeschichte des Stücks seit 1561 sind von erhöhter Bedeutung, weil die verschiedenen Fassungen der *Calisto* somit vor bzw. nach dem stark normativierend und regulierend wirkenden *Aminta* Tassos[21] liegen. Groto, der ein Stück fernab tassesker Norm schrieb, nimmt auf den unmittelbaren Entstehungshorizont des *Aminta* in Ferrara direkt Bezug, wenn er den Erstdruck der *Calisto* in der auf den 1. September 1580 datierten Vorrede niemand anderem widmet als Alfonso II. d'Este und im Verlauf des Stücks, am Beginn des dritten Akts, den Gott Apollon nicht nur den tödlichen Himmelssturz seines Sohns Fetonte in den Po beklagen, sondern auch die Gründung Ferraras und die Entstehung einer ruhmvollen Herrscherdynastie voraussagen lässt.[22] Das Vorwort benennt über das Motiv der ‚kultivierten Waldbäume' die berühmten höfischen Sommerfrischen der *delizie estensi*,[23] in deren Kontext, auf der Isola del Belvedere im Po, bekanntermaßen Tassos *Aminta* 1573 uraufgeführt wurde, übrigens in Gegenwart von Alfonso II. Der konkurrierende Bezug auf Tassos normsetzendes Modell wird insofern klar herausgestellt.

Im kultivierten Wald der *delizie* hält sich nicht nur der Duca Ferraras auf, sondern die Tradition der Baumkultur birgt auch eine unmittelbare Verbindung zur antiken Götterwelt, wie die Vorrede an Alfonso gleich zu Beginn betont: Der antike Brauch der Sakralisierung von Bäumen und die Weihung ganzer Wälder an diverse Gottheiten stellen diese Verbindung auf kultischer Basis her (fol. A2). Damit ist der reale Entspannungsort des Herrschers mit einer Handlungswelt kurzgeschlossen, in deren pastoralen Rahmen eine Götterhandlung sehr viel prominenter eingelassen ist als es der Gattungstradition entsprach. Mit solchen Gottheiten wird Alfonso als Widmungsträger des Stücks explizit parallelisiert: Der baumreiche Handlungsraum der *Calisto* (also ein fiktiver Raum) wird ihm konsakriert, und sein Wohlwollen wird

---

[19] Ergänzend ziehen wir die rezente Edition von Giachino heran. Vgl. allerdings die etwas harsche Kritik der beiden Giachino-Ausgaben von Grotos Pastoraldramen bei Clerc, Tradizione, S. 104 f. m. Anm. 23.

[20] Pieri, Ameni siti, S. 334 Anm. 28, s. ibid., S. 317 f., 321, 325; vgl. zur Entstehung und frühen Rezeption der *Calisto* des Weiteren Pieri, Laboratorio, S. 6 f., 17 Anm. 28; Zampolli, Scena, S. 94 f., 104; Groto/Giachino, *Calisto*, S. 11 f.; Fumi, Note, S. 113 f.

[21] Vgl. zum entscheidenden ‚impact' des *Aminta* auf die Formation der Gattung Pastoraldrama Pieri, *Nascita*, S. 169–171.

[22] Vgl. Pieri, Laboratorio, S. 7 f. Zur Rolle des Phaeton-Mythos im Stück und im ferrareser Kontext der Este-Dynastie vgl. Groto/Giachino, *Calisto*, S. 20–22.

[23] Vgl. ibid., S. 17.

für das ruhmreiche Fortleben dieses literarischen Naturraums sorgen (fol. A3).[24] Die *Calisto* gehört aber auch hinsichtlich ihrer externen Textgenese in den Kontext von Alfonsos kultiviertem Naturraum, denn sie ist dort realiter verfasst, wie die Vorrede herausstellt („percioche havendo io prodotto, e maturato in luce la maggior parte di questo silvestre componimento in Albarun Villa Ferrarese della Iuriditione di Vostra Altezza", fol. A3[v]): Dies bezieht sich auf „Alberazzo, oggi frazione di Mesola, dove Groto era solito villeggiare a casa di parenti".[25] Die Verbindung der *Calisto* zu den *delizie estensi* wird in letzter Klarheit gezogen, indem Groto die einschlägigen Örtlichkeiten Belvedere, Belriguardo, Coparo, Casette, Comacchio, Mesola, Montagna, Montagnola der Reihe nach benennt (fol. A4[r]). Dem Fürsten wird die Handlungswelt der *Calisto* als zu den *delizie* alternativer Ort der Flucht aus dem Normdruck des politischen Alltags angeboten; die Rezeption der Handlung der *Calisto* soll für Alfonso die Evasion aus diesem Druck garantieren. Als hierfür besonders relevantes Element stellt der Schluss der Vorrede gleich zweimal den erwähnten, handlungsinternen panegyrischen Auftritt Apollons heraus, um sodann über ein auf die Verstirnung der Protagonistin Calisto bezügliches Wortspiel noch eine besonders enge Verbindung zwischen Widmungsempfänger und empirischem Autor zu erzeugen.[26] Die nahtlose Verklammerung von Handlungsraum und realem Bezugsraum, von

---

24 Wörtlich heißt es dort: „con questo essempio anch'io havendo ne gli anni della mia fanciullezza composto, e pur mò riformato questa mia pastorale avenuta tra le selve, tra le fiere e tra gli alberi, ho proposto meco medesimo di sacrare il tutto non a una deità vana, ma all'altezza vostra, in cotesto suo serenissimo stato vero, e vivo simulacro di Dio, e con la protettione di lei so, che queste selve riverite, e queste piante venerabili goderanno un perpetuo honor di verdezza acquistato, e conservato lor da la fama, e non saran violate, né da morso d'invidia, né da bippenne di odio, né da vento di mal dicenza, né da tempesta ò da folgore d'altro acidente, e le fiere erranti per questi boschi segnate del nome d'Alfonso secondo da Este, e perciò fate simili alle cerve armate da Cesare, e da Alessandro con l'aurato collare; e col titolo del Niuno mi tocchi, ch'io son d'Alessandro, ò di Cesare saranno inchinate, e tenute in sommo rispetto".
25 So der Kommentar zur zitierten Stelle in Groto/Giachino, *Calisto*.
26 „[...] quando ella soprafatta da procelloso tempo, o da importante negotio, o da altra occorrenza humana non puo ritrarsi a cotesti suoi diporti reali; ritraggasi in queste mie, anzi già sue selve, in questa nova Parasia; e per ischermirsi hora a punto da queste eccessive arsure quivi godendo l'ombra de gli alberi, il fresco dell'acque, l'aspetto delle ninfe e lo spettacolo delle caccie; si assida, e ascolti Febo che'n habito pastorale canta gli honori della sua casa. e questi boschi le useran questa maggior riverenza, che non come gli altri aspetteran lei, ma per maggior servitù trahendosi dietro i primi Iddij beati ne' cieli della antichità idolatra verranno a incontrarla, e ad accoglierla, dove, e quando a lei piacerà. piaciale dunque ricevere la mia Calisto, e (quantunque posta in si alto grado) darmi segno di gradire le mie fatiche nel modo che io (quantunque posto in si lunghe tenebre) dò segno à lei di contemplar le sue glorie (le quali non recito in questa lettera rimettendomi a quanto ne canta Febo in queste selve degno sol di cantarne) e si come io le dedico la Calisto, che diventò poi tramontana, cosi degnisi V. Alt. di diventar tramontana a me. il che facendo io diventerò calamita a lei" (fol. A4[r-v]).

fiktivem Personal und realer politischer Sphäre, von Widmungsempfänger und empirischem Autor soll die *Calisto* erkennbar eng an Ferrara binden: Damit ist sie vom Erstdruck wohlgemerkt nicht im üblichen kommunalen Wirkungskreis des Cieco in Adria verortet, sondern dort, wo die bukolische Dramatik des Secondo Cinquecento zuallererst ihre dichterische Normgebung erfahren hat. Der Blinde aus Adria wirft seinen Hut in den bedeutendsten literarhistorischen Ring, der für die dramatische Pastorale überhaupt zur Verfügung stand. Das Stück will selbst eine Norm herausfordern und womöglich neu setzen. Dem Patron dieses Orts wird zugleich, wie gesehen, durch die Etablierung literarischer Norm Entlastung vom regulativen Druck des politischen Geschäfts versprochen.

Der Prolog (fol. A5^v–[A7^r]) befasst sich demgegenüber mit der Konstitution der fiktiven Handlungswelt.[27] Angeredet ist das Publikum (nicht von Ferrara, sondern von Adria), das bislang dem Autor ebenso wenig Huld zu zeigen scheint wie eine gewisse Dame, die ihm beständig Schmerz zufügt.[28] Demgegenüber will der Autor seine Macht durch den Aufbau einer Welt demonstrieren, die den Zwängen und Gefährdungen der Lebenswelt enthoben sein soll. Die auktoriale Macht besteht denn gerade in der Konstruktion ganzer Städte und Staaten, wobei der Cieco d'Adria sich gerade angesichts seiner Blindheit (ein Topos, mit dem er immer wieder spielt) als ein Meister der Imagination erweist, der mit raumzeitlichen Koordinaten ganz nach Belieben zu verfahren vermag und den Rahmen des zu Zeigenden selbst bestimmt, wobei er sich souverän über alle empirischen Limitationen hinwegzusetzen in der Lage ist (der Prolog drückt dies im Bild der dichterischen Meisterschaft und Kontrolle über die bukolisch-topischen *adýnata* aus). Abschließend nimmt der Prolog die genuin aus der Komödie bekannte Verortung von Schauplätzen im Bühnenraum vor (das Land der Handlung heißt Parrasia und späterhin, nach der Geburt des Arcade, Arcadia; dort gibt es die Berge Liceo, Partenio, Cilleno, Menalo). Der Stoff ist derjenige des Kallisto-Mythos, den Groto nach der Vorgabe berühmter Autoren neu gefasst hat („Qui recitata vi sarà la favola | Di Calisto: ma ben per maggior commodo | Mutata alquanto da quel primier essere, | Che le dier tanti Autor, tra se si varij", fol. [A7]^r). Damit verweist Groto auf die vorgängigen Gestaltungen des Mythos v. a. durch Ovid.[29] Zugleich macht er deutlich, dass dieser Stoff von ihm mit dem *Amphitruo* des Plautus verquickt wird („Qui parleran gli Dei, come già in Plauto; | E come ne le selve già parlarono", ibid.): Wie im *Amphitruo* Jupiter

---

27 Vgl. Zampolli, Réflexion, S. 38 f.
28 Dies ist ein Vorverweis auf die petrarkistische Lebenskondition der von den keuschen Nymphen stets zurückgewiesenen liebenden Hirten des Stücks (s. u.).
29 Vgl. zur ovidianischen Konstruktion des Kallisto-Mythos O'Bryhim, Ovid's version; Colpo, Ninfe; Heldmann, Jupiter, S. 52–55 (betont die Illegitimität von Jupiters gewaltsamem Handeln); Groto/Giachino, *Calisto*, S. 13–15.

und Merkur verkleidet auf Erden ihr Wesen treiben, um das sexuelle Verlangen Jupiters nach Alcmene zu befriedigen, erscheinen Jupiter und Merkur auch in der *Calisto* in Verkleidung (freilich in einer von Groto manieristisch zugespitzten Art und Weise, s. u.). Damit sind die heterogenen Hypotexte abgesteckt, was die antiken Vorlagen angeht: Die ovidianischen Verwandlungsgeschichten liefern ein bukolisches Setting (in dem, ganz in Orientierung an der *Egle* von Giraldi Cinzio, auch satyrhafte Dimensionen eine Rolle spielen können; s. u.), Plautus dagegen den Bauplan für die Konstruktion göttlicher Übergriffe in diese irdische Sphäre.

Ovid hat den Kallisto-Mythos[30] in kürzerer Version in den *Fasti* (2.153–192) und ausführlicher in den *Metamorphosen* (2.409–530) vertextet. Schon bei ihm ist deutlich, dass es sich um die Geschichte eines sexuellen Übergriffs, einer Vergewaltigung handelt, und dass die sich aus dem Gewaltakt ergebende Frage nach der Schuld und Verantwortlichkeit aus einer Position nicht des Rechts, sondern der Macht beantwortet wird; der Mythos als solcher ist eine verhüllte Debatte um Norm und gewaltsame Normverletzung, Pflicht und Pflichtverstoß, Straffälligkeit und Evasion.

In den *Fasti* hat Callisto als Nymphe im Gefolge Dianas ewige Jungfräulichkeit geschworen und wurde von der Göttin zu ihrer Hauptnymphe bestimmt. Jupiter vergreift sich in nicht näher geschilderter Weise an Callisto („de Iove crimen habet" heißt es von Callisto ambivalent in V. 162: die Schande ebenso wie das Verbrechen selbst rühren von Jupiter her, die Schande aber kann schlechterdings auch einfach nur der Callisto zugeschrieben werden). Er schwängert sie, was nach einiger Zeit offenbar wird, als die Nymphen auf Geheiß Dianas ihre Gewänder ablegen müssen, um gemeinsam zu baden. Nachdem die Schwangerschaft unübersehbar zutage getreten ist, verstößt Diana die Callisto. Diese bringt nach einiger Zeit einsam einen Knaben zur Welt. Nicht zuletzt über diese Geburt ist Juno als von Jupiter betrogene Gattin außer sich und verwandelt Callisto in eine Bärin. Nach etwa fünfzehn Jahren begegnet die in tristem Alleinsein lebende Bärin ihrem Sohn wieder und versucht, ihm mit Bärenstimme ihre Liebe auszudrücken. Der entsetzte Sohn erkennt die Mutter nicht und ist schon im Begriff, sie mit dem Spieß zu töten, da werden beide in einem Katasterismos an den Himmel versetzt (als Große Bärin und der sog. Arctophylax). Das Meer dürfen sie niemals berühren, denn das erbittet sich die immer noch rachsüchtige Juno von der Meergöttin Tethys.

Es besteht in Ovids *Fasti* bereits kein Zweifel daran, dass Jupiters Handlung einen Normverstoß darstellt (*crimen*), der allerdings nicht für denjenigen negativ zu Buche schlägt, der den Verstoß bewirkt hat, sondern der für die junge Nymphe in einer Ächtung (*crimen*) resultiert. Die Norm wird verletzt, die Reaktion auf die

---

30 Vgl. allg. zum Kallisto-Mythos Sale, Callisto; Wall, *Callisto myth*, S. 11–46; Boehringer, Monter.

Normverletzung stellt eine weitere Normverletzung dar: Callisto erscheint als doppelt oder dreifach geschädigt, ohne Kompensation zu erfahren.

In den *Metamorphosen* erzählt Ovid dieselbe Geschichte mit einer Reihe von verlebendigenden Ausschmückungen. Dabei verschärft er den Eindruck einer moralisch höchst kritikwürdigen Lage, in die die junge Nymphe ohne eigenes schuldhaftes Zutun gerät: Jupiter entschließt sich in einem kurzen Monolog zur ehebrecherischen Tat („furtum" nennt er sie v. 423, also durchaus ein Vergehen); er nimmt Dianas Gestalt an, um Callisto zu täuschen;[31] er vergewaltigt sie, was jetzt eindeutig zu seinen Lasten als *crimen* erscheint („narrare parantem | inpedit amplexu nec se sine crimine prodit", v. 432 f.); sie versucht nach Kräften, tapfer Widerstand zu leisten (was Junos Zorn überflüssig machen würde, wenn sie es wüsste: v. 435); Jupiter verlässt das Opfer seiner Vergewaltigung sofort nach dem Übergriff in schäbiger Weise, auch aus Scham über den Wald als Zeugen der Untat (v. 438); Callisto ist nach ihrem Trauma verunsichert über die Identität der wirklichen Diana (v. 443 f.); Juno projiziert sämtliche Schuld auf Callisto und will den Eindruck einer moralischen Fehlhandlung Jupiters vertuschen (v. 471–473); die Vereinsamung der Bärin wird sehr stark betont; Juno handelt gegenüber Tethys aus egoistischen Motiven heraus und will einen angesichts des Katasterismos der Callisto denkbaren eigenen Machtverlust verhindern, wobei sie die Verstirnung als „stupri merces" (v. 529) tituliert und, erkennbar zu Unrecht, der Callisto unterstellt, sie habe als Verführerin sich freiwillig hingegeben und dafür eine Belohnung erhalten. Der Kontrast zwischen der Skrupellosigkeit Jupiters, der Selbstsüchtigkeit Junos und der Schuldlosigkeit Callistos, die aber das einzige Opfer der Geschichte bleibt, während Normverstöße durch sexuellen Genuss und womöglich gesteigertes Machtempfinden belohnt werden, erscheint gegenüber der Fassung der *Fasti* deutlich gesteigert.

Groto nützt das in den *Metamorphosen* bereits präsente Motiv einer Verkleidung Jupiters in Diana, die eine Identitätsänderung ebenso impliziert wie eine Verkehrung sexueller Rollen, um unter Rückgriff auf Plautus das gleichfalls ver-

---

31 Vgl. zur Traditionslinie des Kallisto-Mythos, in der Jupiter als Diana auftritt, ausführlich Boehringer, Monter. Boehringer unterstreicht die Rolle Jupiters als Vernichter weiblicher Ordnung, die Archaizität des Verwandlungsmotivs, das sexuelle Changieren des Begehrens insbes. in Ovids Fassung des Mythos. Wall, *Callisto myth*, S. 20–22 betont am Kallisto-Mythos die Thematik der Rolle weiblicher Sexualität unter der patriarchalischen Norm; in der Vergewaltigung der Kallisto durch Zeus/Jupiter sieht sie einen Akt gewaltsamer patriarchalischer Aneignung. Ihr Fazit lautet: „The myth indicates in a disturbing way the overwhelming dominance of the male world and the absolute and even capricious power it has over a woman" (S. 25). Aus dieser Warte erscheint bereits Dianas Verstoßung der Kallisto als Performanz unter dem Druck einer aufoktroyierten paternalistischen Warte, „for the matriarchal goddess of fecundity, maternity, and childbirth would not have treated her votary in this way", und das heißt: „Ovid has misconstrued the situation" (S. 13).

kleidete, gleichfalls im Dienst einer göttlichen Libido agierende Paar Jupiter-Merkur in die Handlung der *Calisto* einzuspielen.[32]

Die *Calisto* wird von Groto paratextuell (s. o.) als aitiologisches Mythem präsentiert, weil das zunächst Parrasia genannte Arkadien erst nach der Geburt von Calistos Sohn Arcas (Arcade) so heißen wird, die sich aus der Handlung des Stücks erklärt. Parr(h)asia ist dabei zunächst der Name einer arkadischen Gegend (Südwest-Arkadien bzw. ein Teil davon), doch klingt auch der griechische Begriff der *parrhesía* an, der freien, unverblümten, unverstellten, ggf. aber auch unverschämten Rede (Groto konnte Griechisch und war in der Lage, Homer zu übersetzen[33]). Die freie Rede wird allerdings durch die Strategeme des Götterpaars Giove und Mercurio zum Teil gerade obstruiert. Diese treten bereits in 1.1 „in forma di Diana" und „in forma di Isse Ninfa" auf, zwei Gestalten, die sie angenommen haben, um sich den Nymphen Calisto und Selvaggia ungestört nähern und sie sich sexuell gefügig machen zu können. Der Dialog zwischen den Göttern in dieser ersten Szene spielt die Vorgeschichte ein: Wie in den *Metamorphosen* befand sich Giove auf einer Inspektionstour, um herauszufinden, ob der kosmische Brandunfall von Fetontes Absturz mit dem Sonnenwagen größeren Schaden verursacht hatte. Beim Reparieren diverser Beschädigungen in Parrasia sah er Calisto und verliebte sich in sie. Dahinter vermutet Mercurio sogleich nicht etwa eine harmlose Liebe, sondern ein Bestreben Gioves, sich gewaltsam an der Tochter des Licaone zu rächen, nachdem er bereits ihren Vater wegen frevelhafter Auflehnung[34] in einen Wolf verwandelt habe. Giove seinerseits will Mercurios Verkleidung als Isse dazu benutzen, Diana und ihr Gefolge abzulenken und so seine Ziele bei Calisto besser zu erreichen. Auch Mercurio hat solche Ziele; sein Begehren richtet sich auf die Nymphe Selvaggia. Allerdings werden die beiden von den Göttern begehrten Nymphen bereits von zwei Schäfern geliebt, nämlich von Silvio und Gemulo. Schon in der Exposition legen die beiden Götter dar, wie sie sich die ‚Kompensation' der Vergewaltigungen vorstellen, die sie im Sinn haben:

> *Mer.* Che faran poi le violate, e misere
> Due Ninfe? *Gio.* sono da Silvio, e da Gemulo
> Pastori amate. e (benche elle ogn'hor gli habbiano
> Cacciati) hoggi farem, che humiliandosi,
> Or si donino a unirsi in matrimonio. (fol. 10ᵛ)

---

[32] Zu Grotos Reaktualisierung des ovidianischen Stoffs und der Integration der plautinischen Motive sowie zur Rolle von Giraldis *Egle* als Hypotext vgl. Fumi, Note, S. 116–127.
[33] Mangini, Teatro, S. 119.
[34] Vom Vergehen Lykaons gibt es zahlreiche mythologische Varianten; Groto hat Ovids Version präsent, wonach Lykaon dem Zeus das Fleisch eines Gefangenen zum Mahl vorsetzte.

Die Götter räumen somit vor Publikum den geplanten Gewaltakt der Violation offen ein. Um die Verhältnisse nach dieser Gewalt wiederherzustellen, sollen die Nymphen den Hirten Silvio und Gemulo in die Ehe gegeben werden, so dass eine bukolische Ordnung durch eine Doppelhochzeit zu erwarten steht, ein *happy ending* also wohl. So einfach steht es damit jedoch nicht, denn hier schon wird klar, dass sich die Nymphen (eben, weil sie Nymphen sind und der keuschen Diana folgen) keineswegs die Eheschließung mit den Hirten zur Wunschvorstellung erkoren haben, sondern die Hirten bislang vielmehr stets abgewiesen haben. Sie haben sich der Ehe verweigert. Dennoch wollen die Götter sie *post coitum* dazu zwingen, weil die Verheiratung der erniedrigten Nymphen den Göttern als Herstellung von Ordnung erscheint (einer augenscheinlich ganz ausgesprochen patriarchalisch-männlichen Ordnung).

Nach dem hier gefassten Plan läuft die Handlung denn auch ab. Mercurio trifft auf Isse und stürzt sie in eine Identitätskrise, da er aussieht wie sie und ihr Sein und ihre Existenz für sich zu beanspruchen behauptet. Als Isse auf die eigene Identität nicht sogleich verzichten will, droht Mercurio ihr wiederholt Gewalt an. Silvio drückt seine unerwiderte Liebe zu Selvaggia aus, die vor ihm flieht, als sie endlich versteht, dass sie selbst das Objekt seines Liebessehnens ist.

Im zweiten Akt erscheint Gemulo auf der Bühne, klagt seinerseits wegen der Unzugänglichkeit der von ihm geliebten Calisto, trifft auf Silvio und führt mit ihm einen Dialog über die Liebe. Die von den Hirten belauschten beiden Nymphen legen ihrerseits die Auffassung dar, die sie vom rechten (keuschen) Leben vertreten. Die Konfrontation der beiden Liebenden mit den zwei Nymphen führt nicht zu einer Annäherung. Mit dem Auftreten der beiden transfigurierten Götter beginnt eine Reihe zweideutiger Situationen, zunächst vor allem auf sprachlicher Ebene, als Giove-Diana und Mercurio-Isse ihre Transgression durch sprachliche Anzüglichkeiten und Doppeldeutigkeiten vorbereiten, die die Nymphen nicht richtig einordnen können.

Zu Beginn des dritten Akts tritt Febo (Apollon) in Erscheinung, der im Gefolge von Fetontes Ungeschick und Unfall von Giove verbannt wurde und sich darüber wenig erbaut zeigt. Febo wird die Rolle des glücklosen Bewerbers um die Gunst der Isse spielen, die sich von ihrer Identitätskrise nicht hindern lässt, den Gott mehrfach hereinzulegen; die Anleihen bei der traditionellen Figur des libidinösen, aber erfolglosen Satyrs sind deutlich.[35] Febo besingt den Po, preist Ferrara und lobt die zukünftigen Herrscher, darunter prominent Alfonso II. und sein unmittelbarer familiärer Umkreis, und die zukünftige politische Geschichte des Herzogtums. Danach fällt Febo auf Mercurios Verkleidung herein und hält diesen für Isse als Objekt

---

35 Vgl. Pieri, Laboratorio, S. 10, und jetzt bes. Fumi, Satiri travestiti.

seines Begehrens. Derweil erwägen die Hirten einen Liebeszauber, um die Nymphen geneigt zu stimmen. Febo trifft nun auf die wirkliche Isse, die alle vorherigen Versprechungen der falschen Isse empört von sich weist. Als Febo Isse mit einem Trick zu packen versucht, entwischt sie ihm durch eine gewitzte Finte.

Der vierte Akt, eingeleitet durch ein Treffen Mercurios mit Selvaggia, das von großer Zudringlichkeit des als Isse auftretenden Gottes geprägt ist, wird beherrscht von der (faktisch erfolglosen) Szene des Liebeszaubers, an den nur der ‚ruzzanteske' Ziegenhirt Melio nicht glaubt. In der Folge gelingt es Isse erneut, sich Febos Avancen trickreich zu entziehen und ihn mit Hohn und Spott zu überschütten. Mercurio, der mittlerweile Selvaggia vergewaltigt hat, treibt auch seinerseits sein Spiel mit Febo.

Im fünften Akt erzählen sich Giove, der bei Calisto gleichfalls ans brutale Ziel gelangt ist, und Mercurio ziemlich detailfreudig die Szenen der jeweiligen Sexualakte mit den unwilligen Nymphen. Diana wird mit den Transfigurationen der beiden männlichen Götter konfrontiert und muss auf Rache verzichten, als Giove das Spiel auflöst und die sexuelle Gewalt an Calisto und Selvaggia einräumt. Febo hält ein großes Plädoyer für Fetonte und fordert Gerechtigkeit für sich selbst ein; Giove begnadigt ihn und beendet seine Verbannung. Der Calisto stellt er Unterstützung in Aussicht und kündigt ihr die Schwangerschaft mit Arcade sowie die Umbenennung von Parrasia in Arcadia an. Die Verwandlung in die Bärin wird von ihm nur angedeutet, dagegen der Katasterismos als große Belohnung dargestellt. Schließlich werden Calisto, Selvaggia und auch Isse (der Febo zuletzt doch noch seinen Willen gewaltsam hat aufzwingen können) von der Eheschließung mit Gemulo, Silvio und Melio überzeugt. Im Zeichen der dreifachen Hochzeit erfolgt die abschließende Zuschaueranrede mit der Aufforderung, „le giovani" aus dem Publikum sicherheitshalber über Nacht zur ‚engen Bewachung' im Theater bei der fiktiven Hochzeitsfeier zu lassen, weil der Heimweg zu gefährlich sei.

Die bei Ovid bereits grundgelegte Thematik der Spannung von Norm, Normverstoß und (fragwürdiger) Kompensation des Verstoßes wird bei Groto radikalisiert und auf die Spitze getrieben; sie gerät zum zentralen Handlungselement des gesamten Stücks. Groto konstituiert mehrere Ordnungen, die untereinander unvereinbar sind, miteinander in Konflikt geraten und in einem recht zweifelhaften Normkompromiss gegeneinander arretiert werden. Dies sind: Die olympisch-junonische Ordnung, die dianische Ordnung der Nymphen, die pastorale Ordnung der menschlichen Schäfer und die Ordnung von Giove und Mercurio, die aber in einer Pervertierung der anderen Ordnungen besteht und eigentlich eine Unordnung ist. Störungen der olympischen Ordnung werden von Febo, der vielschichtigsten Figur der *Calisto*, anhand des Falls von Fetonte und seiner eigenen Verbannung durch Giove angesprochen und kritisiert. Febo ist ein Katalysator von pastoralen Normdebatten. Der Einbruch der amoralischen Unordnung Gioves und Mercurios in die genannten Ordnungssysteme wirft Debatten in der Tat auf, weil er das Verhältnis und die Identität der Geschlechter, die Konstitution individueller Identität und das Verhältnis von Lizenz versus Schuld (und Sühne) problematisch werden lässt.

Doch der Reihe nach. Die *olympisch-junonische Ordnung* wird in dem Stück nicht von Juno selbst ausformuliert. Anders als in den *Metamorphosen* tritt Juno hier nicht auf und kommt nicht zu Wort; auch die Verwandlung Calistos in eine Bärin, durch die Juno bei Ovid ihre Bewertung der Geschehnisse durchsetzt, spielt nur in knapper Andeutung eine Rolle (s.o.). Doch ist der Horizont der junonischen Norm von Anfang an klar gesetzt, und gerade gegen ihn erscheint Gioves Plan als Ordnungsverletzung. Im expositorischen Gespräch mit Mercurio macht Giove sehr bald klar, dass er seine libidinösen Interessen (bei denen es sich, wie seine Formulierung deutlich werden lässt, keinesfalls um zarte Liebe handelt) durch rhetorische Manöver, notfalls aber auch mit Gewalt durchsetzen will (1.1, fol. „11"[9]ᵛ „Io saprò ben trovar poi tempo commodo | Di ritrovarmi in parte solitaria, | Dove io sol, con lei sola il desiderio | Mio sfoghi, oprando preghi, ò violentia"). Mercurio, den Giove mit der Aufgabe des Helfershelfers betraut, hält gegen den Plan der sexuellen Übergriffigkeit warnend die junonische Ordnung der ehelichen Treue, die auf die Einhaltung der matrimonialen Herrschaftsstruktur des Olymps besteht und Verstöße dagegen durch scharfe Sanktionen zu ahnden bereit ist:

> *Mer.* Ma se Giunone vostra viene a intenderlo,
> O vi ci coglie? questo fia il pericolo.
> Dovreste pur saper in quanta furia,
> In quanta stizza sale, in quanta colera,
> Quando intende, che amate alcuna Giovane. (1.1, fol. 10ʳ)

Giove zeigt sich über die scharfe Überwachung seines ehelichen Verhaltens durch seine Gattin ungehalten und projiziert einen entsprechenden Vorwurf auf das aggressive Misstrauen ‚der Frauen' schlechthin:

> *Gio.* E perche queste maledette femine
> Sempre mai son così rabbiose? e in spetie
> Fanno tanto furor, fan tanto strepito,
> Se 'l lor marito ha con altra commertio?
> Se sol con altra parla, a un tratto credono,
> Che male insieme facciano. (ibid.)

Mercurio hält dagegen: Die junonische Ordnung verteidigt die existenziellen Interessen der Frauen in der matrimonialen Struktur, die die Befriedigung ihrer materiellen Bedürfnisse sicherstellt. In einer fiktionsironischen Geste, die auf die aktuelle Verkleidung der beiden Götter verweist, fordert er Giove auf, sich in den Wertestandpunkt der von männlicher Transgression bedrohten Ehefrauen zu versetzen:

Mer. Ah ponetevi
La mano al petto, e de panni vestitevi
Delle povere donne. hor non vi paiono
Haver ragion, quando il lor cibo proprio
(Più soave, che 'l Nettare, e l'Ambrosia)
Si veggiono involar per altra pascerne <?> (ibid.)

In der Folge behauptet Giove, die Frauen handelten prinzipiell aus ihrer naturhaft schlechten Anlage heraus („Credo che 'l fan per lor natura pessima", ibid.). Mercurio anerkennt die Tatsache, dass weibliche und männliche Wertsetzung unterschiedlich sein können, will aber Gioves negative Valorisierung der ‚weiblichen Natur' explizit nicht übernehmen („Per lor natura certo. e chi ne dubbita?", ibid.). Giove seinerseits macht keinen Hehl aus den eigenen Absichten, die er ja selbst bereits als potentiell gewaltsam charakterisiert hat. Er verfolgt diese Absichten schon länger, hat sie nur bislang dem Mercurio nicht offenbart, weil die Wachsamkeit Giunones ihn daran hinderte: Erst nach dem Tausch der Geschlechterrollen und dem Übertritt in die irdische Welt wähnt er sich vor der Achtsamkeit der Gattin sicher („Però in Ciel non ti dissi quel, che havessimo | A far quà giù. tardai fin hora a dirtelo, | Accio che uditi da Giunon non fossimo", ibid.). Die angenommene Weiblichkeit und die gemeinsame Entfernung aus dem olympischen Geltungsbereich junonischer Norm ermöglicht es Mercurio nun, in Imitation von Gioves illegitimem Bestreben auch seinerseits die Verwirklichung sexueller Begierde zur Richtschnur des eigenen Handelns zu erklären („Godrò selvaggia anch'io Ninfa di Delia, | Che amo già tanti dì, poiche n'ho il commodo", ibid.).[36] Unmittelbar darauf entwickeln die beiden göttlichen Transgressoren jenen Plan, die Nymphen späterhin durch Ehen mit den verliebten Hirten zu ‚entschädigen'.

Die *dianische Ordnung der Nymphen* kommt wohl am klarsten in einem Dialog der Calisto und der Selvaggia zum Ausdruck, in dem sie die friedliche Geordnetheit der Welt vom Bestehen der Keuschheitsregel Dianas abhängig machen. Die Norm lautet: „Fugga dunque ciascun d'amor lontano | A gli studij di Delia honesti, e belli" (2.3, fol. 21ᵛ). Die Abstinenz von körperlichem Verkehr stellt in dieser Normgebung die Basis für ein Leben dar, das im Einklang mit dem bukolischen Natursetting steht; Jagd und reinliche Körperpflege sind zwei Dimensionen, in denen sich die Friedlichkeit und Eintracht dieser Existenz äußert:

---

36 In Groto/Giachino, *Calisto*, S. 49 (v. 151) wird „Selvaggia" hier mit Majuskel als Eigenname gedruckt und „ninfa" kleingeschrieben. Damit wird ein zynisches Wortspiel verbaut: Die ‚selvaggia Ninfa' namens Selvaggia soll vergewaltigt werden; ‚selvaggio' ist hier aber allenfalls der Vergewaltiger und nicht das keusche Opfer.

> *Sel. e Cali.* Dove quando su 'l monte, hora nel piano
> Cacciamo fiere, o insidiamo augelli.
> Hora il piede, hora il viso, hora la mano,
> Laviamo in freschi, e limpidi ruscelli.
> Né siam né sarem mai senza piacere
> Finche l'arco habbia freccie, e 'l bosco fiere. (2.3, fol. 22ʳ)

Ohne die Übergriffigkeit körperlicher Begierde ist die dianische Norm intakt und sichert ein Leben im Einklang mit dem Ablauf der Jahreszeiten und der Tageszeiten; die Beachtung der Keuschheitsregel garantiert eine Freiheit von Affekten und daher von jeglicher körperlicher oder seelischer Beeinträchtigung:

> *Sel. e Cali.* Viver pregiato, e buon, libero, e lieto,
> Che non si duol, non teme, e non ispera
> A cui non interrompe il corso queto
> Autunno, ò State, Verno, ò Primavera.
> Stato divino, dolce, e mansueto
> Tale il matino, e 'l dì qual' è la sera,
> Che non sa, che sia sdegno, odio, od amore
> Che porta intatto il corpo allegro il core. (ibid.)

Die dianische Norm ist aber fragil, sie ist in ihrem Bestand kontinuierlich bedroht. Der Lebenszustand der Nymphen ist daher geprägt durch beständige Vigilanz. Kaum erkennen Selvaggia und Calisto, dass sie nicht allein, sondern in Gegenwart der beiden liebenden Hirten Silvio und Gemulo sprechen, unterstellen sie diesen sogleich ein Bestreben nach der Zerstörung der durch Diana gebotenen Keuschheit:

> *Sel.* Ah che ben li conosco: sù leviamoci
> Tosto di qui: son quei pastor, che assediano
> La tua, e mia honestà. (2.3, fol. 22ᵛ)

Und der Übergriff, der auf die dianische Ordnung befürchtet wird, kann für die keusche Selvaggia nur in einer regelrechten *azione selvaggia* bestehen, mithin der Vergewaltigung („E se tentasson farne qualche ingiuria?", ibid.).

Nachdem ihre Gegenwart entdeckt ist, entwickeln die Hirten in einem längeren Gespräch mit den Nymphen ihre Vorstellung von der *pastoralen Ordnung der Schäfer*. Sie besteht im Kern in der Annahme, dass die Lebensgemeinschaft des männlichen und weiblichen Geschlechts, die eine regelhafte körperliche Vereinigung impliziert, in der Ordnung der Natur liege und ein dianisches Dasein der asexuellen Isolation auf Dauer gar nicht möglich sei:

> *Gem.* Che può far sola la donna? tra gli arbori
> Non fa frutto, ne fior la palma femina,

> Se non ha il maschio appresso. non producono
> Le viti, quando à gl'olmi non s'appoggiano.
> Fra i pesci, fra gli augelli, e fra i domestichi,
> E selvaggi animai, qual ritrovi tu,
> Da la Fenice in fuor, che non s'accoppij
> Col suo dolce consorte, e non moltiplichi
> Per questa grata via la propria spetie?
> Se vitelli, se agnelli, augelli, fragole
> More, pome, uve, spiche, herbe, fior varij
> Habbiamo ogni stagion de l'anno, habbiamone
> Ad Amor (che son tutti suoi doni) obligo.
> Non si porteria fior, non mangerebbesi
> Vivanda, quando da Amor non l'havessimo.
> Pur gli amanti, e l'Amor da voi si uccidono. (2.3 fol. 25ᵛ)

Auch im weiteren Verlauf des Gesprächs sucht Gemulo darauf abzuheben, dass Amor die Welt am Leben erhalte (auch die Eltern der Nymphen seien wohl kaum stets keusch gewesen, wie Gemulo aus der Nymphen Existenz schließt: fol. 26ʳ⁻ᵛ). Die Lebensnorm der Hirten läuft also durchaus auf sexuellen Verkehr zwischen den Geschlechtern hinaus, sie will diesen Verkehr aber auf der Grundlage von Einmütigkeit vollziehen und eine gemeinsame Norm des Zusammenlebens der Geschlechter entwickeln und schließt dabei die von den Nymphen unterstellte Anwendung von Gewalt von vornherein aus. So sagt Gemulo gleich zu Beginn des Gesprächs mit Calisto und Selvaggia:

> *Gem.* Ah rie non ci fuggite; così l'Aquila
> Fuggono le colombe, e così fuggono
> Le agnelle il lupo per tema, e per odio.
> Ma voi fuggite i servi, e amici proprij.
> E certe sete pur, che violentia
> Non vi vegniamo a usar. vegniamo a prender
> Da voi la morte pronta, e volontaria-
> mente. però con quegli archi aventatene
> Mille strali nel petto, e fate satia
> L'asprezza vostra, e contenti i nostri animi.
> Che morte ne sarà dolce & amabile,
> Quando da voi ne venga. e già non fiano
> Queste le prime ferite, altre fatone
> Havete già nel cor con gli occhi lucidi. (2.3 fol. 22ᵛ)

Das Liebesprojekt der Hirten ist ein friedlich-passives. Darauf verweist Gemulo auch, als Selvaggia andeutet, sich durch Silvio in der Vergangenheit bedrängt gefühlt zu haben: Er stellt demgegenüber „le virtù di Silvio" heraus:

> *Gem.* non puoi con giustitia
> Dolerti di costui, ninfa. che havendoti
> Il dì, e la notte in selve solitarie
> Usò sempre mai teco atti honestissimi. (2.3, fol. 24ᵛ)

Diese *virtù* bestehen in der Hinnahme der von der dianischen Norm der Nymphen begründeten Zurückweisung der pastoralen Liebeswerbung. Gemulo betont ausdrücklich, dass die Anwendung von Gewalt vom pastoralen Normencode ausgeschlossen ist: Wo die Erfüllung des körperlichen Begehrens nicht möglich ist, wird von einem Hirten wie Silvio nicht Gewalt angewendet, sondern Affektkontrolle ausgeübt:

> *Gem.* Anzi è questa honestà, che ogni altra supera.
> Amar, bramare, e haver più volte il commodo
> E non pigliarsi, e non tentar, non chiedere.
> Chi non ama può farlo? è sol constantia,
> L'astenersi da quel, che si desidera. (ibid.)

Wir haben es mit einer stoizistischen *supervirtù* als Basis bukolischer Lebensgestaltung zu tun, die die Widerständigkeit des dianischen Codes zur eigenen Norm durch Entsagung kompensiert. Das Ventil dieser Entsagung ist in Affekt wie im Stil des Affektausdrucks ein pastoraler Petrarkismus:

Die Hirten reagieren auf die ablehnende Kühle der Nymphen sowohl im Monolog als auch im Dialog mit einer Ausstellung des eigenen Affektzustands, die bis in die einzelnen Stileme hinein petrarkistische Motive aufgreift und sie (ähnlich wie es in Grotos Lyrik so häufig der Fall ist) konzeptistisch zuspitzt. Am klarsten tritt dies zu Beginn des zweiten Akts hervor, wo zunächst Gemulo (2.1) und dann Silvio und Gemulo (2.2) sich in solchen Petrarkismen ergehen, die auf die ständige Variation des fundamentalen Ausdrucks von Liebesleid hinauslaufen („io resto in un perpetuo | Stato: il mio Sol da me torcendo, spogliami | Di vita, di calor, luce, e letitia", 2.1, fol. 18ʳ). Auch die Grundformel petrarkistischer Affektbildung wird in paraetymologischer Wortspielerei zitiert („amar da l'amarezza sua si nomina", 2.2, fol. 20ʳ). Die Passivität des petrarkistisch verfassten liebenden Hirten ist schmerzvoll komplementär mit der keuschen Verweigerungshaltung der Nymphen Dianas, gerade auch weil sie keine gewaltsamen Übergriffe erzeugt. Dabei scheint ein Terrain sprachlicher Verständigung zwischen den beiden Normsystemen just in einer petrarkistisch basierten, konzeptistisch forcierten Diktion zu bestehen: Die Hirten spielen mit der Sprache, um die eigene Emotion zu bewältigen (besonders schön in der Bemerkung Silvios zum Namen der Geliebten: „Selvaggia (che se non fosse tuo proprio | Tal nome, io tel darei) quanto giudicio | Hebbon color, che tal nome ti diedero", 2.2, fol. 19ᵛ), und am Gespräch zwischen Hirten und Nymphen ist auffällig, dass sich zwar die konträren Sexualnormen nicht annähern, aber die normativen Kontraste in sozial deeskalierender Weise durch gemeinsame Sprachspiele entschärft werden (2.3, bes. fol. 23ʳ–24ʳ).

Keinerlei gewaltlose Kompensation dieser Art ist möglich, sobald die planvolle *(Un)Ordnung Gioves und Mercurios* in die Tat umgesetzt wird. Dem Publikum bietet Groto den Vorlauf der mehrfachen Vergewaltigungen zum Teil mit einem ans Sadistische grenzenden, voyeuristischen *diletto* dar. In der ersten Szene des vierten Akts nähert sich Mercurio in der Gestalt der Isse seinem Opfer Selvaggia, und in einer sich steigernden Reihe von Anzüglichkeiten bahnt sich die Transgression an; Selvaggia kann das, noch in Unkenntnis des vollen Umfangs der realen Gefahr, nur etwas konsterniert mit dem Vers „Fai di pastor, più che di ninfa uffitio" (fol. 50ʳ) kommentieren. Als sowohl Selvaggia als auch Calisto vergewaltigt sind, erzählen sich die Täter das Vorgefallene in einem sehr ausführlichen Gespräch voller obszöner Andeutungen; der Höhepunkt ist die Erzählung von der Defloration Selvaggias in einem Quellteich, dessen Wasser sich blutrot färbt:

> *Mer.* Era Selvaggia si bella, e si candida
> Che hebbi meraviglia. la bellissima
> Giovane ignuda, come nacque, posesi
> Nel fonte, & io con lei. dove abbracciandola
> Mal di lei grado, e de l'acque godutomi
> Ho la tenera Trutta. ivi facemmo la
> Guerra e del sangue hostil l'acque si tinsero.
> Queste spesso di man me la toglievano.
> Poi mostrandola, come in vetro candido
> Rosa, accendean l'ardor, solite a spengerlo.
> Io che in quel fonte, anzi in quel mar larghissimo
> Di supremo piacer temea sommergermi;
> Mi tenea saldo a lei, con lei stringevami.
> Et ella, che temea forse il medesimo,
> Volea scacciarmi, & era astretta a stringermi.
> *Gio.* E che potesti far ne l'acqua? *Mer.* fecesi
> Tra su la ripa, e in acqua poca, e debole. (5.2, fol. 65ʳ)

Die Gewalt wird hier unverstellt dargeboten, und die sexuelle Transgression erscheint zweifelsohne als brutale Störung dianischer Ordnung, ist aber ebenso eine Störung der bukolischen Ordnung der Hirten, die sich eine Erfüllung ihres Begehrens stets im Sinne jener stoizistischen Tugend des Erduldens und Erleidens versagt hatten (s. o.). Es ist ein durch syntagmatische Kontrastrelationen bewirkter Kommentar zu den Übergriffen Gioves, wenn Febo schon in der übernächsten Szene (5.4) sehr ausführlich eine Rede vorträgt, in der er den Fall seines von Giove mit einem Blitz getöteten Sohns Fetonte darstellt. Rhetorisch geschickt baut Febo zahlreiche

Noten der Unterwürfigkeit ein (tatsächlich wird er von Giove auch die Rücknahme seiner Verbannung erreichen); im Kern aber ist seine Botschaft zum Tod seines Sohnes klar: Giove hat seinen eigenen Enkel mit der größten Rücksichtslosigkeit und Brutalität ermordet, obwohl dessen Verhalten eine solche Bestrafung in keiner Weise erforderte. Der höchste olympische Gott erscheint auch hier als ein transgressiver Gott der Gewalt (das Bindeglied zu Calisto stellt ein Verweis auf ihren Vater Licaone dar, der sich gegen Giove gestellt hatte):[37]

> *Feb.* [...] E col furor, con cui prima l'incendio
> Mandaste ne le case del terribile
> Licaon, che tentato havea d'uccidervi, [...]
> L'innocente nipote il puro giovane
> Spengeste non bastandovi la semplice
> Fiamma del Sol, l'addoppiaste col folgore.
> Né contento, che ardeße ne l'incendio,
> Voleste, che facesse anco naufragio. (5.4, fol. 72ʳ)

Ebenso überzogen und tyrannisch erscheint sodann das Vorgehen Gioves gegen Febo selbst, wogegen Febo einen angemessenen Gerechtigkeitsstandard und adäquate Normen des Urteils einfordert:

> Altra a l'afflitto non si suole aggiungere
> Afflittione. e pure a la mia perdita
> Del figliuolo, s'aggiunge anche l'essilio.
> Se gli offesi medesimi son pacifichi
> Meco, perche vuol farne la giustitia
> Maggior vendetta, che gli offesi proprij? [...]
> Dal sinistro successo non si giudica,
> Ma da la intention dal buon principio
> L'opra. e tal mio figliuol chiede giuditio. (5.4, fol. 73ʳ)

Der beliebige Umgang mit Werten, auf die sich gerechte Urteile stützen müssten, und die Außerkraftsetzung gültiger Normen durch Giove finden eine Entsprechung in dem Kniff der beiden transgressiven Götter, die Gestalten von Diana und Isse anzunehmen. Dadurch findet zum einen eine individuelle Rollenvertauschung statt, ein vom Willen zur Gewalt getragener Gender-Wechsel. Zum anderen werden damit aber auch Wertestandards der von uns oben genannten Ordnungen insgesamt invertiert, weil die Vertreter der Übergriffigkeit und Unordnung die Identität der Vertreterinnen dianischer Keuschheit annehmen und durch den unvermerkten

---

37 Die Einspielung der Geschichte von Lykaon öffnet die *Calisto* zeitlich auf die Sphäre einer „pre-Arcadia funesta e cannibalica" (Groto/Giachino, *Calisto*, S. 22).

Eintritt ins Zentrum der Virginitätsideologie diese zunichte machen. Alle Ordnungen (selbst die brutale ‚Ordnung der Transgressivität') der Handlungswelt sind durch die Geschlechterdifferenz männlich-weiblich fundiert, die sie auf je unterschiedliche Weise deuten und handhaben. Durch die Einebnung der Geschlechterdifferenz im identitätsverwirrenden Spiel des Rollentausches bedroht Giove als Haupttransgressor die Orientierung innerhalb all dieser Ordnungen. Aber dadurch droht ihm selbst ein Verlust der Konturen, wie er beim Blick in spiegelndes Wasser furchtsam konstatieren muss:

> Gio. [...] Mi son vestito di Diana propria.
> E cangiato ho le chiome, il volto, l'habito,
> I gesti, i passi, la favella, e fattomi
> Tal, che in quel chiaro fonte hora specchiandomi
> Io temei d'esser totalmente in femina
> Mutato. e ingannar quasi me medesimo
> Potrei, di me non havendo notitia. (1.1, fol. „11"[9]ʳ)

Die Verwischung der Geschlechterrollen geht einher mit einer Einebnung der Abgrenzung von Personen über die Leugnung ihrer individuellen Identität. Dies zeigt sich besonders am Fall der Isse. Sie trifft zunächst (1.2) auf Mercurio in der Gestalt ihrer selbst (s. o.), versucht, ihre Identität dem transfigurierten Gott gegenüber zu behaupten, muss hiervon aber einen Schritt zurückweichen, als der Gott sie einzuschüchtern versucht und ihr wiederholt Gewalt androht, um sie zur Akzeptanz der Widersinnigkeit zu zwingen, wonach nunmehr Mercurio Isse sei und Isse selbst irgendjemand oder irgendetwas anderes. Vorübergehend in ein komisches Register überspielt wird das Motiv durch Febos Begehren nach Isse und die Konstellation, dass die erste Begegnung Febos nicht mit der echten Isse statthat, sondern mit Isse-Mercurio (3.2). Dies bietet beim tatsächlichen Aufeinandertreffen Isses mit Febo wenig später (3.5) Anlass zu komödientypischen Missverständnissen, weil Isse Febos Avancen scharf zurückweist („tirati | Indietro bestia che vuoi far? che audacia | È cotesta? Mi par, che ti domestichi | Un poco troppo. e chi ti pensi d'eßere?", fol. 45ʳ), der sich doch durch die Versprechungen von Isse-Mercurio dazu ermuntert fühlen muss und in seiner Hoffnung auf schnellen Sex („Ma tu vuoi scherzar meco. horsù via spogliati, | Pazzarella. non è tempo da perdere", fol. 45ᵛ) bitter enttäuscht wird. Doch das ernste, eversive Potential von Rollentausch und Geschlechterwechsel wird letztendlich deutlich, als Isse auf Diana trifft (5.3), nachdem sie diese bereits zuvor gesehen zu haben glaubt (als es sich freilich um den transfigurierten Giove gehandelt hat). Diana macht ihrer Nymphe irritierte Vorwürfe wegen deren vermeintlich ganz unsinniger, auf ‚Diana' bezüglicher Aussagen, stürzt aber selbst in eine Krise der Selbstlegitimation, als in derselben Szene Giove auftritt und vor Isse mit Diana um deren Identität zu konkurrieren beginnt. Isse weiß nicht mehr, wem sie Gefolgschaft zu leisten hat. Die Kohärenz der sozialen Gruppierung, in der die dianische Ordnung gelebt werden soll, erscheint durch Gioves Transgression der Grenzen zwischen Gott und Mensch, männlich und weiblich und durch seine Usurpation einer fremden Identität erheblich gefährdet. Sie kollabiert endgültig, als Mercurio hinzukommt und vor Isse, Diana und Diana-Giove Isses Identität für sich reklamiert.

Als nun aufgrund eines Täuschungsmanövers, das der Komödientradition entstammt, eine gänzlich unkomische Destabilisierung aller Wertsysteme droht, die in dieser Welt überhaupt eine Rolle spielen können, löst Giove im Gespräch mit Diana das Spiel auf und erklärt seine wahre Identität sowie die von Mercurio. Er räumt unumwunden ein, Motiv aller Übergriffe und Normübertretungen sei die körperliche Begierde nach Calisto und Selvaggia gewesen, und er benennt ebenso unumwunden die Vergewaltigung als solche, für die die Nymphen keine Verantwortung trügen:

> *Gio.* [...] La cagion del venir nostro in Parrasia
> Fu l'amor verso due de le tue vergini
> Ver Calisto, e Selvaggia. a queste povere
> Ninfe ingannate dal viso, e da l'habito,
> Indi da noi con forte violentia
> Sforzate, da perdon. verso lor placati.
> Poich'elle non ne han colpa, anzi ramarico. (5.3, fol. 68ʳ)

Als Letztbegründung für die Durchsetzung seiner Norm der Unordnung führt Giove das reine Machtargument ins Feld: „Ma sai, che a Giove non si puo resistere" (ibid.). Damit ist das Problem ‚Schuld oder Lizenz?' brüsk vom Tisch gewischt: Wer stark ist, kann sich nehmen, was ihm gefällt (ein sarkastischer Kommentar zur Ideologie von Tassos *Aminta* und seinem „S'ei piace, ei lice"). Diana ihrerseits und ihre gesamte Ordnung hängen von der Billigung Gioves ab, der zu ihr sagt: „Basti a te, ch'io confermo il privilegio | Tuo. che ne' boschi sij casta in perpetuo" (5.3, fol. 68ᵛ).

Die rächende Wiederherstellung ihrer eigenen Ordnung ist Diana angesichts dieser Äußerungen zu den Machtverhältnissen, die den Normverstoß unverstellt präsentieren und zugleich seine Ahndung verhindern, nicht möglich, und sie muss ausdrücklich auf solche Ahndung verzichten:

> *Dia.* S'io ne potessi far vendetta, sappiasi,
> Ch'io la farei. ma se non è possibile
> Convien, ch'io taccia, perdoni, e mi temperi,
> Da che sete mio padre. e 'l faccio. (ibid.)

Da der Übergriff aber nun einmal erfolgt ist, sieht Diana (die übrigens angesichts der vorherigen Identitätsverwischungen an ihrer eigenen Durchsetzungskraft gegenüber der Gefolgschaft der Nymphen zweifelt, ibid.) die bruchlose Wiederherstellung ihrer eigenen Ordnung nicht als möglich an. Aus diesem Grund gestattet sie trotz deren Schuldlosigkeit keine Wiederaufnahme von Calisto und Selvaggia in den Kreis der Nymphen, die nach der dianischen Norm leben:

> *Dia.* [...] vadano
> Lontane pur dal mio collegio. fuggano
> Dal puro gregge, pur l'infette pecore,
> Perche nol guastin, se già la presentia
> Vostra non l'ha contaminato. ò povere
> Ninfe <!> perduto l'honor loro. andiancene
> A porre insieme l'altre. (ibid.)

Für die Stabilisierung der grundlegenden sozialen Regeln in der Nymphenwelt sind Calisto und Selvaggia zum Hindernis geworden: Ihre bloße Existenz wirkt als Personifikation des Verstoßes gegen die Keuschheitsnorm.

Wer solchermaßen ausgegrenzt ist, muss sich nach anderen Optionen umsehen. Die letzten drei Szenen des fünften Akts (5.5–5.7) zeigen am Ende dieses Pastoralstücks, wie das funktioniert. Die Transgressoren räumen bis zu einem gewissen Grad ihr Bedauern über das Vorgefallene ein, die Opfer trösten sich zunächst mit der Unmöglichkeit früheren Widerstands angesichts der Macht der Täter, die göttliche Seite bietet Kompensation an (einen göttlichen Sohn, allgemein göttliche Unterstützung, womöglich Katasterismos). Den bislang passiv verharrenden liebenden Hirten wird nun durch den Rückzug der Transgressoren ein Handlungsspielraum eröffnet. Moralische Bedenken ihrerseits werden aus dem Weg geräumt, da es keine Schande sei, sondern vielleicht eine Ehre ist, zu Bettgenossen von Damen zu werden, die zuvor von Göttern defloriert wurden (ganz besonders deutlich wird dies aus den Äußerungen des realistisch-pragmatischen Ziegenhirten Melio, der als dritter Glücklicher im Bunde die kurz vor Schluss noch von Febo vergewaltigte Isse in die Ehe geliefert bekommt: 5.7, fol. 85^r). Für die Jungfrauen selbst muss sich die Vergewaltigung durch die Götter nach Gioves Worten geradezu wie eine Maßnahme zur künftigen Prestigeförderung ausnehmen (5.5, fol. 78^{r-v}). Und schließlich, so eine zur Ehe mit Melio bekehrte Isse, erscheint gar ein zuvor lang als Unrecht debattierter Akt wie die Verbannung Febos noch als segensreich, weil nun alles Unrecht in der Kompensation dreier Ehen endet, in denen sich alle Beteiligten aneinander zu erfreuen haben (5.7, fol. 87^r).

Was bleibt, ist ein Normkompromiss, dessen Schalheit das Stück unbarmherzig ausstellt: Nicht zuletzt die Tatsache, dass er von den göttlichen Übeltätern als solcher schon von vornherein geplant war, erweist ihn letztlich als Instrument zur

Durchsetzung und Camouflage einer Gewaltmaßnahme, die die alternativ verfügbaren Ordnungen durcheinanderbringt. Nur an der Oberfläche kann sich das Ehestreben der Hirten normativ bestätigt fühlen, denn die Einwilligung der Damen beruht nicht auf einer aus freien Stücken gewährten Hingabe, wie sie sich die Hirten in ihrer petrarkistischen Liebesblase gewünscht hatten und wie sie sie fälschlich durch die Pseudo-Magie des von ihnen engagierten Zauberers bewirkt glauben,[38] sondern auf der Anerkenntnis faktischer Machtverhältnisse. Demgegenüber ist die dianische Ordnung nur durch ihren ‚Rückzug in den Hain' überhaupt überlebensfähig, und Diana selbst hat zu akzeptieren, dass die Keuschheit nur in einer abgeschlossenen sozialen Gruppe praktiziert werden kann und ausgerechnet vom Einverständnis des göttlichen Hauptvergewaltigers abhängt. Damit erweisen sich am Schluss des Stücks sämtliche auf Erden verfügbaren Ordnungen als in ihrer Reinform nicht durchsetzbar oder stark eingeschränkt; was übrigbleibt, ist der ‚schmutzige Kompromiss'.[39]

Der Experimentator Groto hat auch im Bereich des Pastoraldramas alle verfügbaren Parameter bis zum Äußersten belastet. Er greift die für das pastorale Drama typische Normdiskussion auf und liefert ungeachtet der Widmung an Alfonso II. d'Este[40] ein sehr ambivalentes, kaum sehr höfisches, bissiges und schwarzes Gegenstück zur Welt von Tassos *Aminta*, deutlich anders konnotiert als dessen „s'ei piace, ei lice". Groto konstruiert keine normativ geregelte, sondern eine Pastoralwelt, in der die Grenzen zwischen Schein und Sein verschwimmen[41] und das Gute am Ende im Bösen begründet liegt.

Der ideologischen Multiperspektivität des Stücks, in dem unterschiedliche Normvorstellungen aufeinanderprallen, entspricht die stilistische Varianz, die zwischen relativ kruden Bezügen auf alltägliches Vokabular und raffiniert pointierten Konzeptismen in Stil des spätcinquecentesken, manieristischen Petrarkismus oszilliert.[42] Die ideologische und motivische Variationsbreite des Textes schlägt sich nicht nur stilistisch nieder, sondern bestimmt letztlich auch seine literarhistorische Position. Wie eingangs umrissen, liegt die erste Fassung der *Calisto* (die vermutlich noch kruder und drastischer, formal auch ungeregelter war als die

---

38 Vgl. Fumi, Note, S. 119.
39 Vgl. Pieris zutreffende Formulierung, in: Pieri, Laboratorio, S. 11: „Lo spettacolo concede insomma un falso lieto fine, con rumorosi banchetti nuziali a cui si invitano maliziosamente le sole spettatrici secondo un *topos* ancora una volta proprio della commedia".
40 Zur Komplexität des höfischen Bezugs der *Calisto* und des *Pentimento amoroso* vgl. Niccoli, Re(de)fining, S. 93, 95.
41 Vgl. Mauri, *Voyage*, S. 117 f.
42 Vgl. Pieri, Laboratorio, S. 11 f.

Druckfassung von 1583) *vor*, die zweite, uns erhaltene Version *nach* Tassos *Aminta*.[43] Groto verfasst sein Stück zunächst in einem gattungshistorisch und gattungstheoretisch ziemlich amorphen Bereich,[44] in dem verschiedene, teils recht rustikale, mit komödiantischen Dimensionen versehene, im niederen Stil gehaltene Optionen sich neben dem eruditen Versuch eines Giovan Battista Giraldi Cinzio finden, mit der *Egle* die Pastorale als bukolisches Satyrspiel nach dem Vorbild von Euripides' *Kyklops* zu reaktualisieren (die *Egle* kennt die waldige Handlungswelt als Ort der Rivalität von Waldgöttern und Himmelsgöttern um die Liebe der Nymphen).[45] Die Verschaltung mit Mustern der Komödie, die vor allem in den Szenen zwischen Febo und Isse aufscheint, hat gleichfalls mit der Vorlage der *Egle* zu tun, ist doch Febo ein Gott mit phasenweise satyresk-komischen Zügen,[46] zumindest solange sein Begehren nach Isse durch deren Erfindungsreichtum immer wieder ins Leere läuft und er Isse noch nicht vergewaltigt hat. (Diese Vergewaltigung lässt freilich auch den ‚komischen' Febo in Richtung auf Grotos sarkastische Parade moralischer Zweifelhaftigkeiten in Arkadien kippen.)

Die Gattung Pastoraldrama hat vor der Dynamik der Normierung, die sie zwischen dem *Aminta* und Guarinis *Pastor fido* erfährt, keine klare Physiognomie. Grotos Experimentalismus kam das entgegen, und er bediente sich aus dem bukolischen und pastoral kompatiblen Motivarsenal (Ovid, Giraldi, lateinische und rinascimentale Komödie,[47] rustikale Pastorale in dramatischer und außerdramatischer, etwa eklogenhafter, Form, aber auch mythologische Satire[48]), um ein Stück zu schaffen, das sich von einer eirenischen Arkadik klar absetzt[49] und in der pastoralen Kollision der verschiedenen Welten, Ideologien und Normierungen anhand des Skandalons der dreifachen Vergewaltigung vor allem eine Debatte um das sozial Erlaubte und Angemessene führt. Der Anprall der Welten gegeneinander erfolgt

---

43 Zum durch Tassos *Aminta* normierten literarhistorischen Kontext der *Calisto* vgl. Pieri, Laboratorio, S. 7f.; Pieri, *Scena*, bes. S. 166. Vgl. zu Grotos Distanz vom *Aminta* auch, bzgl. des *Pentimento amoroso*, Mauri, *Voyage*, S. 113f.
44 Zur dramatischen Pastorale in Italien vgl. Bigi, Dramma; Pieri; *Scena*; Pieri, Ameni siti, S. 319–322; Pieri, *Nascita*, S. 156–178; Clubb, Making.
45 Vgl. zur hypotextuellen Relevanz der *Egle* für die *Calisto* Pieri, Laboratorio, S. 8; Pieri, Ameni siti, S. 321–323; und bes. Fumi, Note, S. 120–126 (identifiziert S. 125 einen möglichen Stimulus zur Abfassung der *Calisto* in *Egle* 4.1.52f. „Ma mi farei Diana, come Giove | si fece per Calisto").
46 Vgl. Pieri, Laboratorio, S. 10, und Fumi, Satiri travestiti.
47 Auf letztere verweist auch Grotos Verwendung des *verso sdrucciolo* in der *Calisto*. Zum grundsätzlichen Komödien-Bezug des italienischen Pastoraldramas (von dem der *Aminta* signifikant abweicht) vgl. Clubb, Making, S. 56, und siehe das unten Folgende.
48 Vgl. Pieri, Laboratorio, S. 9.
49 Vgl. z. B. die Parodie von Teilen aus Sannazaros maßgeblicher *Arcadia* in der Zauber-Szene der *Calisto*; dazu Groto/Giachino, *Calisto*, S. 18; Fumi, Note, S. 119.

ungebremst, die pikanten und riskanten Themen werden unverhüllt greifbar. Männliches Begehren unterwirft sich weibliche Opfer vor den Augen des Publikums.[50] Insofern ist die *Calisto* ein Stück *parrhesia* in einem Parrasia, das durch den von Giove oktroyierten Schluss der gewaltfixierten Handlung, aus der Arcas/Arcade hervorgehen wird, zur Aitiologie für das spätere Arkadien gerät. Bei Groto entsteht der arkadische Chronotopos der bukolischen Welten, in denen man sich oft das Goldene Zeitalter angesiedelt dachte, aus einem ziemlich faulen Kompromiss.

Nun wird fast die gesamte Handlung, die zu diesem unbehaglich stimmenden Ergebnis führt, in *versi sdruccioli* vorgeführt, die bekanntermaßen ins komische Register weisen. Welche Funktion haben vor diesem Hintergrund insgesamt die aus der komödiantischen Tradition herrührenden Dimensionen des Stücks, also nicht nur die *sdruccioli* und diversen sprachlichen Missverständnisse und Sprachspiele, sondern auch die typischen Plotelemente wie Verkleidungsszenen, Geschlechter- und Rollentausch und Identitätsverwechslungen? Wie aus unserer Handlungsübersicht erkenntlich wurde, greift Groto darauf ja in erheblichem Maß zurück.

Bezüglich einer höfischen Rezeptionssituation, wie sie der Erstdruck (sicher anders als die Urversion des Textes) durch die Widmungsrede an Alfonso II. d'Este evoziert, hat das komische Potential des Textes sicherlich eine Funktion des ideologischen Glättens und Verdaulich-Machens. Denn erst wenn der adressierte Fürst sich auf den amüsanten, leichtfüßigen Fluss der *sdruccioli*, auf die belustigende Merkwürdigkeit der verkleideten Götter, auf die Ungeschicklichkeiten des lüstern-erfolglosen Apollon oder auf den Witz der echten Isse und eines Melio konzentrieren kann, wird das Stück den eskapistischen, evasiven Effekt von Entspannung, Unterhaltung und Befreiung vom Normdruck erzielen können, der Alfonso II. in der Vorrede in Aussicht gestellt wird.[51]

Die prima vista gegebene Rezipierbarkeit des Stücks unter kom(ödiant)ischen Vorzeichen macht das Stück überhaupt erst im Ansatz höfisch kompatibel. Sie blendet freilich die von uns oben ausführlich besprochene, für Groto durchaus charakteristische Manier der Thematisierung der Gewalt im Stück aus: Wie gesehen, wird der Vergewaltigungsplan und -akt immer wieder mit deutlichen, ganz

---

50 Zum Kallisto-Mythos als Geschichte einer brutalen Durchsetzung patriarchalischer Dominanz vgl. Wall, *Callisto myth*, S. 21f., 25.

51 Das Versprechen an Alfonso gestaltet sich brüchig, wie ich oben auszuführen versuche. Symptomatisch dafür ist, dass Grotos Vorrede zwar den Widmungsträger Alfonso II. „vero, e vivo simulacro di Dio" nennt (fol. A3ʳ), aber jeden Versuch einer (schwierigen) Analogisierung mit Jupiter (hier ein Übeltäter und Tyrann) vermeidet. Dabei war in der vorgängigen Geschichte der Dynastie eine ideologische Verbindung zwischen Alfonso I. d'Este und Jupiter durchaus gezogen worden: man denke an die einschlägigen Deutungen von Dosso Dossis Gemälde *Jupiter, Merkur und die Tugend (Jupiter malt Schmetterlinge)*; vgl. dazu Jewitt, *Dossi's Jupiter*, S. 188 mit S. 206 Anm. 7.

unverstellten Vokabeln als violent benannt, die vergewaltigten Nymphen werden mit Adjektiven wie *violate, sforzate, ingannate, misere, povere* (s.o.) belegt, und insbesondere die Schilderung der Vergewaltigungsszene im Teich beseitigt mit ihrer schwer zu überbietenden Unverblümtheit und Krudität ein wesentliches Merkmal literarischer Komik, nämlich das der Enthebbarkeit von existenzieller Gefährdung:[52] Wie bei Ovid, so steht auch bei Groto außer Zweifel, dass die Folgen der gewaltsamen Transgression nicht harmlos und problemlos widerruflich oder reversibel, sondern gravierend sind, und zwar nicht nur im körperlichen, sondern insbesondere im sozialen Bereich, das zukünftige Leben der entehrten Nymphen betreffend. Das komische Unschädlichkeitspostulat, das die Komödientheorie seit Aristoteles (*Poetik*, Kap. 5) kennt, ist in der *Calisto* nicht eingelöst. Eben wegen jener gravierenden Folgen wird am Ende des Stücks die ausführliche Debatte über die Zukunft von Calisto, Selvaggia und Isse überhaupt erst nötig, die auch jene Schalheit des Kompromisses ausstellt, über die wir gesprochen haben. Groto bietet eine beunruhigend brutale Geschichte mittels Darstellung der Transgressoren in Frauenkleidern, die ihre Übergriffigkeiten in komödienaffine Verssprache kleiden. Resultat ist ein ziemlich greller Sarkasmus, der die Norm- und Ordnungskonflikte noch erheblich schärfer hervortreibt als eine gemessen-tragiknahe Diktion und Darbietung das tun könnten. Durchaus plausibel scheint, dass bei Groto, dem Bearbeiter des *Decameron*, im hypotextuellen Hintergrund auch entsprechende Funktionalisierungen von Komik in den boccaccesken Novellen stehen, die nur auf den ersten Blick ‚zum Lachen gemacht' sind, tatsächlich aber normative Brüche und Friktionen, soziale und moralische Widersprüche und Kontraste in exemplarischer Plastizität herausstreichen (das gilt bei Boccaccio nicht zuletzt für die Novellenstoffe, die die Ambivalenz und den Tausch von Geschlechterrollen mittels Verkleidungstopik behandeln).

Groto bietet – was hinsichtlich späterer höfischer Dramatik an die ambivalenten ideologischen Signale und die mehrschichtige Rezipierbarkeit der Stücke eines Jean Racine erinnern kann – seinen Rezipient:innen einen Text, der bei einem höfischen Publikum durch selektive Wahrnehmung der komödiantischen Schicht und entsprechend skrupelfreies Amüsement akzeptabel sein konnte, bei näherem Hinsehen auf das ideologische Profil der Handlungsfügung aber moralische Prekarität vor Augen stellt. Wird einerseits die potentielle Vigilanz des höfischen Publikums durch komödienhafte Patina narkotisiert, so lässt auf der anderen Seite der böse Sarkasmus der schrillen Gegenmontage von lustiger Verkleidung und

---

52 Vgl. zum Postulat der Folgenlosigkeit von Gefährdungen handelnder Figuren der Komödie Stierle, Komik.

fleischlicher Gewalt Leser:innen, die so konfliktsensibel sind wie der Autor selbst, umso aufmerksamer auf Grotos Inszenierung der Ordnungskollisionen werden.[53]

Literaturverzeichnis

Groto, Luigi: *La Calisto, nova favola pastorale.* [...] *Nuovamente stampata.* Venetia 1583.
Groto, Luigi: *La Calisto.* Hrsg. von Luisella Giachino. Alessandria 2018.
Groto, Luigi: *Il pentimento amoroso.* Hrsg. von Luisella Giachino. Alessandria 2019.

Bigi, Emilio: Il dramma pastorale del Cinquecento. In: AA.VV.: *Atti del Convegno sul tema: Il teatro classico italiano nel '500 (Roma 9–12 febbraio 1969).* Roma 1971, S. 101–120.
Boehringer, Sandra: Monter au ciel. Le baiser de Kallistô et d'Artémis dans la mythologie grecque. In: Bodiou, Lydie/Mehl, Véronique (Hrsg.): *La religion des femmes en Grèce ancienne. Mythes, cultes et société.* Rennes 2009, S. 33–50.
Calore, Marina: Le commedie di Luigi Groto. In: Brunello, Giorgio/Lodo, Antonio (Hrsg.): *Luigi Groto e il suo tempo (1541–1585).* Bd. 1: *Atti del convegno di studi, Adria, 27–29 aprile 1984.* Rovigo 1987, S. 289–315.
Clerc, Sandra: Luigi Groto. In: *Literary Encyclopedia* (13.06.2018), https://www.litencyc.com/php/speople.php?rec=true&UID=14058 [letzter Zugriff: 04.03.2022].
Clerc, Sandra: Tradizione, sperimentalismo, innovazione. Per l'edizione delle opere teatrali di Luigi Groto. In: *Studi Giraldiani. Letteratura e Teatro* 6 (2020), S. 95–110.
Clubb, Louise George: The making of the pastoral play. Some Italian experiments between 1573 and 1590. In: Molinaro, Julius (Hrsg.): *Petrarch to Pirandello. Studies in Italian Literature in honour of Beatrice Corrigan.* Toronto 2019 [online-Version des Bandes von 1973], S. 45–72.
Colpo, Isabella: Ninfe violate. Il mito di Callisto nelle *Metamorfosi* di Ovidio. In: AA.VV.: *Tra protostoria e storia. Studi in onore di Loredana Capuis.* Padova/Roma 2011, S. 473–484.
Decroisette, Françoise: 'Pleurez mes yeux!' Le tragique autoréférentiel de Luigi Groto, l'Aveugle d'Adria (1541–1585). In: *Cahiers d'Études Italiennes* 19 (2014), S. 165–184.
Fumi, Marta: Note sul teatro pastorale di Luigi Groto e sui suoi rapporti con Giovan Battista Giraldi Cinthio. *La Calisto* e *Il pentimento amoroso.* In: *Studi Giraldiani. Letteratura e Teatro* 6 (2020), S. 111–140.
Fumi, Marta: ‚Satiri travestiti'. Comicità tragica e sperimentalismo nelle favole pastorali di Luigi Groto, il Cieco d'Adria. In: *versants* 69/2 (2022), S. 75–89.
Gallo, Valentina: Groto (Grotto), Luigi (detto il Cieco d'Adria). In: *Dizionario Biografico degli Italiani* 60 (2003), S. 21–24.
Heldmann, Konrad: Jupiter und Callisto. In: Heil, Andreas/Korn, Matthias/Sauer, Jochen (Hrsg.): *Noctes Sinenses. Festschrift für Fritz-Heiner Mutschler zum 65. Geburtstag.* Heidelberg 2011, S. 51–58.

---

[53] Ich danke den Teilnehmer:innen unserer Tagung, besonders Carlo Bosi, Marc Föcking, Florian Mehltretter, David Nelting und Gerhard Regn, herzlich für eine lebhafte Diskussion, die etliche wichtige Fragen aufgeworfen hat, auf die ich in der vorliegenden Schriftfassung einzugehen versucht habe.

Huss, Bernhard: Petrarkismus und Tragödie. In: Bernsen, Michael/Huss, Bernhard (Hrsg.): *Der Petrarkismus – ein europäischer Gründungsmythos.* Göttingen 2011 (Gründungsmythen Europas in Literatur, Musik und Kunst 4), S. 225–257.

Huss, Bernhard: Wenn Dichter Dichter porträtieren. Die literarischen Vergilbilder von Luigi Groto und Giovan Battista Marino. In: Fabris, Angela/Jung, Willi (Hrsg.): *Charakterbilder. Zur Poetik des literarischen Porträts. Festschrift für Helmut Meter.* Göttingen 2012, S. 179–196.

Huss, Bernhard: Figura auctoris und Selbstreferenz des poetischen Diskurses bei Luigi Groto. In: *Germanisch-Romanische Monatsschrift* 64/4 (2014), S. 407–427.

Huss, Bernhard: Luigi Grotos *Rime:* Manierismen als implizite Metapoesie. In: Huss, Bernhard/Wehr, Christian (Hrsg.): *Manierismus. Interdisziplinäre Studien zu einem ästhetischen Stiltyp zwischen formalem Experiment und historischer Signifikanz.* Heidelberg 2014 (GRM-Beiheft 56), S. 71–92.

Huss, Bernhard: Il dittico tragico di compassione e orrore nella *Adriana* e nella *Dalida* di Luigi Groto. In: *Italique* 18 (2015) (Themenheft *Poésie italienne de la Renaissance*), S. 37–61.

Huss, Bernhard: Luigi Grotos tragisches Diptychon aus Mitleid und Schrecken. *La Adriana* und *La Dalida.* In: *Archiv für das Studium der neueren Sprachen und Literaturen* 252/1 (2015), S. 83–104.

Huss, Bernhard: Figura auctoris e autotematizzazione del discorso poetico in Luigi Groto. In: Solervicens, Josep (Hrsg.): *Metaficció: Renaixement & Barroc.* Barcelona 2018 (Poètiques 5), S. 89–112.

Huss, Bernhard: Luigi Groto's *Adriana:* A laboratory experiment on literary genre. In: Bernhart, Toni et al. (Hrsg.): *Poetics and politics. Net structures and agencies in early modern drama.* Berlin/Boston 2018, S. 119–147.

Huss, Bernhard: Petrarchismo e tragedia. In: *Studi Giraldiani* 5 (2019), S. 55–104.

Jewitt, James R.: Dosso Dossi's *Jupiter painting butterflies.* Artistic rivalry and imitation in Renaissance Ferrara. In: *Artibus et Historiae* 41/82 (2020), S. 187–209.

Mangini, Nicola: Il teatro veneto al tempo della controriforma. In: Brunello, Giorgio/Lodo, Antonio (Hrsg.): *Luigi Groto e il suo tempo (1541–1585).* Bd. 1: *Atti del convegno di studi, Adria, 27–29 aprile 1984.* Rovigo 1987, S. 119–137.

Mauri, Daniela: *Voyage en Arcadie. Sur les origines italiennes du théâtre pastoral français à l'âge baroque.* Paris/Firenze 1996 (Centre d'Études Franco-Italiennes, Université de Turin et de Savoie. Textes et Études – Domaine Français 32)

Niccoli, Gabriel: Re(de)fining the genre, probing the canon. The representation of the immaterial in the pastoral plays of Luigi Groto and Antoine de Montchrestien. In: *Compar(a)ison* 2 (1993), S. 87–105.

O'Bryhim, Shawn: Ovid's version of Callisto's punishment. In: *Hermes* 118/1 (1990), S. 75–80.

Pieri, Marzia: Il 'laboratorio' provinciale di Luigi Groto. In: *Rivista Italiana di Drammaturgia* 4/14 (1979), S. 3–35.

Pieri, Marzia: *La scena boschereccia nel Rinascimento italiano.* Padova: Liviana Editrice 1983.

Pieri, Marzia: Groto. L'Arcadia in Polesine. In: Morrogh, Andrew/Gioffredi Superbi, Fiorella (Hrsg.): *Renaissance studies in honor of Craig Hugh Smyth.* Bd. 1: *History, literature, music.* Firenze 1985 (Villa I Tatti Series 7.1), S. 409–425.

Pieri, Marzia: Ameni siti e 'cannose paludi': le favole pastorali. In: Brunello, Giorgio/Lodo, Antonio (Hrsg.): *Luigi Groto e il suo tempo (1541–1585).* Bd. 1: *Atti del convegno di studi, Adria, 27 – 29 aprile 1984.* Rovigo 1987, S. 317–336.

Pieri, Marzia: *La nascita del teatro moderno in Italia tra XV e XVI secolo.* Torino 1989.

Sale, William: Callisto and the virginity of Artemis. In: *Rheinisches Museum für Philologie* 108/1 (1965), S. 11–35.

Simonato, Edoardo: Le commedie di Luigi Groto. Questioni di datazione, rapporto con le fonti latine e volgari. In: *Studi Giraldiani. Letteratura e Teatro* 6 (2020), S. 141–180.

Stierle, Karlheinz: Komik der Handlung, Komik der Sprachhandlung, Komik der Komödie. In: Preisendanz, Wolfgang/Warning, Rainer (Hrsg.): *Das Komische.* München 1976 (Poetik und Hermeneutik 7), S. 237–268.

Wall, Kathleen: *The Callisto myth from Ovid to Atwood.* Kingston/Montreal 1988.

Zampolli, Luciana: La réflexion théâtrale de Luigi Groto: de la critique des codes à l'autoreprésentation. In: Decroisette, Françoise (Hrsg.): *Le théâtre réfléchi. Poétiques théâtrales italiennes des Intronati à Pasolini.* Saint-Denis 2000, S. 29–49.

Zampolli, Luciana: 'Una scena di perpetua durevolezza': le projet théâtral de Luigi Groto, l'aveugle d'Hadria. In: Horville, Robert/Kleiman, Olinda/Logez, Godeleine (Hrsg.): *Théâtre de cour, théâtre de ville, théâtre de rue. Actes du Colloque International, 26-27-28 novembre 1998.* Lille 2001, S. 93–104.

Claudia Wiener
Die Wachsamkeit als Heldentugend in der *Syrias* des Pietro Angeli da Barga

Die *Syrias* des Pietro Angeli(o) da Barga (1517–1596)[1], ein lateinisches Epos über den Ersten Kreuzzug[2], zieht das Interesse der Forschung vor allem deshalb auf sich, weil sie in zeitlicher Nähe und wohl auch in künstlerischer Konkurrenz zu Tassos *Gerusalemme*-Projekt entstanden ist[3]. Pietro Angeli, von Torquato Tasso in den *Lettere poetiche* „il signor Barga" genannt, hatte sich zu einigen der Kritikpunkte an der *Gerusalemme liberata* im Rahmen der sog. *Revisione Romana* in den Jahren 1575/76 geäußert.[4] Er kannte also Tassos Werk schon vor der Publikation, während er sein eigenes Kreuzzugsepos in mehreren Phasen erst zwischen 1582 und 1591 veröffentlichte. In seiner Praefatio zur Ausgabe von 1591 behauptete der Autor aber, schon in den 1560er Jahren mit der Arbeit am Epos begonnen zu haben – die Idee zu einem Kreuzzugsepos war im Florenz von Cosimo I. (Herzog 1537, Großherzog 1569–

---

1 Zur Biographie maßgeblich sind die Forschungen von Manacorda, *Petrus Angelius Bargaeus*, bes. S. 1–34 und Anhang; zusammenfassend: Asor Rosa, Angeli, Pietro; zum Verhältnis zum Florentiner Hof vgl. Cipriani, Pietro Angeli da Barga e la politica culturale.
2 Zur Kreuzzugsparänese nach dem Fall von Konstantinopel bis ins 17. Jh. vgl. die Zusammenfassung bei Sense, *Tassus Latinus*, S. 19–32. Dass in neulateinischer Epik Italiens mittelalterliche Helden und die Kreuzzüge als historischer Stoff wesentlich seltener als etwa in Frankreich gewählt wurden, führt Ludwig Braun auf die politische Zerstückelung in kleine Fürstentümer (und daher weniger bemerkenswerte Potentaten) zurück, wobei Tasso und Bargaeus als Ausnahmen von dieser Regel besprochen werden: Braun, *Pedisequa Camenae*, S. 5–9.
3 Manacorda, *Petrus Angelius Bargaeus*, S. 38–41 weist die Annahme, Bargaeus sei Tasso in der Bearbeitung des Stoffs zuvorgekommen und Tasso habe in der *Gerusalemme liberata* Ideen aus der *Syrias* übernommen, mit der Werkchronologie als verfehlt zurück. Zur Forschungsgeschichte und der Streitfrage, die Vincenzo Vivaldi und Antonio Belloni ausgetragen haben, vgl. auch Gigante, Poetica del Bargeo, bes. S. 101–104. Alexander Winkler diskutiert die Möglichkeit der gegenseitigen Beeinflussung (für Tasso bes. in der *Gerusalemme conquistata*) in seiner Dissertation: Winkler, *Ein neulateinisches Epos*, S. 280–315, die er an der Freien Universität Berlin im Sommer 2021 verteidigt hat; sie ist noch nicht publiziert, wurde mir aber dankenswerter Weise zur Verfügung gestellt; auf einige wichtige Ergebnisse dieser Studie werde ich hier jeweils eingehen. Innerhalb der Forschung zur Epik des 16. Jahrhunderts wird die *Syrias* i.d.R. nicht zu den Werken gezählt, die prägend für literarische Tendenzen waren; nicht genannt ist Pietro Angeli etwa bei Schaffenrath, Narrative Poetry und bei Korenjak, *Geschichte der neulateinischen Literatur*; ausführlichere Behandlung erfährt die *Syrias* bei Braun, *Ancilla Calliopeae*, S. 155–167.
4 Bocca, *Le 'Lettere poetiche' e la revisione romana*. – Kerl, *Die doppelte Pragmatik der Fiktionalität*, S. 101–104. – Gigante, Poetica del Bargeo, S. 96–98. – Winkler, Syrias and Contemporary Debates, S. 215.

∂ Open Access. © 2023 bei den Autorinnen und Autoren, publiziert von De Gruyter. Dieses Werk ist lizenziert unter einer Creative Commons Namensnennung 4.0 International Lizenz.
https://doi.org/10.1515/9783111167169-004

1574) naheliegend, der 1561 den *Sacro militare ordine marittimo dei cavalieri di Santo Stefano* zum Schutz des Mittelmeers und zur Aufwertung des toskanischen Herzogtums als Seemacht gegründet hatte.[5] Doch möglicherweise wollte Pietro Angeli mit dieser Behauptung, für die es keine literarischen Spuren gibt, auch ausschließen, dass man Tasso als Ideengeber für sein Epos annehmen konnte.[6] Dass die Diskussion um das ideale *poema eroico* und die Kenntnis von Tassos *Gerusalemme liberata* Pietro Angeli beeinflusst hat, ist punktuell durchaus nachzuweisen.[7] Dass umgekehrt Tassos Arbeit an seiner *Gerusalemme conquistata* nicht nur von den literarischen Debatten in den *accademie*[8], von seinen theoretischen Reflexionen[9] und der verstärkten Homer-Rezeption bestimmt war, sondern in Details ebenfalls von der Lektüre der *Syrias* angeregt worden sein könnte, haben in den letzten Jahren vor allem Claudio Gigante[10] und Alexander Winkler[11] plausibel machen können.

---

5 Manacorda, *Petrus Angelius Bargaeus*, S. 40; auch Winkler, *Ein neulateinisches Epos*, S. 25f. und 267–277 verweist auf die politische Bedeutung der Gründung des *Sacro militare ordine marittimo dei cavalieri di Santo Stefano* durch Cosimo I. im Jahr 1561 und auf die Verbindung mit dem Thema der Kreuzzüge in Kunst und Literatur des Herzogtums. Ferdinando I. setzte mit seinem Engagement für den Ausbau des Hafens von Livorno konsequent die Politik seines Vaters fort; sichtbares Zeichen dafür ist heute noch auf der Piazza Micheli in Livorno Ferdinandos Statue als Großmeister des Ordens, die Giovanni Bandini geschaffen hat; sie wurde 1595 aufgestellt und 1626 noch auffälliger als Monument des Türkenkriegs markiert, indem die „Quattro Mori" von Pietro Tasca angefügt wurden, die Ferdinando an Ketten gefangen hält. Zur repräsentativen Umsetzung des Ordensanliegens als Programm der Medici-Lorena-Dynastie bei der Hochzeit von Ferdinando und Christiane von Lothringen vgl. Testaverde, La ‚metamorphosi' di Firenze, S. 55. – Strunck, *Christiane von Lothringen*, S. 254–267.
6 Dazu und zur relativen Chronologie ausführlich Winkler, *Ein neulateinisches Epos*, bes. S. 25–28 und 280–287.
7 Id., *Ein neulateinisches Epos*, S. 287–300.
8 Für den Vergleich von Tasso und Ariost in den Jahren nach der Publikation der 20 *canti* der *Gerusalemme liberata* 1581 in Florenz vgl. Plaisance, I dibattiti; zu Tassos Reaktionen in den *Discorsi dell'arte poetica* und den *Lettere poetiche* vgl. bes. Quondam, *Tasso, Controriforma e Classicismo*, S. 542–548.
9 Für das Epos hat Tasso seine Position mit Gültigkeitsanspruch systematisiert in den *Discorsi del poema eroico* (1587 entstanden, 1594 publiziert); zu Tassos jeweiligen Positionen im Rahmen der Literaturdebatten vgl. Quondam, Tasso, Controriforma e Classicismo, S. 535–595. – Kappl, *Die Poetik des Aristoteles*, bes. S. 145–154, 188–194, 222f.
10 Gigante, Dal Tasso al Bargeo, S. 61–72, Id., Poetica del Bargeo, S. 108–117.
11 Winkler, *Ein neulateinisches Epos*, S. 300–315.

Widmungsadressaten und politisches Programm

Die artifiziellen Ansprüche des lateinischen Kreuzzugsepos stehen – das bestätigt Winklers gründliche Dissertation – in engem Zusammenhang mit der panegyrischen Tendenz und der politischen Programmatik, die sich an den hochrangigen Widmungsträgern der jeweiligen Publikationen innerhalb der neunjährigen Ausarbeitungsphase ablesen lässt.[12] Die politischen Aussagen und Widmungen standen mit der Karriere seines Schülers und Förderers Ferdinando de' Medici (1549–1609) in Zusammenhang: Ferdinando, der schon 1563 von Pius IV. zum Kardinal erhoben worden war, wurde durch den Unterricht bei Pietro Angeli für die verantwortungsvolle Position ausgebildet, zu der er in der Kurie in den nächsten beiden Jahrzehnten allmählich aufsteigen sollte. Schon 1549 hatte Herzog Cosimo de' Medici den Gelehrten auf die renommierte Professur nach Pisa berufen; Pietro Angeli hatte seitdem Festanlässe und dynastisch-politische Anliegen der Medici im Herzogtum mit repräsentativen und programmatischen Dichtungen unterstützt. Seinen einflussreichen Schüler Ferdinando begleitete er nach Rom, zeitweise von seiner Lehrverpflichtung befreit. Die Widmung der Erstausgabe von Buch I/II der *Syrias* (Paris: Patisson 1582) an den französischen König Heinrich III. (1551–1589) und die Widmung von Buch III/IV (Paris: Patisson 1584) an die Königinmutter Caterina de' Medici, standen mit Ferdinandos frankophiler Politik im Einklang.[13] Nach dem Tod von Papst Gregor XIII. (1572–1585) huldigte der Dichter mit der Widmung der ersten Eposhälfte, publiziert im Rahmen der *Poemata omnia* (Rom: Zannetti 1585), dem neuen Papst Sixtus V. (1585–1590)[14]; am Konklave und der Krönung war Ferdinando als Kardinalprotodiakon prominent beteiligt. Nach dem plötzlichen Tod seines Bruders Francesco im Jahre 1587 folgte Ferdinando ihm als Großherzog von Toscana nach und heiratete 1589 Christiane von Lothringen (1565–1636), die am Hof ihrer Großmutter Caterina de' Medici erzogen worden war[15] und zu deren Ahnen der Kreuzzugsheld Gottfried von Bouillon gehörte[16]. Zur Vollendung des Epos wurde Pietro Angeli durch die prachtvolle Heirat motiviert und die Publikation des endlich abgeschlossenen Epos im Jahr 1591 (Florenz: Giunta) ist folgerichtig der Großherzogin gewidmet.

---

12 Dass anstelle der „Schrotschußtechnik", wie Braun, *Pedisequa Camenae*, S. 7 die Widmungsstrategie des Bargaeus bezeichnet, durchaus eine Zielrichtung zu erkennen ist, resümiert Winkler, *Ein neulateinisches Epos*, S. 277–279.
13 Plaisance, Les Florentins en France, S. 147–157. – zur Fortsetzung der Politik des Kardinals in seiner Rolle als Granduca vgl. Menicucci, Politica estera, S. 34–41.
14 Dazu besonders Winkler, *Ein neulateinisches Epos*, S. 16 und S. 249–258.
15 Strunck, *Christiane von Lothringen*, bes. S. 25–41.
16 Vgl. dazu das Bildprogramm zur Hochzeit in: Bietti/Giusti, *Maiestate Tantum*, bes. S. 112–116.

Das Epos verfolgt trotz der wechselnden Adressaten zwei politische Forderungen, nämlich die Notwendigkeit einer einheitlichen Zusammenarbeit von Italien und Frankreich sowie von kirchlichen und weltlichen Entscheidungsträgern in der europäischen Politik zum Schutz des christlichen Glaubens vor dem Islam. Die Widmungsträger sollten sich in diesem Sinn mit vorbildlichen Protagonisten identifizieren können. Diese Zielsetzung bestimmt die Struktur des Epos und damit die Entscheidungen, die bei der Stoffauswahl, der Figurenkonstellation und der Anordnung der Episoden zu treffen sind, wahrscheinlich sogar stärker als die literaturtheoretischen Diskussionen seiner Zeit, die für die artifiziellen Entscheidungen nur in Teilbereichen relevant scheinen.

Modelle der antiken Epik und zeitgenössische Poetik

Während Claudio Gigante anhand von Tassos *Lettere poetiche* die poetologischen Themenbereiche extrahiert hat,[17] zu denen „il Barga" sich zur *Gerusalemme Liberata* in der *Revisione Romana* geäußert hat, geht Alexander Winkler umgekehrt von Pietro Angelis Begleittexten zur *Syrias* aus und erklärt die Kritikpunkte, auf die der Epiker in der Praefatio zur Gesamtausgabe 1591 eingeht, überzeugend damit, dass Bargaeus als autoritativ gewichtiger Dichter seiner Zeit[18] und Berater in der *Revisione Romana* selbstverständlich in eine ähnliche Debatte involviert wurde.[19] Es gibt mehrere Diskussionspunkte, an denen „il Bargeo" nachweislich Anteil genommen hat, wobei er sich aber sicher sein konnte, die normativen Vorgaben im eigenen Epos vorbildlich erfüllt zu haben:

Wie die aristotelische „Einheit der Handlung" im Epos umzusetzen sei, wird am Verhältnis der beiden Protagonisten der *Gerusalemme liberata*, Goffredo und Rinaldo, zueinander und in Bezug auf die Zielsetzung des Epos diskutiert. Können die Kreuzfahrer eine Schlacht gewinnen, auch wenn der Hauptheld nicht anwesend ist oder ist die Zielsetzung des Siegs an den Hauptheiden gebunden? „Il signor Barga" scheint in diesem Fall geraten zu haben, die Bedeutung des Protagonisten im Proömium zugunsten der *eroi* insgesamt zu reduzieren.[20] Das steht mit der Themenangabe im Proömium seines eigenen Epos im Einklang: *Hesperias acies, ma-*

---

17 Gigante, Poetica del Bargeo, S. 97–108.
18 Vgl. etwa zu seiner Vernetzung in der europäischen Gelehrtenwelt Verzani, Rapporti di corrispondenza.
19 Winkler, Syrias and Contemporary Debates, S. 217–226.
20 Gigante, Poetica del Bargeo, S. 97–99.

gnoque accepta Tonanti | arma cano (Syr. 1, 1–2; 1591, S. 1). Bargaeus verzichtet also darauf, den militärischen Anführer Goffredus namentlich im Proömium zu nennen. Die Einheit der Handlung ist gesichert, wenn die „westlichen Heere", also italienische und französische Truppen gemeinsam, zum Protagonisten werden. Seinen Stoff strukturiert er durch eine möglichst ausgewogene Verteilung der Episoden jeweils auf die italienische Ritterschaft unter Anführung des Normannen Boemundus und auf die französische Ritterschaft unter Goffredus. Dass mit Boemundus eine Identifikationsfigur für Ferdinando modelliert wurde, wie Winkler diskutiert, hat daher durchaus seine Berechtigung. Boemundus garantiert durch sein vorbildliches Handeln die politische Einheit, so dass er sich sogar in der Frage der Anführerschaft ohne jegliches Zögern dem französischen Heerführer unterordnet.

Die Überdehnung des *meraviglioso*-Begriffs, etwa durch den allegorischen Einsatz von Monstern, denen sich die *cavalieri* zum Kampf stellen,[21] ist erwartungsgemäß ein zentraler Kritikpunkt an Tassos Werk. Bargaeus hält sich an die posttridentinische Regel, keine paganen Elemente ins Epos zu integrieren, die mit dem christlichen Glaubenskosmos nicht vereinbar sind. Tasso selbst hat letztlich in den *Discorsi del poema eroico* eine gründliche logische und psychologische Ableitung aus den antiken Vorgaben und in Auseinandersetzung mit zeitgenössischen Dichtern und Theoretikern formuliert: Übernatürliche Erscheinungen, die von göttlichen oder dämonischen Mächten im Einklang mit dem christlichen Glauben hervorgerufen sind, werden vom modernen Publikum akzeptiert. Mit dem Einsatz von paganen Göttern setze dagegen der zeitgenössische Epiker seine Autorität und Glaubwürdigkeit aufs Spiel. Diese Forderung leitet Tasso in den *Discorsi del poema eroico* in seinen Überlegungen zum *verisimile* aus antiken Autoren ab, ohne explizit auf posttridentinische Forderungen einzugehen,[22] die aber, wie Winkler zeigt, zeitgleich in literaturtheoretischen Traktaten lateinischer Autoren besprochen werden.[23] Bargaeus gestaltet die himmlische Ordnungsmacht und die teuflische Gegengewalt in der *Syrias* mit größter Sorgfalt in ihrer theologischen Hierarchie und daraus abgeleiteter Wirkungsweise.[24] Antike Vorbilder für dämonische Figuren

---

21 Ibid., S. 99–101; Winkler, Syrias and Contemporary Debates, S. 221–226.
22 Tasso, *Discorsi del poema eroico*. Libro secondo, S. 93–95. – zur rhetorischen Systematisierung der *Discorsi* vgl. Günsberg, *The Epic Rhetoric of Tasso*.
23 Für das posttridentinische Dichtungsverständnis wertet Winkler, *Ein neulateinisches Epos*, S. 61–76 drei Traktate aus: die *Tractatio de perfectae poeseos ratione*, der 1576 unter dem Namen von Lorenzo Gambara erscheint, dazu Antonio Possevinos Traktat im Rahmen seiner wirkmächtigen *Bibliotheca selecta* und Famiano Stradas *Prolusiones* (1617 publiziert).
24 Dazu Winkler, Syrias and Contemporary Debates, S. 224.

werden systematisch in die christliche Vorstellungswelt überführt.[25] Der Ersatz von Vergils Katabasis durch das *Somnium Goffredi* hat schon antike Vorbilder.[26]

Die *Syrias* erfährt vor allem heute noch Kritik, weil Bargaeus den Kreuzzug von Beginn an[27] erzählt und damit gegen die Regel verstoßen habe, die Horaz in der *Ars poetica* (146 f.) mit dem Vorbild Homer empfiehlt: *nec reditum Diomedis ab interitu Meleagri | nec gemino bellum Troianum orditur ab ovo*. Tasso orientierte sich dagegen an Homers *Ilias*, indem er die letzte Phase des Kreuzzugs mit dem Kampf um Jerusalem auswählte. Die Strukturierung nach antiken Modellen ist tatsächlich entscheidend: Aber Bargaeus hat sich in der Anlage der Gesamtstruktur nicht an einem der griechischen Modellepen orientiert. Vielmehr ist die *Syrias* nach Vergils zwölf Büchern in eine Europa-Hexade und eine Asia-Hexade gegliedert.[28] Die traditionelle Aufteilung der *Aeneis* in eine sogenannte Odyssee-Hälfte (Irrfahrten) und eine Ilias-Hälfte (Kämpfe) hält Bargaeus tendenziell ein: Die Kämpfe mit den Ungläubigen sind mit der Ankunft in *Asia* in die zweite Eposhälfte verschoben. Wie es dem neulateinischen Epiker gelingt, seinen ausgewählten Stoff an die Strukturvorgaben eines der antiken Modelle anzupassen, gilt als die eigentliche künstlerische Herausforderung; darin besteht die *novità*, auf die sich der Leser in dem intertextuellen Spiel freuen darf. Auch Tassos *Gerusalemme*-Projekt ist auf diese Lesererwartung ausgerichtet, da es die erstaunlichsten Wiedererkennungseffekte in Episodenstruktur, Figurencharakterisierung und Details von Formelszenen und Kämpfen bietet; die *omerizzazione*, die Tasso in der *Gerusalemme conquistata* verfolgte, verstärkt diese Tendenz noch. Dementsprechend hat auch Tasso das Kriterium der *novità* bei der Stoffwahl und -gestaltung in den theoretischen Re-

---

[25] Im vierten Buch der *Syrias* wird der Gott Morpheus aus Ovids *Metamorphosen* (met. 11, 592 ff.) zum Dämon, der teuflische Träume verursacht; auch die christliche Anverwandlung der paganen Unterwelt aus Claudians Epik (*In Rufinum I* und *De raptu Proserpinae I*), die bekanntlich auch Tassos Unterweltskonzil im vierten Buch der *Gerusalemme liberata* angeregt hat, ist in der *Syrias* nach gängiger Praxis neulateinischer Epiker so geleistet, dass sie Tassos Ideallösung für das *poema eroico* entspricht.

[26] Die antike Diskussion, wie die Vermittlung von Jenseitswissen glaubwürdig zu gestalten sei, entzündete sich schon am Er-Mythos in Platons Staat (resp. 614 b ff.). Macrobius referiert in seinem Kommentar zum *Somnium Scipionis* die epikureische Kritik an der Wiederauferstehung des scheintoten Soldaten Er (somn. 1, 1, 9–1, 2, 3), die von Cicero durch die glaubwürdigere Wissensvermittlung in Form eines Traums vermieden sei. Petrarca hat diese Korrektur bereits in seine *Africa* übernommen und damit auf die neulateinische Epik prägend gewirkt.

[27] Gigante, Poetica del Bargeo, S. 104 f.; Winkler, Syrias and Contemporary Debates, S. 219 f. Wie die Sentenz des Horaz zielt auch Tassos Kritik an Lucan und Silius Italicus in den *Discorsi dell'arte poetica. Discorso primo*, S. 14 vor allem auf den übergroßen Stoffumfang, weniger auf die Linearität der Erzählung, wie man vermuten könnte.

[28] Vgl. die tabellarische Aufbauskizze im Anhang.

flexionen schon so akzentuiert, dass nicht der Stoff selbst neu sein müsse, sondern die Gestaltung die *novità* leiste.²⁹

Freilich bleibt er bei der Unterscheidung von *historia* und *poema eroico* und von *vero* und *verisimile*.³⁰ Der seit der Antike üblichen Kritik an Lucan, der sich als Epiker zu sehr an der *historia* orientiert habe, folgt Tasso³¹, nicht aber Bargaeus. Lucan hatte übrigens seinerseits schon das Kunststück fertiggebracht, den historischen Stoff seines Epos in das vergilische Aufbauschema einzupassen, allerdings in der Absicht, im Sinne einer Anti-Aeneis mit der Strukturierung der Episodenfolge und ihrer gegenläufigen geographischen Ausrichtung Roms Destruktion zu signalisieren.³² Dem lateinischen Epiker, der eine politische Aussage für die Gegenwart mit Hilfe der Interpretation der gewählten *historia* intendiert, muss eine strenge Orientierung am *vero* des historischen Stoffes umso wichtiger sein, weil er damit die Autorität seiner Deutung nicht gefährdet. Auch Pietro Angeli verstärkt seine politische Aussage autoritativ dadurch, dass er sich im historischen Ablauf eng an die historiographischen Vorgaben hält: Die Übereinstimmungen mit dem vierten Buch der „Geschichte Frankreichs" des Paolo Emili³³ sind deutlich zu erkennen; wie Tasso verwendet auch Bargaeus das *Chronicon* des Wilhelm von Tyrus, gerade wenn Paolo Emili zu wenig Stoff zur Ausgestaltung und Charakterisierung der Akteure bereitstellt.³⁴

Denn in der Charaktermodellierung und den Handlungsmotiven erlaubt sich Bargaeus die Akzentsetzung im Sinne seiner Gesamtaussage. Dem Normannen Boemundus wird bei Bargaeus wesentlich mehr Eigeninitiative beim Beenden des Bruderkriegs um das Erbe des Robert Guiscard zugesprochen als bei Paolo Emili, wobei sich Bargaeus dafür ebenfalls auf prominente historische Darstellungen stützen kann;³⁵ Boemundus wird insgesamt so makellos in seinem Verhalten dar-

---

29 Tasso, *Discorsi del poema eroico*. Libro secondo, S. 92: „e nuovo sarà il poema in cui nuova sarà la testura de' nodi, nuove le soluzioni, nuovi gli episodii che per entro vi sono traposti, quantunque la materia fosse notissima e da gli altri prima trattata: perchè la novità del poema si considera più tosto alla forma che alla materia."
30 Ibid., S. 93–98.
31 Ibid., S. 19; ibid., S. 113 f.
32 Narducci, *La provvidenza crudele*, bes. S. 29–79.
33 *Pauli Aemylii Veronensis de rebus gestis Francorum libri X*, Paris 1565.
34 Hier zitiert nach der Ausgabe von Huygens, *Wilhelmi Tyrensis Archiepiscopi Chronicon*. Die italienische Übersetzung von Giuseppe Orologi, *Historia delle guerra sacra di Gierusaleme*, erschien Venedig 1562.
35 Als ansteckendes moralisches Beispiel wird Boemundus auch bei Biondo Flavio dargestellt (*Decades* II, Buch III, zitiert nach der Ausgabe Basel 1559, S. 209): „Vnde factum est, ut Rogerius et Bohemundus fratres Roberto Guiscardo geniti de Melphis urbis possessione acerrime, ut docuimus, bello contendentes, quia nihil suis urbibus et oppidis timuerunt, loco non mouerint. Generosior

gestellt, dass er im Epos Träger einer ethisch-politischen Hauptaussage werden kann. Selbst dass er sich der Führung Gottfrieds fraglos unterordnet, wird als positiver Zug wahrgenommen. Denn die Botschaft lautet, dass es die Einheit der Kreuzfahrer war, die zum Erfolg führte; selbst in der historischen Vorlage beschriebene Konflikte zwischen den Kreuzfahrerheeren – so haben Balduins und Boemunds Truppen nach Paolo Emili in Tarsus einen blutig ausgetragenen Streit um die Beuteanteile[36] – sind bei Bargaeus ausgespart. Die beiden Anführer treffen in diesem Epos immer die richtigen Entscheidungen im Sinne der Zielsetzung.[37] Worauf Pietro Angeli nicht verzichten kann, ist die Verlängerung der Dynastien seiner Widmungsadressaten und der italischen Städte in die Vergangenheit durch erfundene Heldenfiguren. Das aitiologische Prinzip ist aber durch Vergil autorisiert,[38] der damit römischen *Gentes* einen Platz in der *Aeneis* verschafft. Folglich ist die Figur des Medix, des Ahnherrn der Medici, nach Vergils König Euander im vorrömischen Rom gestaltet. Auch wenn Medix seinen gleichnamigen Sohn in den Krieg schickt, erhält diese Figur keine Schlüsselrolle wie Pallas in der Aeneis. Auch das spricht für Winklers These, dass Boemundus das eigentliche Identifikationsangebot für Granduca Ferdinando sein sollte.

Die Autorität der *Aeneis* hat sich also für Pietro Angeli auch in der poetologischen Debatte als bindendes Modell für Figurengestaltung und Struktur erwiesen. Trotzdem sind die intertextuellen Beziehungen zu weiteren Epen für die Interpretation relevant. Wie die typologische Geschichtsdeutung mit Figuren und Epi-

---

tamen animo Bohemundus tot principes fama clarissimos ad bellum gloriae plurimum et meriti habiturum ire intelligens, laudabili exarsit aemulatione et ab ipsis principibus viris, quos illico allocutus est, suasus liberum Rogerio fratri effecit, Melphim ne an caetera quae sibi essent de Apulis occupare vellet, signatum ex more ferunt eductis à vestiario purpureis chlamydibus binis multas exscidisse rotulas quibuscum Italicae gentis ad duodecim mille viri cruce fuerunt insigniti. Mouit autem Rogerium fratrem Bohemundi generositas animi. Isque liberum faciens commilitonibus suis, ut qui vellent illum in Graeciam sequerentur. Melphis obsidionem soluit. Tuncque Tancredus nepos Bohemundo adhaerens, illum in expeditionem est secutus." Dagegen wird Kaiser Heinrich III. getadelt, weil ihm die innenpolitischen Auseinandersetzungen wichtiger waren. In der Kreuzzugsparänese des 15. Jahrhunderts wird vor allem Gottfried hervorgehoben, vgl. etwa die Inhaltsanalysen zweier Reden bei Blusch, Enea Silvio Piccolomini, S. 88.

36 Emili, *De rebus gestis Francorum*, fol. 78ᵛ.
37 Zur dezidiert protreptischen Ausrichtung seiner Dichtung, sowohl in der Widmungsrede an Sixtus V. wie in der Praefatio zum gesamten Epos 1591 vgl. Winkler, *Ein neulateinisches Epos*, bes. S. 82f.
38 Binder, Aitiologische Erzählung, S. 379.

soden des Alten Testaments eingeführt ist,[39] so hat auch das strukturelle Bezugssystem zu den antiken Epikern eine typologische Verweisfunktion.

Referenzen zur Argonauten-Epik des Apollonios Rhodios und des Valerius Flaccus eröffnen sich dem Leser schon über die geographische Ausrichtung des Argonautenzugs: Die christlichen Kulturbringer ziehen auf den Spuren der antiken griechischen Helden gegen die Barbaren des Ostens; das Goldene Vlies weckt typologische Bezüge zum Gideon-Vlies – und letztlich auch zum Orden vom Goldenen Vlies: Die Kreuzfahrer erfüllen mit der Befreiung der heiligen Stätten eine Mission, die in der Geschichte präfiguriert ist und deren Aufgabe in der Gegenwart um 1600 wieder aufgegriffen werden soll.

Für die Interpretation aussagekräftiger sind die Gegenmodelle der Bürgerkriegsepen von Lucan und Statius: Lucans ägyptischer Kronrat, der die Ermordung des verbündeten Pompeius beschließt, liefert Bargaeus das erkennbare Vorbild für den gefährlichen Kronrat des byzantinischen Kaisers. Erstaunlicherweise passt die Figurenkonstellation so weit zu der historischen Besetzung, dass das Kriterium des *verisimile* sicher, das des historischen *vero* sogar weitreichend erfüllt wird: Wer am byzantinischen Hof historisch der vernünftige Berater war, der die Rolle des epischen Eumedes erhält, ist zwar nicht zu rekonstruieren, aber die Figur des Beraters Thatinnus, dessen Namensähnlichkeit mit Lucans ägyptischem Bösewicht Pothinus eigentlich eine poetische Erfindung erwarten lässt, hat tatsächlich einen historischen Vorgänger, der bei den Historikern als Tatin(i)us[40] oder Tatikios angegeben ist. Die intrigante Figur des Thatinnus greift in Bargaeus' Epos allerdings weit häufiger und gefährlicher in das Geschehen ein, als es in der zeitgenössischen Historiographie belegt und in der *Gerusalemme liberata* verarbeitet ist, wo in Buch XIII Tatino zum Desertieren anstiftet. Für Bargaeus entscheidend ist die Aussage dieser dämonischen Figur: Die massive Bedrohung, deren Präfiguration in der Antike den Mord an Pompeius erfolgreich durchsetzen konnte, lässt den Leser der *Syrias* ähnlich Schlimmes für die Kreuzfahrer erwarten. Aber dank ihrer christlichen *virtus* schaffen es die Kreuzfahrer, auch diese Gefahr zu überwinden.

---

39 Besonders in den Gesängen des Minturnus in Buch I (Moses) und des Benci nach dem Sieg über Nicaea (Joshua und Moses) sowie in der Ekphrasis der Gastgeschenke des armenischen Königs in Buch X, vgl. dazu Winkler, *Ein neulateinisches Epos*, bes. S. 115–122.
40 Bei Wilhelm von Tyrus (Willelmus, *Chronicon* 2, 24) erhält „Tatinus quidam imperatori familiaris", der von Byzanz aus den Kreuzfahrern als Begleitung mitgegeben wird, eine extrem negative Charakterisierung als Intrigant („vir subdolus nimium et iniquitate notabilis"). Bei den vorausgehenden Auseinandersetzungen zwischen dem Kaiser und den Kreuzfahrern wird er bei Wilhelm von Tyrus aber nicht erwähnt. Paolo Emili nennt ihn erstmals als Teilhaber am Kriegsrat der Kreuzfahrer, der vor Einnahme von Nicaea mit der griechischen Bevölkerung verhandelt und anschließend auch für eine relativ friedliche Einnahme und Überführung der Stadt ins byzantinische Reich sorgt. (Emili, *De rebus gestis Francorum*. Buch IV, fol. 76^{r-v}).

Eine ähnlich positive Umdeutung der antiken Bürgerkriegssituation demonstriert Bargaeus in der historischen Parallele von Dyrrhachium. Im antiken Bürgerkrieg ist Dyrrhachium der Ort der ersten militärischen Auseinandersetzung, in der Caesar und Pompeius selbst gegeneinander kämpfen.

Boemund war seinerseits mit seinem Vater Robert Guiskard vor Durazzo schon 1581 gegen byzantinische Truppen militärisch erfolgreich gewesen – zu erwarten wäre also erneut ein Ausbruch der Kämpfe. Doch in Buch III der *Syrias* erhält Boemund als Kreuzritter eine andere Rolle, weil er in Dyrrhachium einen Bürgerkrieg verhindert: Obwohl sein Zorn auf den byzantinischen Kaiser berechtigt ist, verzichtet Boemund auf eine Belagerung.

Lucans Wüstenzug des Cato eignet sich nicht zur kontrastiven, eher zur affirmativen Gestaltung, weil Lucans Cato die stoische *virtus* verkörpert, die auch die christlichen Helden, wenn auch mit positivem Ziel vertreten. Aber die dämonische Verursachung des lebensbedrohlichen Wassermangels zu Beginn von Buch X, durch den das christliche Heer am Weiterzug nach dem Sieg bei Nicaea aufgehalten werden soll, hat in Statius' *Thebais* ihre Entsprechung. Erneut gelingt Bargaeus die Umsetzung des paganen Götterapparats in die christliche Dämonenlehre; denn in Statius' Bürgerkriegsepos versucht Bacchus, den Zug der Sieben gegen seine Geburtsstadt Theben durch die Trockenheit in Nemea zu verhindern (Thebais 4, 646–843). Allerdings handelt der antike Gott gnädiger als die teuflischen Dämonen, hat er doch durch Hypsipyle eine Retterin für das Heer bereitgestellt. Bei Bargaeus ist es schließlich Gott selbst, der dem Gebet Gottfrieds Gehör schenkt und seinen Engel zu Hilfe sendet (Syr. 10, 69–142; 1591, S. 280–282).

Abgesehen von der Übertragung des heidnischen Götterapparats in die christliche Glaubenswelt dienen also Präfigurationen in den Personenkonstellationen und strukturelle Parallelen zur antiken Argonauten- und Bürgerkriegsepik dazu, die heilsgeschichtliche Vollendung in der Überlegenheit der christlichen Helden zu demonstrieren. Das gilt für den Konflikt mit dem eigentlich christlichen (aber nicht katholischen) Byzanz genauso wie für die Bewährungsproben, die von feindlichen Heeren und der von teuflischen Mächten als Waffe eingesetzten Natur ausgehen.

Wachsamkeit als Erfolgsvoraussetzung für das Agieren epischer Helden

Die Vorbildlichkeit der christlichen Protagonisten wirkt für den heutigen Geschmack langweilig, Manacorda spricht gar von Leblosigkeit.[41] Einen seelischen

---

41 Manacorda, *Petrus Angelius Bargaeus*, S. 44.

Zwiespalt, wie ihn etwa Aeneas bei Dido erlebt, eine tragische Liebe, wie sie Tancredi zu Clorinda hat, wird man bei ihnen nicht finden, zumal Pietro Angeli sich dezidiert gegen Liebesthematik in der christlichen Epik ausspricht. Diese Problematik gilt allgemein für die neulateinische Epik, wie Ludwig Braun in einem europäischen Überblick betont hat.[42] Doch die Funktion der Protagonisten als Modellcharaktere entspricht den Anforderungen an die posttridentinische Literatur.[43] So ist zu erwarten, dass es auch zeitspezifisch akzentuierte Eigenschaften gibt, die für die Fürsten der Zeit um 1600 besonders empfohlen werden sollten: Ich möchte zeigen, dass im Kampf um den katholischen Glauben die „Wachsamkeit" als eine entscheidende Qualität hervorgehoben wird, um irdische und dämonische Gegner rechtzeitig erkennen und erfolgreich abwehren zu können. Strukturell eignen sich zur Demonstration dieser Eigenschaft im Epos Nachtszenen: In der Nacht greifen die Feinde an, so dass sich der verantwortungsvolle Anführer durch Wachsamkeit auszeichnet. Wenn der epische Held schlafend geschildert wird, dann deswegen, weil er im Schlaf göttliche Anweisungen erhalten kann. Von beiden Arten von Nachtszenen macht Bargaeus in seiner *Syrias* häufig Gebrauch.

Fallbeispiel I: Der Konflikt mit Byzanz (Buch IV/V)

Bargaeus' Entscheidung, die Kreuzzüge von Anfang an zu schildern, ist auch deswegen gefallen, weil er so die komplexe außenpolitische Situation vor Beginn des Kreuzzugs und während der Fahrt ins Heilige Land einbeziehen kann: Die Auseinandersetzung zwischen Christen und feindlichen Muslimen ist zwar das Hauptthema, aber zwei weitere politische Problemfelder des 15. und 16. Jahrhunderts werden einbezogen – und in beiden ist die Wachsamkeit eine Erfolgsvoraussetzung:

Zentrale Forderung der humanistischen Kreuzzugsparänese seit dem Fall von Konstantinopel ist es, dass Türkenabwehr in Europa nur gelingen kann, wenn die *vereinte* Christenheit diese Aufgabe angeht.[44] Die Problematik verschärft sich in den Religionskriegen des konfessionellen Zeitalters. Zumindest die vereinte *katholische* Christenheit soll sich, wie 1571 in Lepanto, zum Abwehrkampf zusammenschließen. Boemunds Versöhnung mit seinem Bruder Roger ist deshalb ein exemplarischer Fall, den Bargaeus als Initialereignis in sein Epos einbezieht. Mit dem Konzil von Clermont-Ferrand, in dem Papst Urban II. die französischen Fürsten zum Kreuzzug

---

42 Braun, Warum gibt es im neulateinischen Epos keine Liebe, S. 339–348.
43 Winkler, *Ein neulateinisches Epos*, S. 50–76.
44 Mertens, Europa, id est patria, S. 54.

veranlassen kann, stützt Bargaeus eine weitere seiner Hauptaussagen: dass weltliche und kirchliche Gewalt miteinander kooperieren müssen, um Erfolg zu haben. Der Papst entsendet mit den Kreuzrittern auch zwei Bischöfe. Aber auch umgekehrt kann der Geistliche Petrus von Amiens allein den Volkskreuzzug nicht erfolgreich anführen, wie im dritten Buch sichtbar gemacht wird: Als der ungarische König die französischen Ritter nicht durch sein Land ziehen lassen will, weil er schlimmste Erfahrungen mit den verheerenden Kreuzfahrern in seinem Land gemacht hat, wird in den Verhandlungen betont, dass nur eine fähige militärische Führung in der Lage ist, die Kreuzfahrer diszipliniert zum Erfolg zu bringen.

Die Auseinandersetzung mit Byzanz und dem orthodoxen christlichen Herrscher muss Pietro Angeli deshalb einbeziehen, weil seit 1453 eine entscheidende Frage beantwortet werden muss: Wie konnte Gott es zulassen, dass ein christliches Großreich, das sich als Nachfolger des Römischen Reiches verstand, dem Osmanenreich zum Opfer fiel?[45] Diese Theodizee-Frage verbindet Pietro Angeli mit dem Problem, warum die Kreuzfahrerstaaten nach der Rückeroberung des heiligen Landes wieder zerschlagen werden konnten. In beiden Fällen fällt die Antwort eindeutig aus: Es ist die Schuld der Menschen. Ida erklärt ihrem Sohn, dass das Königreich Jerusalem nach 88 Jahren wieder unter ägyptische Herrschaft fallen wird, weil sich Freveltaten und Zwietracht unter den christlichen Anführern ausbreiten: *Flagitiis sedenim nostrorum infecta nefandis, | Et vexata diu procerum discordibus armis, | Horrebit Pharias rursus superata secure*s (Syr. 6, 357–359; 1591, S. 169). Auch im Falle von Byzanz wird die Frage von Bargaeus im Ergebnis eindeutig beantwortet: Die feindlich-intrigante Haltung der Byzantiner ist dafür verantwortlich zu machen. Diese schwere Schuldzuweisung erfordert eine sorgfältige Motivierung im Epos. Der dämonische Einfluss der Unterwelt ist von Bargaeus entsprechend komplex gestaltet. Die Wachsamkeit erweist sich als eine grundlegende Eigenschaft im Umgang der Menschen untereinander, ist aber auch entscheidend für den Erfolg oder Misserfolg der dämonischen Mächte.

Der Konflikt in Byzanz und die Charakterzeichnung des Kaisers sind von Bargaeus im Unterschied zur historiographischen Deutung bei Paolo Emili[46] scharf konturiert. Während der Historiograph den byzantinischen Kaiser mit sympathischen Wesenszügen ausstattet, unterstellt Bargaeus den Handlungen des Herrschers

---

45 Blusch, Enea Silvio Piccolomini, S. 87. – Schon Biondo Flavio beantwortet die Schuldfrage mit Bezug auf das gescheiterte Unionskonzil eindeutig mit der Schuld der Dynastie der Palaiologoi, vgl. Blondus Flavius, *De expeditione in Turchos*, S. 91–104.

46 Paolo Emili spricht nur davon, dass nach ersten Konflikten zwischen der Bevölkerung von Byzanz und den Kreuzfahrern das Gerücht geht, Hugo befinde sich in Haft, weshalb die italienischen Heerführer den Anmarsch auf Byzanz beschleunigen und Gesandte vorausschicken. Bei beiden Autoren schlägt das vereinte Kreuzfahrerheer ein befestigtes Lager vor Byzanz auf.

böswillige Motivation. Bargaeus schließt sich hier Wilhelm von Tyrus (chron. 2, 5) an: Als Tatsache dargestellt ist der Anlass des Konflikts, den Paolo Emili nur als Gerücht bezeichnet, nämlich dass der byzantinische Kaiser Alexios Hugo von Vermandois, den Bruder des französischen Königs, in Hausarrest gehalten habe, nachdem es zu ersten bewaffneten Konflikten zwischen Bevölkerung und Kreuzfahrern schon vor dem Eintreffen des vereinten Hauptheers gekommen sei:

> Iam Hugo cum Ducibus Comitibusque suis Constantinopolim pervenerat, neque comiter, neque magnificè, neque liberaliter à Caesare exceptus, quòd coepta Latinorum ei iam suspecta formidolosaque erant, quotidieque rixa inter nostros Graecosque exoriebatur, caedesque fiebant, ita ut nec manere inter infestos, nec transmittere brevi traiectu in Asiam auderet, ancipiti et à Turcis et à Graecis metu.
>
> Fama etiam accidit, Hugonem, quòd subsequentibus suis ipse cum paucis antecessisset, propè in custodia asservari. Tunc Tarentinus Bononiensisque ad Graecum miserunt, se omnia circa evastaturos urbesque eversuros, si quid secus Hugoni accideret, simul quàm maximis potuere itineribus Byzantium accessere. Nec initio se in urbem includere voluere. Sic quoque [75r] Graeci nocte intempesta castra Latinorum suburbani sunt adorti: apparuitque sacrum bellum ipso exortu finem sumpturum interitu nostrorum, nisi Ducum virtus consiliumque prospexisset id, quod ab iniquis infestisque exoriri posset. Reiecti Graeci, castra defensa.
>
> Postridie Alexis misit ad nostros, qui nocturnum tumultum se ignaro ab imperita multitudine dicerent conflatum: sed bono animo essent, omnia à se in Latinos munificè benigneque profectura. Datum forum rerum venalium nostris est, portae Urbis patuere, intromissae omnes copiae, et acceptis obsidibus, in quibus erat Caesaris filius Ioannes, Duces cum Augusto congressi.[47]

---

[47] Emili, *De rebus gestis Francorum*. Buch IV, fol. 74ᵛ–75ʳ: „Hugo war bereits mit seinen Herzögen und Grafen nach Konstantinopel gekommen und weder freundlich noch fürstlich noch großzügig vom Kaiser empfangen worden: Denn das Vorhaben der Lateiner war ihm schon suspekt und furchteinflößend, und täglich kam es zu einer Auseinandersetzung zwischen unseren Leuten und den Byzantinern, sogar mit Todesfolgen, so dass Hugo weder unter den feindseligen Byzantinern zu bleiben wagte noch den kurzen Übergang nach Asien wagte, hin- und hergerissen zwischen der Furcht vor Türken und Byzantinern. / Zusätzlich kam das Gerücht auf, dass Hugo, weil er selbst mit wenigen Leuten den Nachfolgenden vorausgezogen war, beinahe in Haft gehalten werde. Da schickten der Tarentiner und der Bologneser Gesandte zum Byzantiner mit der Drohung, sie würden alles ringsum verheeren und die Städte zerstören, falls Hugo etwas zustoße; zugleich marschierten sie so schnell wie möglich nach Byzanz. Und zu Beginn wollten sie sich nicht in die Stadt einschließen. Auch so [75ʳ] griffen die Byzantiner aus der Vorstadt unerwartet in der Nacht das Lager der Lateiner an, und es schien so, dass der heilige Krieg schon in der Anfangsphase ein Ende nehmen würde, weil unsere Leute vernichtet wurden, wenn nicht die Tapferkeit und die Umsicht der Herzöge Vorsorge getroffen hätten gegen das, was bei ungerechten und feindlichen Gegnern passieren kann. Die Byzantiner wurden abgewehrt, das Lager verteidigt.

Am folgenden Tag schickte Alexios Gesandte zu unseren Leuten mit der Botschaft, der nächtliche Aufstand sei ohne sein Wissen von der unerfahrenen Masse initiiert worden. Aber sie sollten guten Mutes sein, dass alles von seiner Seite gegenüber den Lateinern großzügig und wohlwollend sich positiv entwickeln werde. Für unsere Leute wurde ein Markt mit Kaufwaren

Im Epos wird der byzantinische Kaiser als neidischer und daher hinterhältiger Feind gestaltet, der dem Einfluss teuflischer Mächte ohne Gegenwehr nachgibt. Der Historiograph Paolo Emili entlastet den Kaiser, indem er ihm selbst eine lange Rechtfertigungsrede in den Mund legt.

> Purgavitque se Alexis, si male de Latinis cogitasset: cùm Hugo ac nobilissima copiarum Latinarum pars diversis dispalatisque agminibus iter facerent, eos nullo negotio potuisse opprimi: Tutos nemine suorum desiderato Byzantium pervenisse. Quae Bohemundo in longo itinere adversa (ut assolet) accidissent, ea se nolle facta: si praesensisset eum per Graeciam ducere in animo habere, nihil inhospitable illi oriturum fuisse. quae prospici non potuerint, adscribi sibi non debere. tumultus non modò nocturnos suburbanosque, sed diuturnos urbanosque ortos, quód nostrorum nonnulli, qui sine ducibus praecesserant, inopia adducti, ut alia indigna silerentur, magnificentissimarum aedium plumbeis laminis tecta fastigia nudassent, ornamentaque nobilia sustulissent, venumque dedissent: nunc adventu Ducum omnem formidinem sublatam. Nullius magis quam sua interesse, imperium Turcarum everti. se his annis à Solymano, Turcarum clarissimo Duce, nobilissimis cis Taurum urbibus exutum, omnia Nicaeam usque Bithyniae amisisse.
>
> Exin munera magnifica Ducibus data. Liberalis ac pius Caesar visus, non caeteris modò proceribus, sed et Bohemundo Roberti Graecorum hostis filio. Verumenim verò tanta in hoc iuncta cum maiestate comitas ac morum suavitas, ut vel infensissimos quosque infestissimosque sibi conciliare in sui admirationem posset. Foedus ictum, ut Graecus Latinos commeatu ac, quam quisque rerum cardo postularet, ope iuvaret: Latini, quicquid de impiis caperent, praeter Hierosolyma, Graecis redderent. Ita laeti Duces, quòd in verum hostem ducendi potestas fieret, Chalcedonem transmiserunt.[48]

---

ermöglicht, die Tore der Stadt standen offen, und alle Truppen wurden eingelassen. Es wurden Geiseln gestellt, zu denen auch Johannes, der Sohn des Kaisers, gehörte; die Herzöge trafen sich mit dem Kaiser." (Übs.: C.W.)

48 Emili, *De rebus gestis Francorum*, Buch IV, fol. 75ᵛ: „Und Alexis entschuldigte sich, falls er schlecht von den Lateinern gedacht habe: Als Hugo und der edelste Teil der Lateinertruppen den Weg in unterschiedlichen und verstreuten Heerzügen zurückgelegt hätten, hätten sie auf keinen Fall überfallen werden können: Sie seien sicher, ohne dass jemand von den Ihren vermisst worden sei, nach Byzanz gekommen. Was Boemund auf dem langen Weg (wie zu erwarten) an Widrigkeiten zugestoßen sei, bedauere er: Wenn er vorher gewusst hätte, dass dieser vorhabe, durch Griechenland zu ziehen, wäre ihm nichts Ungastliches zugestoßen. Was er nicht vorhersehen könne, das dürfe ihm auch nicht als Schuld zugeschrieben werden. Es seien nicht nur Tumulte in der Nacht und im Vorstadtgebiet entstanden, sondern auch tagsüber und im Stadtgebiet, weil einige von unseren Leuten, die ohne Anführer vorausgezogen waren, aus Not (um anderes Unwürdiges mit Schweigen zu übergehen) sogar die Giebel von repräsentativen Gebäuden, die mit Bleiverkleidung bedeckt waren, abgedeckt hätten, edle Schmuckteile entfernt hätten und sie verkauft hätten. Jetzt sei durch die Ankunft der Heerführer alle Furcht beseitigt. Keiner habe mehr Interesse daran als er selbst, dass das Osmanenreich vernichtet werde. Er sei in den letzten Jahren dank Solyman, dem prominentesten Heerführer der Osmanen, der edelsten Städte diesseits des Taurus beraubt worden und habe alles in Bithynien bis Nicaea eingebüßt. / Daraufhin wurden den Heerführern prachtvolle

Seine Freundlichkeit führt bei Paolo Emili zur Versöhnung und zu einem Vertrag zwischen dem Kaiser und den Kreuzfahrern. Bargaeus übernimmt zwar diese Rechtfertigung, stellt sie aber als Heuchelei dar. Als Leser haben wir im Epos nicht nur die Beratungen, sondern auch die Vorüberlegungen des Kaisers und die teuflische Einflussnahme miterlebt und erfahren so die Gedanken des Kaisers, die den intriganten Charakter verraten.

Der Angriff auf das Kreuzfahrerheer durch die Byzantiner ist historisch überliefert (vgl. Wilhelm von Tyrus, chron. 2, 8); Paolo Emili betont dabei, dass die Wachsamkeit der Kreuzfahrer den Angriff abwehren konnte. Bargaeus macht aus dieser Nachricht eine epische Nyktomachie, die zum einen durch den falschen Charakter des Kaisers und zum anderen durch das Eingreifen höllischer Mächte motiviert wird.

Für den nächtlichen Kampf um Byzanz kann weniger die *Aeneis* mit der Einnahme Trojas als Modell reklamiert werden als vielmehr der tragische nächtliche Kampf der Argonauten gegen König Kyzikos (Apollonios Rhodios 1, 936–1152; Valerius Flaccus 3, 1–469). Kyzikos und seine Dolionen sind zwar Verbündete der Argonauten, aber beide Heere halten sich in der Nacht fatalerweise für Feinde. Bei Valerius Flaccus inszeniert die Göttin Kybele diesen unabsichtlichen Frevel, bei Bargaeus sind es höllische Dämonen. Im Unterschied zum antiken Modell ist es bei Bargaeus die Prädisposition des Kaisers von Byzanz zur Intrige, die sich die Dämonen zunutze machen. Die Kreuzfahrer müssen dadurch zwar (in der Nachfolge der Argonauten) wider Willen gegen Christen und eigentlich Verbündete kämpfen, sind aber (wie die Argonauten) unschuldig daran, da sie sich ja gegen den Angriff verteidigen müssen. Die Erklärung des Fehlverhaltens der Byzantiner erfordert einen großen Götterapparat in Buch IV und V der *Syrias*: Der Einfluss der teuflischen Mächte und die Disposition des Menschen wirken zusammen.

Buch IV demonstriert zunächst, wie wohlgeordnet der himmlische Götterapparat ist: Wir erfahren, dass nicht nur die Christen, sondern auch die Türken einen Schutzengel im Himmel haben, der für sie spricht. Doch Gottes Beschluss ist es, dass die Kreuzfahrer erfolgreich ans Ziel kommen. Gott als die Providenz kommuniziert

---

Gastgeschenke überreicht. Der Kaiser machte einen freigebigen und frommen Eindruck, nicht nur gegenüber allen anderen Edlen, sondern auch gegenüber Boemund, der ja der Sohn des Byzantinerfeindes Robert Guiskard war. Denn in ihm waren mit kaiserlicher Majestät so viel Freundlichkeit und angenehmes Verhalten verbunden, dass er selbst die erbittertsten und feindlichsten Gegner zu Bewunderung seiner Person bringen konnte. Ein Bündnis wurde geschlossen: Die Byzantiner sollten die Lateiner mit Nachschub und Hilfe, wie es jeweils die Lage erfordere, unterstützen: Die Lateiner sollten alle Eroberungen von den Heiden mit Ausnahme von Jerusalem den Byzantinern zurückgeben. So setzten die Heerführer frohgemut, weil sie endlich gegen den wahren Feind ziehen konnten, nach Kalchedon über."

durch die Engel mit den Menschen, und er hat auch vom Himmel aus den Überblick über die Entwicklungen in der ganzen Welt, so dass er zu Beginn des Epos wegen der Zustände in Jerusalem seinen Engel zu Petrus Eremita entsenden kann.

Kontrastiv zum wohlgeordneten Himmel ist das Regiment des Unterweltsfürsten geschildert. Es ist dabei eine berechtigte Frage, wie die höllische Unterweltsmacht überhaupt weiß, was auf der Erde passiert. Bargaeus inszeniert das Informationsdefizit des Unterweltsfürsten ebenfalls in Buch IV: Lucifer ist in den Tartaros verbannt und an seinen Thron gekettet. Informanten sind die teuflischen Dämonen, die in zwei Regionen wirken: einerseits im höllischen Unterweltsreich und andererseits oberirdisch in einem Reich zwischen Himmel und Erde. Diese Dämonen sind beweglich und dienen als Wächter. Auf ihre Wachsamkeit ist der Herr der Finsternis angewiesen. Daraus ergeben sich Chancen für die Menschen, weil diese Diener versagen: So wird das Kreuzfahrerheer zu spät und zufällig von einem der Dämonen entdeckt, der in Amerika darüber wacht, dass die Ureinwohner in heidnischem Unglauben verbleiben und nach ihrem Tod die Hölle bevölkern (Syr. 4, 384–459; 1591, S. 107–109). Dieser Dämon ist als einziger wachsam und erkennt die Gefahr, die in diesem Kreuzfahrerheer für die Hölle aufzieht.

Die mangelnde Wachsamkeit der Dämonen, die die Gefahr der vereinten Völker Europas zugelassen hat, wird hervorgehoben, indem der wachsame Dämon überlegt, wie es zu dieser Fehlleistung seiner Brüder kommen konnte: *Quaenam socordia, quaenam | Tartareos invasit iners ignavia fratres?*[49] (Syr. 4, 419 f.; 1591, S. 108). Sie hätten nämlich fleißig für Gründe sorgen müssen, um Bürgerkriege unter den westlichen Fürsten in Gang zu halten (Syr. 4, 421–432; 1591, S. 108 f.). Er sieht trotzdem noch eine Chance zum Eingreifen in Byzanz (Syr. 4, 450–459; 1591, S. 109 f.).

Der Regierungsstil des Tyrannen der Finsternis zeigt sich in seiner Reaktion auf die schlechte Nachricht: Er ergeht sich in Beschimpfungen seiner *ignava proles* (Syr. 4, 565; 1591, S. 113) und tadelt ihre ehrvergessene Nachlässigkeit: *Nunc autem video, quae vestra ignavia, vestra est | Culpa ingens: solitas desisse intexere fraudes: | Desisse vnanimes hortari in praelia gentes | Et versas turbare odijs vrbesque, domosque.* (Syr. 4, 584–588; 1591, S. 114)[50] Weil sie nicht mit Intrigen für Hass und Zwietracht unter den Menschen gesorgt haben, ist es zur Vereinigung der Christen im Kreuzfahrerheer gekommen. Er fordert alle Dämonen auf, sofort etwas zu unternehmen und wenigstens den byzantinischen Kaiser aufzuhetzen, wenn man gegen den Aufbruch der Kreuzfahrer schon nichts mehr unternehmen kann (Syr. 4,

---

49 „Was für eine Gedankenlosigkeit, was für eine nachlässige Faulheit hat denn die Brüder im Tartaros befallen?"
50 „Jetzt aber sehe ich, was eure Faulheit, was eure ungeheure Schuld ist: abgelassen zu haben, die gewohnten Intrigen zu schmieden, abgelassen zu haben, die einträchtigen Völker zu Kriegen aufzuhetzen und Städte und Häuser durch Hass zu vernichten."

591–601; 1591, S. 114 f.). Aber der Unterweltsherrscher erteilt keinen klaren Befehl an bestimmte Diener. Es gibt keine geordnete Befehlsstruktur: Die Dämonen der Hölle reagieren mit Protest, sie beschuldigen ihre Brüder in der Luftsphäre, nicht wachsam gewesen zu sein (Syr. 4, 602–604; 1591, S. 115). Wieder ist es eine Einzelinitiative, die die Situation für die Höllenmächte rettet: Der Dämon Alastor wird schließlich eigenständig aktiv und eilt nach Byzanz (Syr. 4, 606–635; 1591, S. 115 f.).

Ein vergleichender Blick auf Tasso kann verdeutlichen, wie Pietro Angeli betonen will, dass die mangelnde Wachsamkeit des chaotischen Unterweltregimes den Christen ihre Chance zum Sieg lässt. Bei Tasso ist im vierten Buch der *Gerusalemme liberata* der Feind der Menschheit wesentlich bedrohlicher, weil er selbst aktiv wird und auf die Belagerungsmaschinen der Kreuzfahrer planvoll reagiert. Er ist ein ernst zu nehmender Herrscher, der ein episches Unterweltskonzil einberuft, als erster Sprecher auftritt und seine exhortative Rede wie ein Feldherr hält: Er appelliert an die Empörung seiner Mitverbannten, indem er die Ungerechtigkeit Gottes in den Vordergrund stellt. Damit will er sie zu Gegenmaßnahmen motivieren. Seine bei dieser Gelegenheit ausgesprochenen Handlungsaufträge geben die Handlungsstruktur der gesamten *Gerusalemme* vor.

Die Beeinflussung des Herrschers von Byzanz durch den höllischen Dämon Alastor ist in der *Syrias* komplex in fünf Phasen strukturiert:

Alastor testet zunächst die Stimmung des Herrschers in der Gestalt des Beraters Thatinnus. Der dämonische Thatinnus stellt den Kreuzzug als Vorwand für die Expansion der westlichen Herrscher dar. Er rät zu schnellen Maßnahmen und vor allem zu Intrigen und List (Syr. 4, 690–692; 1591, S. 118) und verspricht seine Hilfe (Syr. 4, 693–696; 1591, S. 118), bis alle Kreuzfahrer im Kampf gefallen oder durch Krankheit und Hunger vernichtet sind. Damit fasst er strukturell die Schwierigkeiten zusammen, auf die die Kreuzfahrer in der zweiten Eposhälfte treffen werden. Die Beraterszene dient nicht nur zur Strukturierung, sondern auch zur Charakterdarstellung: Denn es stellt sich heraus, dass der Kaiser vom Dämon gar nicht beeinflusst werden müsste. Er bestätigt nämlich dem vermeintlichen Berater, schon selbst entsprechende Maßnahmen gegen die Kreuzfahrer veranlasst zu haben; falls aber der offene Widerstand nicht möglich sei, ist bereits das intrigante Vorgehen geplant, das der Dämon als Berater vorschlägt (4, 698–708; 1591, S. 118 f.)! Damit ist dem Leser die Prädisposition des intriganten Kaisers offenkundig: Er denkt so diabolisch wie der Dämon selbst.

Als es im fünften Buch zur Belagerung von Byzanz kommt, muss der Dämon Alastor die oberirdische Fraktion der Dämonen zu Hilfe rufen, indem er sie mit einer langen *exhortatio* zum Handeln auffordert (Syr. 5, 77–113; 1591, S. 126 f.). Wozu diese Doppelung? Bargaeus benötigt hier die teuflische Einwirkung, um zunächst die Aggressionen der Bevölkerung von Byzanz gegen die Kreuzfahrer – unabhängig vom Kaiser! – zu erklären. Das entspricht der historischen Überlieferung, zeigt aber zugleich, dass die Schuld für den Untergang des byzantinischen Reichs Herrscher und Bevölkerung gleichzeitig trifft.

In der dritten Phase, in der der Dämon eingreift, wird erneut das Verhalten des Kaisers in diesem Nachtkampf motiviert. Angesichts der Gefahr seiner Stadt lässt der Kaiser zwar seine Truppen Wache halten, er selbst hält sich im Palast verborgen: Schon vor Mitternacht liegt er selbst im Bett! Freilich halten ihn Sorgen wach.[51]

> Nec minus Odrysiam cingi custodibus vrbem,
> Altaque peruigili seruari moenia cura,
> Cùm primùm medijs Gallorum exercitus agris
> Consedit, densis Italùm legionibus auctus,
> Iusserat Imperij Thracum moderator Alexis:
> Et sese cunctorum oculis subduxerat vltro,
> Abdideratque domi, stratis defessa daturus
> Membra, maris magni dum Sol delapsus in vndas
> Solatur dulci mortalia corda quiete;
> Et coelum reserat stellis ardentibus aptum.
> Ipse tamen pectus curis exercitus atris
> Peruigilat placidoque nequit vincire sopore
> Lumina : at in varias animum diducere partes
> Cogitur, et rerum dubios expendere casus.
> Non secus atque olim diuerso ex orbe ruentes
> Marmoreum impellunt aequor Boreasque Notusque
> Alternantque vices inter se, et mutua regnant;
> Tolluntur fluctus ad sidera: feruet arenis
> Aestus, et eiecta littus conspergitur alga.
> Iamque adeo mediae spatium voluentia noctis

---

[51] „Und genauso hatte der Herrscher des Thrakerreichs Alexios befohlen, die odrysische Stadt mit Wachen rings zu umgeben und mit sorgender Wachsamkeit die hohen Mauern zu schützen, als sich das Heer der Franzosen mitten auf den Feldern niederließ. Und Alexios hatte sich darüber hinaus den Blicken aller entzogen und sich im Haus verborgen, um sich erschöpft auf dem Bett auszuruhen, als die Sonne in die Wogen des großen Meers sank und die Herzen der Menschen mit süßem Schlaf tröstete und den Himmel aufschloss, der für die leuchtenden Sterne geeignet ist. Doch der Kaiser selbst lag wach, im Herzen von finsteren Sorgen gequält, und konnte die Augen nicht mit ruhigem Schlaf schließen. Vielmehr werden seine Gedanken in verschiedenste Richtungen gelenkt und er muss den unsicheren Ausgang der Situationen abwägen, genauso wie manchmal der Nord- und Südwind aus verschiedener Richtung heranstürzen und die marmorne Meeresfläche in Bewegung versetzen und sich miteinander abwechseln und wechselseitig herrschen: Dann erheben sich die Wogen bis zu den Sternen, es schäumt die Flut vor Sand und das Ufer wird von ausgerissenen Algen besprengt. Und schon hatten die ziehenden Gestirne die Mitternacht erreicht und das Morgenrot, das leere Lager des Okeanos verlassend, bereitete sich noch nicht zum Leuchten vor, wo der schöne Ganges die von Aromen duftenden Inder teilt: Als nach schlaflosen Stunden und Verdruss endlich der tief betrübte Kaiser seine vom weichen Bett verwöhnten Glieder ausruhte und die wachsamen Augen im Schlaf entspannte."

Die Wachsamkeit als Heldentugend in der *Syrias* des Pietro Angeli da Barga ▬ 77

> Sidera contigerant, vacuumque Aurora cubile
> Oceani linquens nondum fulgere parabat;
> Pulcher odoratos Ganges ubi dividit Indos:
> Cum post insomnes horas, et taedia, molli
> Infractos lecto tandem maestissimus artus
> Composuit, vigilesque oculos languore remisit. (Syr. 5, 1–26; 1591, S. 123 f.)

Als Alexios dann doch einschläft, ist das nicht im Sinn des Dämons; denn wer schläft, sündigt nicht. Im Kaiserpalast inszeniert daher einer der Dämonen einen Trugtraum, wie er seit Homers *Ilias* zu den epischen Szenen gehört: Morpheus weckt den Kaiser in Gestalt der kirchlichen Autoritätsperson, des Patriarchen Eustratios. Er mahnt ihn zur Wachsamkeit in Gefahr (wie bei Homer Zeus durch den Trugtraum Agamemnon zu falscher Entscheidung bewegt):[52]

> Eustratio vocem similis, faciemque, coloremque,
> Et crinem intonsum, rugisque inarata senectae
> Ora, manusque ambas, malasque aetate fluentes.
> Eustratio, qui tum custos populique, patrumque,
> Sacrorumque adeò princeps peruersa doceri,
> Quae miseri colerent ciues, praecepta iubebat.
> Ergo illum vultu referens, procuruus eburno
> Incubuit baculo, talesque è pectore voces
> Edidit. O quondam cui res est credita tanti
> Imperij, Graiumque vigil tutela sacrorum,
> Quae ritu ceu vera pij statuere parentes,
> Perque manus eadem seri excepere nepotes,
> Surge, age. sub tanto iam te requiescere casu
> Non licet, et totam somno traducere noctem,
> Consilio populi moderantem frena, manuque.
> Haec ille effatus tenebris se immiscuit atris. (Syr. 5, 129–144; 1591, S. 128)

---

52 „Er glich dem Eustratios in Stimme, Gesicht, Hautfarbe, im ungeschnittenen Haar, im Antlitz, das von Falten des Alters durchfurcht war, in beiden Händen und den altersbedingt herabhängenden Wangen: dem Eustratios, der damals Wächter des Volks und des Senats und des Gottesdienstes war; als Patriarch befahl er, dass häretische Lehren verbreitet werden sollten, die die armen Bürger ehrend einhalten sollten. Ihn also bildete er im Aussehen nach, gebeugt stützte er sich auf den elfenbeinernen Stab und sprach aus der Brust folgende Worte: ‚Du, dem einst die Regierung eines so großen Reiches aufgetragen wurde, du wachsamer Schutz des griechischen Gottesdienstes, den die frommen Vorfahren mit dem Ritus als wahren eingerichtet und die späten Nachkommen aus ihren Händen genauso übernommen haben, auf, erhebe dich! In einer solchen Gefahr ist es dir nicht erlaubt zu schlafen und die ganze Nacht im Schlummer zu verbringen, der du mit Rat und Tat dein Volk lenkst.' Nach diesen Worten löste er sich in der schwarzen Finsternis auf."

Der byzantinische Kaiser reagiert sofort. Er wird in dem Kronrat, den er umgehend einberuft, die Fehlentscheidung des nächtlichen Angriffs treffen – sogar gegen den Rat des echten Thatinnus, der lieber nicht militärisch, sondern durch Intrigen agieren möchte. Hier muss der Dämon Alastor in der vierten Phase erneut aktiv werden, um den Angriff einzuleiten, indem er als Bote vom Tor kommt und die Chance eines Ausfalls meldet: Die Kreuzfahrer lägen im Schlaf, ohne Wachen aufgestellt zu haben. Noch einmal wird Widerstand inszeniert, und zwar durch den guten Rat des Eumedes. Denn dieser glaubt nicht, dass die Kreuzfahrer im Lager ohne Wachen sorglos schlafen. Trotz dieses Widerstands lässt sich der Kaiser nicht belehren, sondern gibt den Befehl zum Angriff, trägt also allein die Verantwortung für die Niederlage.

Die Versöhnung wird anschließend dadurch motiviert, dass Kaiserin Irene reinen Herzens Maria um Hilfe und ihren Gemahl um eine friedliche Lösung bittet. Die Bittprozession der Byzantiner wird von den Kreuzfahrern erkannt und als Friedensangebot letztlich akzeptiert.

Der Kreuzzug als vereinte Aktion der Christenheit wird also durch die Unachtsamkeit der Höllenmächte möglich. Der Untergang von Byzanz, der sich bis 1453 schrittweise vollziehen wird, ist aber nicht nur durch Einwirkung höllischer Mächte zu erklären, sondern auch mit der Einstellung der Herrscher: Alexios wird als Potentat charakterisiert, den Neid und Missgunst gegenüber den anderen europäischen Mächten antreiben. Auch die Bevölkerung ist charakterlich nicht gefestigt, sondern lässt sich von Höllenmächten beeinflussen und greift christliche Kämpfer an.

Das Fehlverhalten des byzantinischen Kaisers in der Reaktion auf den dämonischen Traum wird umso deutlicher erkennbar, wenn im Vergleich dazu der Umgang der Kreuzfahrer mit göttlichen Botschaften und Traumwarnungen betrachtet wird: Gott initiiert den Kreuzzug, indem er Petrus Eremita aus Jerusalem nach Europa entsendet. Das geschieht durch einen Engel (Syr. 1, 115–132; 1591, S. 5f.). Wie erkennt Petrus, dass diese Vision kein dämonischer Bote ist? Nach einem Dankgebet (Syr. 1, 133–147; 1591, S. 6f.) fragt er bei der kirchlichen Autorität nach: bei Simon, dem Patriarchen von Jerusalem. Dieser hat seinerseits eine Traumvision erhalten und bestätigt die Richtigkeit der Botschaft und des Aufbruchs nach Europa (Syr. 1, 148–177; 1591, S. 7f.). Diese Rückversicherung ist entscheidend; sie wiederholt sich z. B. in Buch IX: Gottfried erhält im Traum durch seine Mutter Ida die Warnung, dass nach der Teilung des Heeres Boemunds Truppen in Gefahr sind angegriffen zu werden (Syr. 9, 299–318; 1591, S. 259f.). Diesen Warntraum trägt Gottfried zunächst Bischof Adhemar vor, der bestätigt, dass Gottfried zur Hilfe aufbrechen soll (Syr. 9, 319–337; 1591, S. 260). Die gemeinsame Beratung durch weltliche und geistliche Anführer wird im gesamten Epos als grundlegende Voraussetzung propagiert. In Bari ist es der Bischof, der Boemund zum Kreuzzug auffordert (Syr. 2, 1–19; 1591, S. 31f.), in

Frankreich ist es der Papst (Syr. 2, 333–457; 1591, S. 43 f.), der auch zwei Bischöfe als seine Stellvertreter auf den Kreuzzug mitsendet (Syr. 2, 504–576; 1591, S. 49–52). Umgekehrt scheitert aber auch der sog. Volkskreuzzug in Buch III, weil die weltliche Autorität, die militärischen Anführer fehlen.

Diese politische Aussage transportiert das Epos genauso wie die Forderung der Wachsamkeit gegenüber menschlichen und dämonischen Gegenspielern, die in der zweiten Hälfte des Epos durch Kämpfe und Naturgewalten das Heer existenziell bedrohen und moralisch zermürben. Als Bewährungsprobe werden diese Leiden durch den Dialog zwischen dem Dämonen Uragus und Gott erklärt (Syr. 11, 255–300; 1591, S. 318 f.); die Verführung durch Uragus, der das Heer vor Antiochia zum Desertieren bewegen will, misslingt jedoch. Die Kreuzfahrer in der *Syrias* erweisen sich als neue und bessere Argonauten, die diese Gefahren schließlich überwinden.

In Byzanz hat die Wachsamkeit der Kreuzfahrer den historisch belegten nächtlichen Überfall verhindert. Dagegen erlaubt sich Bargaeus bei der Belagerung von Nicaea und beim Kampf um Antiochia epische Ausschmückungen eines minimalen historischen Kerns nach dem Vorbild von Homers Dolonie und der daraus entwickelten Euryalus-Nisus-Episode in der *Aeneis*.[53]

Fallbeispiel II: Der Überfall des christlichen Lagers durch die Amazonen vor Nicaea

In Nicaea beschränkt sich die historische Tatsache darauf, dass der See von Iznik (*lacus Ascenius*) von den Türken zur Kommunikation zwischen Belagerten und Entsatzungsheer des Solyman eingesetzt wird (Wilhelm von Tyrus, chron. 3, 3–4). Bei Paolo Emili liest man nur:

---

[53] Das zehnte Buch der *Ilias* gestaltet in der ersten Phase parallel zwei nächtliche Kundschaftergänge beider Kriegparteien: In der griechischen Versammlung der Heerführer regt Nestor einen nächtlichen Spähgang an, zu dem sich Diomedes bereit erklärt und als Begleiter Odysseus gewinnt. In Troja fordert Hektor ebenfalls zu einem Kundschaftergang auf: Dolon erklärt sich dazu gegen das Versprechen bereit, er werde Achills Pferde aus der Beute erhalten. Odysseus und Diomedes lauern Dolon auf und verhören ihn, bevor sie ihn töten. Von Dolon erfahren sie von der Ankunft des Thrakerkönigs Rhesos. Die zweite Phase dieser nächtlichen Aktion ist der Überfall auf das unbewachte Lager des Rhesos: Diomedes und Odysseus töten alle schlafenden Kämpfer und rauben das Pferdegespann des Rhesos. Vergil gestaltet nach Homers Vorbild die Episode der beiden jungen Trojaner Euryalus und Nisus (Aen. 9, 168–502), die einen nächtlichen Überfall auf das Lager des Turnus wagen und viele Rutuler im Schlaf töten; beide werden jedoch selbst gefangen und getötet.

> Nec Solymanus suos deserebat. Nuncio nauicula per lacum misso, Nicaeenses praesidiumque certiores fecit, quo die, quôque diei tempore castra Hugonis aggressurus esset, vt ipsi quoque partier erumperent.[54]

Pietro Angeli erfindet hier einen nächtlichen Angriff der Amazonen unter Führung ihrer Königin Tomyris. Winkler hat gezeigt, dass Bargaeus sich in dieser Fassung der Nachtkampfszene von Nicaea offensichtlich an Tasso orientiert hat:[55] Die Nyktomachie erlaubt ihm die Einfügung erfundener Kämpfer und erfundener Episoden: In der Inhaltsübersicht der Erstpublikation von 1582 sollten noch Hassans Söhne den Nachtangriff auf das Lager der Kreuzfahrer durchführen. Mit dieser Personenkonstellation wäre eine Neugestaltung der Nisus-Euryalus-Episode aus dem neunten Buch der *Aeneis* möglich gewesen. In der Fassung der *Syrias* von 1591 ist es aber die Amazone Tomyris, die neu eingeführt wird. Mit der Namensgebung ist die erfundene Heldin einerseits an die Massagetenkönigin der griechischen Historiographie, die Kyros II. besiegt haben soll, historisierend rückgebunden, andererseits sind die epischen Reminiszenzen an die Camilla Vergils leicht zu erkennen. Die innovative Verbindung der Episode vom nächtlichen Überfall mit den Kampfszenen der amazonenhaften Heldin hat Tasso als erster im zwölften Buch der *Gerusalemme liberata* eingeführt: mit dem Angriff von Clorinda und Argante auf den Belagerungsturm der Kreuzfahrer. Die *novità* dieser Kombination zweier Episoden aus der *Aeneis* hat Bargaeus offenkundig überzeugt.

Der Angriff der Amazonen auf das Lager gelingt zunächst: Liegt es in diesem Fall doch an der mangelnden Wachsamkeit der Kreuzfahrer? Nein, denn der Angriff ist völlig außergewöhnlich. Die Wachen können gar nicht damit rechnen, dass die Amazonen schwimmend über den See von Nicaea zur Stadt gelangen; und die Angreiferinnen töten die Wachen durch gezielte Schüsse in den Hals, ohne dass die Schlafenden gewarnt werden können (Syr. 8, 471–488; 1591, S. 237 f.).

Dem anschließenden Blutbad unterliegen viele der Kreuzfahrer, die allesamt in epischer Manier ein kurzes Charakterprofil erhalten. Das Auffallende ist, dass die Personen mit ihren altgriechischen Namen und Vorbildern in die epische Welt transferiert sind (und damit ein Fiktionalitätssignal gesetzt ist); aber durch die Angabe der Herkunft aus französischen Städten und ihres sozialen Status, der mit glaubwürdigen Details bestimmt wird, sind sie nach dem Kriterium des *verisimile* modelliert. So trifft es zusammen mit seinen Brüdern und weiteren Zeltgenossen

---

54 Emili, *De rebus gestis Francorum*, Paris 1565, Buch IV, fol. 76ʳ: ‚Auch Solyman ließ seine Leute nicht im Stich. Mit einem Boten, der in einem Kahn über den See gesandt wurde, unterrichtete er die Nizäer und die Besatzung, an welchem Tag und zu welcher Tageszeit er Hugos Lager angreifen wollte, damit sie auch selbst gleichzeitig einen Ausfall machen sollten.'
55 Winkler, *Ein neulateinisches Epos*, bes. S. 298–300. .

Axylus aus Reims[56], dessen Reichtum und gastfreundliche Lebensart geschildert wird, der aber nicht den Eindruck erweckt, als sei er ein christlich motivierter Wallfahrer (Syr. 8, 501–512; 1591, S. 238 f.). Den schönen Hylas trifft es genauso wie seinen Vater, der als kriegserfahren beschrieben wird, der aber seinen Sohn offenbar nicht ehelich gezeugt hat (Syr. 8, 521–524; 1591, S. 239). Unter den weiteren Opfern befindet sich ein Androgeus, der hier als Anführer von Niederländern bezeichnet wird. Sein Tod hat zur Folge, dass diese Gruppe den Kreuzzug abbricht, auf dem Rückweg aber durch Zwietracht zugrunde geht (Syr. 8, 536–549; 1591, S. 239 f.). Andere Opfer liegen betrunken im Zelt. Den Ehebrecher Phayllus trifft es, der sich den Kreuzfahrern zusammen mit seiner Geliebten Menalippa angeschlossen hat, um dem Zorn seiner Ehefrau zu entgehen (Syr. 8, 555–570; 1591, S. 240). Mit all diesen Charakterisierungen wird letztlich erfolgreich beim Leser der Eindruck erweckt, dass die Opfer dieses Überfalls vor allem Teilnehmer am Kreuzzug waren, denen die richtige Einstellung zu diesem heiligen Unternehmen fehlte. Es trifft hier keine Unschuldigen, Gottes Strafe scheint nicht unberechtigt. Aber der blutige Überfall erfüllt ein höheres Ziel, denn er steigert die Kampfkraft, weil er eine Empörung unter den Kreuzfahrern hervorruft, die schließlich zum siegreichen Kampf führt. Goffredus lässt diesen Kampfeifer auch zu, obwohl der Byzantiner Thatinnus davon abrät. Der Sieg der Kreuzfahrer bestätigt, dass es die richtige Entscheidung war. Auch hier weicht Bargaeus von den historischen Quellen ab; denn in der historischen Darstellung wird die Belagerung vor allem durch die Verhandlungen des Tatinus mit der griechischen Bevölkerung der Stadt erfolgreich zu Ende gebracht.[57] Da sich Pietro Angeli für diesen dramatischen und erfolgreichen Überfall der Amazonen entschieden hat, ist er geradezu gezwungen, mit der Tapferkeit des christlichen Heers die Überlegenheit der Kreuzfahrer auch in einer solchen Krisensituation zu demonstrieren.

Fallbeispiel III: Die homerische Dolonie bei der Belagerung von Antiochia

Bei der Belagerung von Antiochia ergibt sich die Möglichkeit, die nächtliche Erkundung des Diomedes und Odysseus mit der Gefangennahme des Dolon aus der *Ilias* auf die *Syrias* zu übertragen. Für diese Dolonie-Szene in der *Syrias* erkennt Alexander Winkler die Notwendigkeit für den Handlungsverlauf an: Der Gesamterfolg der Belagerung von Antiochia ist von dieser nächtlichen Szene abhängig, so

---

56 *Ilias* 6, 12: Axylos ist ein trojanischer Kämpfer, der Diomedes unterliegt.
57 Willemus Tyrensis, *Chronicon* 3, 12–13; Emili, *De rebus gestis Francorum*. Buch IV, fol. 76ᵛ.

dass hier nicht erst Tassos *Gerusalemme liberata* als Anregung gedient haben sollte, wie es dagegen beim Überfall der Tomyris der Fall gewesen sein dürfte.[58]

Die historische Überlieferung betont Boemunds Erfolg, den Nachschub der Belagerten unterbunden zu haben: entweder durch Abschreckung[59] oder durch den Überfall auf einen Nachschub-Zug der Feinde[60]. Bargaeus erkennt in dieser Episode das Potenzial, eine Dolonie zu gestalten: Als die militärische Unterstützung des belagerten Antiochia aus Ägypten erwartet wird, benötigt der Herrscher Hassan Informationen über die Situation bei den Kreuzfahrern und bietet eine hohe Belohnung für das Wagnis des nächtlichen Kundschaftergangs. Doch niemand ist bereit, das Risiko auf sich zu nehmen. Schließlich nimmt der zum Islam konvertierte Jude Phormus aus Habgier das Angebot an:[61]

> Nec quisquam tamen est ciuis, milesue repertus
> Auderet dubijs qui se committere rebus
> Praeter Amasiadem Phormum; cui sector Iberus
> Diues agris, diues positis in faenore nummis
> Malcus erat genitor; veteri qui lege relicta
> Mosis, ad Abdaridae turpis se transfuga ritus
> Contulerat; Turcasque inter compleuerat aedes
> Argento, atque animum fastu cumularat inani. (Syr. 11, 503–510; 1591, S. 326 f.)

Der Späher wird aber durch Boemund und Robert Curthose gefangen, deren Wachsamkeit dadurch betont wird, dass sie selbst nachts auf Wachpatrouille gehen, also nicht durch einen Kriegsrat dazu aufgefordert werden müssen oder Untergebene entsenden:[62]

> Tempus erat, primae quo pars decedere noctis
> Incipit, et vigiles abeunt statione relicta

---

58 Winkler, *Ein neulateinisches Epos*, S. 308–314.
59 Willelmus Tyrensis, *Chronicon* 4, 23: Boemund gibt den Befehl, gefangene feindliche Kundschafter von Folterknechten demonstrativ am Spieß zu rösten.
60 Emili, *De rebus gestis Francorum*. Buch IV, fol. 83ʳ.
61 ‚Doch niemand, ob Bürger ob Soldat, fand sich, der es gewagt hätte, sich auf dieses Risiko einzulassen, außer Phormus aus Amasya; sein Vater Malcus war ein skrupelloser Profiteur aus Spanien, reich an Ländereien und reich durch Geldverleih. Er hatte den Glauben an das alte Gesetz des Moses aufgegeben und war als schändlicher Überläufer zum Islam konvertiert. Unter den Türken hatte er sein Haus mit Geld angefüllt und sein Herz mit leerem Hochmut.'
62 ‚Es war der Zeitpunkt, zu dem der erste Teil der Nacht zu Ende geht und die Wachen ihre Station verlassen und die anderen Wächter ihren Dienst aufnehmen: Da begab sich Boemund auf Spähgang, und mit ihm zusammen Robert, der Anführer der Mannschaft aus der Normandie; sie wollten erkunden, ob ein Posten die Brücke bewachte oder ob sie durch List oder Waffengewalt eingenommen werden könnte.'

> Succeduntque alii, cum se Boemundus, et vnà
> Aulercae pubis ductor Robertus agebant,
> Exploraturi, num quae custodia pontem
> Seruaret, possetne capi vel fraude, vel armis. (Syr. 11, 542–547; 1591, S. 328)

Die beiden Kundschafter erfahren durch den Gefangenen, dass Hassan einen Ausfall mit Hilfe des Entsatzungsheeres unter Bagoas' Führung wagen will (Syr. 11, 600–629; 1591, S. 330f.). Damit sind die Kreuzfahrer in der Lage, die Situation umzukehren: Bevor die Feinde den Ausfall wagen können, führen die Kreuzfahrer nun ihrerseits einen Überfall auf das Heer des Bagoas so erfolgreich aus, dass auch endlich die taktisch entscheidende Brücke über den Orontes eingenommen werden kann (Syr. 11, 638–865; 1591, S. 331–339).

Wachsamkeit als posttridentinisches Ideal

Die Wachsamkeit ist in der *Syrias* als Eigenschaft der Heerführer nicht nur für den Erfolg militärischer Aktionen relevant, sondern auch dann, wenn Entscheidungen getroffen werden müssen, die das Schicksal der Kreuzfahrer insgesamt betreffen. Intrigen können nicht nur von Menschen ausgehen, sondern drohen vor allem von dämonischen Mächten. Deswegen wird die Rückversicherung bei zuverlässigen Vertretern der Kirche allen weltlichen Machthabern als einzig richtiges Verhalten vor politischen und militärischen Entscheidungen empfohlen.

Pietro Angeli steht mit dieser Verhaltensempfehlung nicht allein; sie scheint sich in die posttridentinische Literatur um 1600 einzufügen. Die Münchner Jesuiten begleiteten 1597 die Einweihung der Michaelskirche, die Herzog Wilhelm V. (1548–1626) ihnen errichtet hatte[63] und die er zur Wittelsbacher Grablege machte, mit einem ambitionierten literarischen Projekt, dessen Konzeption von Jacob Gretser S.J. (1562–1625) und Matthäus Rader S.J. (1561–1634) verantwortet wurde: einer umfangreichen Festschrift mit anspruchsvollen Dichtungen, den *Trophaea Bavarica*,[64] und einem Drama, dem *Triumphus Divi Michaelis*[65]: Die Einweihung fand mit internationalem hochkarätigen Publikum statt. Die Verbundenheit des Granduca mit

---

[63] Zur Ansiedlung der Jesuiten in Bayern in der zweiten Hälfte des 16. Jahrhunderts vgl. Glaser, nadie sin fructo; zur Einrichtung des Kollegs in München vgl. Schmid, Das Jesuitenkolleg St. Michael zu München.
[64] Vgl. dazu Hess/Schneider/Wiener, *Trophaea Bavarica*, S. 289–293.
[65] Zum historischen Kontext der Aufführung vgl. die Einleitung der kritischen Edition von Bauer/Leonhardt, *Triumphus Divi Michaelis*, bes. S. 9–45. 1596 war übrigens das Drama *Godefridus Bullionus* (Clm 549 und Clm 19757/2) von den Münchner Jesuiten aufgeführt worden (Bauer/Leonhardt, *Triumphus Divi Michaelis*, S. 11).

dem bayerischen Herzog Wilhelm wird in dieser Kirche dadurch demonstriert, dass der Crucifixus am Hochaltar, ein Meisterwerk von Giambologna, das Geschenk Ferdinandos I. ist. Kolleg und Kirche in München waren nicht nur ein urbanes architektonisches Großprojekt, sondern vor allem Ausdruck der engen Bindung des bayerischen Herzogtums an Rom und die tridentinische Zielsetzung.[66] Die Kirchenfassade präsentiert auf ihrer Frontseite eine Vielzahl an Statuen: Zwischen Christus und dem Erzengel Michael stehen aber keine Heiligen, sondern Herrscher: Die bayerischen Herzöge von den ersten christlichen (Otho, Theobald und Theodo) über Karl den Großen zu den Wittelsbachern bis hin zum Stifter der Kirche zusammen mit den Habsburgischen Kaisern Karl V. und Ferdinand II. Die Erklärung findet sich zu Beginn der künstlerischen Kirchenbeschreibung im dritten Teil der Festschrift, die diese Herzöge als Schutzwächter des wahren Glaubens, als *excubiae tutelares*,[67] feiert:

> Cur Principes ac Reges in fronte templi excubent.
>
> Ne quid ad ornatum templi fortassis abesset,
>   Huic dedit omne suum Bavara terra decus.
> Insignes bello, insignes pietatis amore
>   Insignes sancta relligione viros.
> Addidit armigerum quo non praestantior ullus
>   Angelici stellans agminis ora ducem.
> Quin deus ipse alto, mihi credite, lapsus Olympo
>   Isthaec complevit pneumate tecta suo.
> Nil igitur fuerit sacra te praeclarius aedes,
>   Quam terrae decorant numina, quamque poli.[68]

---

66 Zum Programm der Architektur von St. Michael vgl. Terhalle, ... *ha della Grandezza*.

67 Der Hofhistoriograph Andreas Brunner S.J. wird 1637 seine Reihe von 60 bayerischen Herrschern als *Excubiae tutelares* betiteln, die als Schutz und Fürstenspiegel für den eben geborenen Sohn von Kurfürst Maximilian dienen sollen, vgl. dazu Löffler, *Emblematik*, bes. S. 29–31; in den Emblemen selbst ist die Tugend der Wachsamkeit weniger häufig Thema (immerhin wird Utilo I. beispielsweise mit dem hundertäugigen Argus verglichen; auch die Jagdmetapher wird mehrfach im Kampf gegen Häretiker eingesetzt) als vielmehr die Wehrhaftigkeit des Wächters, was für die Zeit des Dreißigjährigen Krieges offenkundig eine entscheidende Eigenschaft geworden ist.

68 „Warum Fürsten und Könige an der Frontseite des Tempels Wache halten. / Damit nicht vielleicht etwas zum Schmuck dieser Kirche fehlte, hat das bayerische Land ihr seinen ganzen Stolz übergeben. Helden im Krieg, herausragend in der Liebe zu verantwortungsvollem Tun, herausragend in der geheiligten Gottesverehrung. Und der gestirnte Himmel hat den unübertrefflichen waffentragenden Anführer der himmlischen Heerscharen dazu gegeben. Ja, Gott selbst kam, glaubt mir, vom hohen Himmel herab und hat mit seinem heiligen Geist dieses Haus erfüllt. Geweihte Kirche, nichts wird herrlicher sein als du, die du von den höchsten Mächten der Erde, die du von den höchsten Mächten des Himmels geziert bist."

Das Epigramm bestätigt die erstaunliche Konzeption der Kirchenfront: Die Wachsamkeit und die Schutzfunktion des Landesherrn wird im konfessionellen Zeitalter zu einer Kardinaltugend des Herrschers, die ihn nahezu in den Stand der Heiligkeit erhebt. Denn der Feind in Gestalt von Verführern zur falschen Konfession lauert im eigenen Land und Umfeld. Die Herrscher werden zu Kämpfern im Heer des Erzengels Michael, der das Haus Gottes vor den dämonischen Vertretern der *superbia* schützen.

Die Münchner Festschrift *Trophaea Bavarica* ist ein aussagekräftiges Manifest des posttridentinischen Programms, das in drei Teilen (drei Siegeszeichen) literarisch umgesetzt wird: Michaels Kampf gegen Lucifer wird als epische Dichtung im *Trophaeum primum* geschildert und heilsgeschichtlich bis zu den Leistungen Kaiser Konstantins für die Kirche ausgedeutet: Der Erzengel gilt als Präfiguration des irdischen Kampfes für den wahren Glauben. Dass diesen Kampf auch die bayerischen Fürsten kontinuierlich ausgetragen haben, beweist die Epigrammreihe aller bayerischen Herzöge in *Trophaeum secundum*.[69] Der dritte Teil ist der Kirche selbst gewidmet, deren sakrale Inszenierung und Bedeutung[70] in allen Teilen mit kunstvollen Exphraseis und arguten Epigrammen dem Leser möglichst anschaulich vermittelt wird.

Freilich darf man hier fragen: Woher kommt eigentlich die Gewissheit, dass man den wahren Glauben und die richtige Position in diesem Kampf vertritt? Darauf hatte im konfessionellen Zeitalter jede der beiden Seiten in der Kontroverstheologie eine eigene Antwort, die sie jeweils aus der Deutung der Kirchengeschichte ableitet. Die protestantischen Geschichtsforscher um 1600, besonders prominent die Magdeburger Centuriatoren,[71] rekonstruierten die Institutionen- und Dogmengeschichte der Kirche mit systematischen Fragestellungen und akribischem Quellenstudium.[72] Sie deuteten diese Institutionengeschichte als einen Prozess der stetigen Abkehr von der ursprünglichen Lehre Jesu. Die katholische Seite dagegen verstand die Kirchengeschichte als Wahrung einer ununterbrochenen Traditionskette. Diese Kontinuität war ein wichtiger Beweis, dass man den richtigen Glauben bewahrte, weil die Erfolgsgeschichte des christlichen Glaubens über die Jahrhunderte hin eine heilsgeschichtliche Legitimierung bot. Wenn der führende katholische Kirchenhistoriker der Zeit, Kardinal Cesare Baronio (1538–1607), sich daher für die Darstellungsform von *Annales ecclesiastici* entschied, war er um eine Legitimierung durch die Geschichtskontinuität bemüht. Die typologischen Bezüge,

---

69 Schlegelmilch, Successio Christiamorum, bes. S. 282–287.
70 Hess/Schneider/Wiener, *Trophaea Bavarica*, S. 269–282.
71 Bauer/Leonhardt, *Triumphus Divi Michaelis*, bes. S. 73–86. – Wiener, Imitatio Constantini, S. 162–181. – Kaufmann, *Konfession und Kultur*.
72 Hartmann, *Humanismus und Kirchenkritik*.

die in der Bibelallegorese ein bewährtes Mittel sind, um die Beziehungen von Altem und Neuem Testament zu erkennen, wurden nicht nur im Mittelalter, sondern auch in der katholischen Literatur der frühen Neuzeit weiterhin eingesetzt, um auch die Berechtigung der eigenen politischen Zielsetzung zu überprüfen.

Typologisch deuten also die Autoren der *Trophaea Bavarica* die Kirchenweihe von St. Michael: Der Bayernherzog Wilhelm V. setzt damit eine Tradition fort, die mit Salomons Tempelweihe ihre alttestamentlichen Wurzeln hat, die ihn aber auch zu Konstantin den Großen in Beziehung setzt, der seinerseits mehrere Michaelskirchen geweiht hat. Jacob Gretser geht sogar zurück in die pagane Antike in mythischen Zeiten: Byzantinische Quellen liefern ihm den Anhaltspunkt, dass er sogar eine typologische Linie zu den antiken Argonauten ziehen kann. Der byzantinische Historiker Nikephoros (um 1300) weiß, dass die Argonauten ein Heiligtum für den „unbekannten Retter" errichtet haben, das Konstantin durch eine Traumvision als Michaelsheiligtum erkannt und geweiht hat.[73] Diese Assoziation bot sich an, weil der Bayernherzog Wilhelm V. in den Orden des Goldenen Vlieses aufgenommen worden war, wie sein Wappen am Kircheneingang demonstriert. Auch Cosimo I. und Francesco I. waren in den Orden des Goldenen Vlieses aufgenommen worden; Ferdinando war Großmeister des Ordens von Santo Stefano. Bayern und Habsburg wurden so im Kampf für den Katholischen Glauben und in der Abwehr der Türkengefahr vereint, die freilich Habsburg in seinen Territorien existentiell betraf; Bayern sollte dazu als Verbündeter gewonnen werden.

Pietro Angeli ist also nicht allein, wenn er in seinem Epos für die Kreuzfahrer typologische Bezüge zu den antiken Argonauten herstellt. Nicht nur alttestamentliche Unternehmungen dürfen sich christliche Herrscher zum Vorbild nehmen. Die typologische Geschichtsdeutung gilt auch für die Helden der paganen Antike, zumal die Argonauten als einvernehmlich agierende Gruppe ihr Ziel erreicht haben. Die neulateinische Heldenepik verfolgt ein protreptisches Ziel: Es besteht sogar die Chance, diese denkwürdigen Heldentaten noch zu übertreffen, wenn sie in einheitlicher Zusammenarbeit von geistlichen und weltlichen Autoritäten mit dem besseren Ziel einer christlichen Mission zum Erfolg geführt werden. Die katholischen Fürsten sollen sich als Schutzherren verstehen, die den Glauben gegen heidnische Invasoren, aber auch gegen häretische Tendenzen im eigenen Land verteidigen müssen. Die Wachsamkeit ist eine der Kardinaltugenden dieser katholischen *excubiae tutelares*.

---

73 Wiener, Imitatio Constantini, S. 155–162.

Literaturverzeichnis

Angeli da Barga, Pietro [Bargaeus]: *Syrias* [Nachdruck der Ausgabe Florenz 1591]. Hrsg. von Anton F.W. Sommer. Wien 2007.
Bauer, Barbara/Leonhardt, Jürgen (Hrsg.): *Triumphus Divi Michaelis Archangeli Bavarici. Triumph des Heiligen Michael, Patron Bayerns, München 1597. Einleitung, Text und Übersetzung, Kommentar.* Regensburg 2000.
Blondus Flavius: *De expeditione in Turchos.* Hrsg. von Gabriella Albanese und Paolo Pontari. Rom 2018. *Blondi Flavii Forliviensis Historiarum ab inclinatione Romanorum, Libri XXXI.* Basel 1559.
Emili, Paolo: *Pauli Aemylii Veronensis de rebus gestis Francorum libri X.* Paris 1565.
Hess, Günter/Schneider, Sabine M./Wiener, Claudia (Hrsg.): *Trophaea Bavarica. Bayerische Siegeszeichen. Faksimilierter Nachdruck der Erstausgabe München 1597 mit Übersetzung und Kommentar.* Regensburg 1997.
Tasso, Torquato: *Discorsi dell'arte poetica e del poema eroico.* Hrsg. von Luigi Poma. Bari 1964.
Willelmus Tyrensis: *Chronicon.* Hrsg. von R.B.C. Huygens. Turnhout 1986 (Corpus Christianorum. Continuatio medievalis LXIII).

Asor Rosa, Alberto: Angeli, Pietro. In: *Dizionario Biografico degli Italiani* 3 (1961), S. 201–203.
Belloni, Antonio: *Della Siriade di Pietro Angeli da Barga ne' suoi rapporti cronologici con la Gerusalemme liberate.* Padua 1895.
Bietti, Monica/Giusti, Annamaria (Hrsg.): *Ferdinando I de' Medici 1549–1609. Maiestate Tantum. Kat. d. Ausst. Firenze, Museo delle Cappelle Medicee, 2 maggio – 1 novembre 2009.* Florenz 2009.
Binder, Gerhard: Aitiologische Erzählung und augusteisches Programm in Vergils Aeneis. In: Binder, Gerhard (Hrsg.): *Saeculum Augustum. II: Religion und Literatur.* Darmstadt 1988, S. 255–287.
Blusch, Johannes: Enea Silvio Piccolomini und Giannantonio Campano: Die unterschiedlichen Darstellungsprinzipien in ihren Türkenreden. In: *Humanistica Lovaniensia* 28 (1979), S. 78–138.
Bocca, Lorenzo: *Le 'Lettere poetiche' e la revisione romana della 'Gerusalemme liberata'.* Alessandria 2014.
Braun, Ludwig: *Ancilla Calliopeae. Ein Repertorium der neulateinischen Epik Frankreichs (1500–1700).* Leiden/Boston 2007.
Braun, Ludwig: Warum gibt es im neulateinischen Epos keine Liebe? In: *Listy Filologicke* 137 (2014), S. 339–348.
Braun, Ludwig: *Pedisequa Camenae. Zur Begleitung durch kaum bekannte Meisterwerke der neulateinischen Epik Italiens.* Hildesheim 2020.
Cipriani, Giovanni: Pietro Angeli da Barga e la politica culturale di Cosimo, Francesco e Ferdinando dei Medici. In: Sodini, Carla (Hrsg.): *Barga Medicea e le ‚enclaves' Fiorentine della Versilia e della Lunigiana.* Florenz 1983, S. 101–125.
Gigante, Claudio: Dal Tasso al Bargeo, dal Bargeo al Tasso. Per un'interpretazione del ventesimo libro della Gerusalemme conquistata. In: *Esperienze letterarie* 26 (2001), S. 61–72.
Gigante, Claudio: Poetica del Bargeo. In: Gigante, Claudio: *Esperienze di filologia Cinquescentesca. Salviati, Mazzoni, Trissimo, Costo, il Bargeo, Tasso.* Rom 2003, S. 96–117.
Glaser, Hubert: nadie sin fructo. Die bayerischen Herzöge und die Jesuiten im 16. Jahrhundert. In: Baumstark, Reinhold (Hrsg.): *Katalog der Ausstellung Rom in Bayern. Kunst und Spiritualität der ersten Jesuiten in Bayern.* München 1997, S. 55–82.
Günsberg, Maggie: *The Epic Rhetoric of Tasso. Theory and Practice.* Oxford 1998.

Hartmann, Martina: *Humanismus und Kirchenkritik. Matthias Flacius Illyricus als Erforscher des Mittelalters.* Stuttgart 2001.
Kappl, Brigitte: *Die Poetik des Aristoteles in der Dichtungstheorie des Cinquecento.* Berlin/New York 2006.
Kaufmann, Thomas: *Konfession und Kultur. Lutherischer Protestantismus in der zweiten Hälfte des Reformationsjahrhunderts.* Tübingen 2006.
Kerl, Katharina: *Die doppelte Pragmatik der Fiktionalität. Studie zur Poetik der Gerusalemme Liberata (Torquato Tasso, 1581).* Stuttgart 2014.
Korenjak, Martin: *Geschichte der neulateinischen Literatur. Vom Humanismus bis zur Gegenwart.* München 2016.
Löffler, Thorsten: *Emblematik zwischen Genealogie und Fürstenspiegel: Die Sinnbilder in den „Excubiae tutelares LX heroum" (1637) von Andreas Brunner und ihre Rezeption.* München 2008, https://nbn-resolving.org/urn:nbn:de:bvb:19-201461 [letzter Zugriff: 13.11.2022].
Manacorda, Guido: *Petrus Angelius Bargaeus (Piero Angeli da Barga).* Pisa 1903.
Menicucci, Roberta: Politica estera e strategia matrimoniale di Ferdinando I nei primi anni del suo principato. In: Bietti, Monica/Giusti, Annamaria (Hrsg.): *Ferdinando I de' Medici 1549–1609. Maiestate Tantum. Kat. d. Ausst. Florenz, Museo delle Cappelle Medicee, 2 maggio – 1 novembre 2009.* Florenz 2009, S. 34–47.
Mertens, Dieter: „Europa, id est patria, domus propria, sedes nostra..." Zu Funktionen und Überlieferung lateinischer Türkenreden im 15. Jahrhundert. In: Erkens, Franz-Reiner (Hrsg.): *Europa und die osmanische Expansion im ausgehenden Mittelalter.* Berlin 1997, S. 39–57.
Narducci, Emanuele: *La provvidenza crudele. Lucano e la distruzione dei miti augustei.* Pisa 1979.
Plaisance, Michel: I dibattiti intorno ai poemi dell'Ariosto e del Tasso nelle accademie Fiorentine: 1582–1586. In: Plaisance, Michel: *L'Accademia e il suo principe: cultura e politica a Firenze al tempo di Cosimo I e di Francesco de' Medici.* Manziana 2004, S. 375–391.
Plaisance, Michel: Les Florentins en France sous le regard de l'autre: 1574–1578. In: Dufournet, Jean/Fiorato, Adelin Charles/Redondo, Augustin (Hrsg.): *L'Image de l'autre Européen: XVe–XVIIe siècles.* Paris 1992, S. 147–157.
Quondam, Amedeo: „Sta notte mi sono svegliato con questo verso in bocca". Tasso, Controriforma e Classicismo. In: Venturi, Gianni (Hrsg.): *Torquato Tasso e la Cultura Estense.* Bd. II. Florenz 1999, S. 535–595.
Schaffenrath, Florian: Narrative Poetry. In: Knight, Sarah/Tilg, Stefan (Hrsg.): *The Oxford Handbook of Neo-Latin.* Oxford 2015, S. 57–71.
Schlegelmilch, Ulrich: Successio Christianorum Bavariae Principum. Humanistische Fürstendichtung, politische Aussagen und Ergebnisse landesgeschichtlicher Forschung in den Herrscherepigrammen der „Trophaea Bavarica". In: Oswald S.J., Julius/Haub, Rita: *Jesuitica. Forschungen zur frühen Geschichte des Jesuitenordens in Bayern bis zur Aufhebung 1773.* München 2001, S. 255–330.
Schmid, Alois: Das Jesuitenkolleg St. Michael zu München in der frühen Neuzeit. In: Oswald S.J., Julius/Haub, Rita: *Jesuitica. Forschungen zur frühen Geschichte des Jesuitenordens in Bayern bis zur Aufhebung 1773.* München 2001, S. 115–154.
Sense, Jacob: *Tassus Latinus. 100 Jahre lateinische Nachdichtungen der Gerusalemme liberata (1584–1683).* Hildesheim/Zürich/New York 2019.
Strunck, Christina: *Christiane von Lothringen am Hof der Medici. Geschlechterdiskurs und Kulturtransfer zwischen Florenz, Frankreich und Lothringen (1589–1636).* Petersberg 2017.

Terhalle, Johannes: [...] ha della Grandezza de padri Gesuiti. Die Architektur der Jesuiten um 1600 und St. Michael in München. In: Baumstark, Reinhold (Hrsg.): *Katalog der Ausstellung Rom in Bayern. Kunst und Spiritualität der ersten Jesuiten in Bayern.* München 1997, S. 83–146.

Testaverde, Anna Maria: La ‚metamorfosi' di Firenze per le nozze del 1589: un programma di politica culturale. In: Bietti, Monica/Giusti, Annamaria (Hrsg.): *Ferdinando I de' Medici 1549– 1609. Maiestate Tantum. Kat. d. Ausst. Florenz, Museo delle Cappelle Medicee, 2 maggio – 1 novembre 2009.* Florenz 2009, S. 50–59.

Verzani, Alfreda: Rapporti di corrispondenza fra Pietro Angeli e gli umanisti Europei. In: Sodini, Carla (Hrsg.): *Barga Medicea e le ‚enclaves' Fiorentine della Versilia e della Lunigiana.* Florenz 1983, S. 127–148.

Wiener, Claudia: Imitatio Constantini. Das Konstantinsbild und die Auswertung spätantiker und byzantinischer Autoren in den „Trophaea Bavarica" als Antwort auf die reformatorische Kirchengeschichtsschreibung. In: Oswald S.J., Julius/Haub, Rita: *Jesuitica. Forschungen zur frühen Geschichte des Jesuitenordens in Bayern bis zur Aufhebung 1773.* München 2001, S. 155–183.

Winkler, Alexander: Pietro Angeli da Barga's Syrias (1582–1591) and Contemporary Debates over Epic Poetry. In: Schaffenrath, Florian/Winkler, Alexander (Hrsg.): *Neo-Latin and the Vernaculars. Bilingual Interactions in the Early Modern Period.* Leiden/Boston 2018, S. 212–231.

Winkler, Alexander: *Pietro Angeli da Bargas Syrias: Ein neulateinisches Epos des Secondo Cinquecento zwischen posttridentinischer Poetik, politischer Instrumentalisierung und der Konkurrenz mit Torquato Tasso.* Dissertation. FU Berlin 2021.

Anhang: Petrus Bargaeus: *Syrias* (1591), Aufbauskizze

I	II	III	IV	V	VI
Proömium Gott sendet seinen Engel zu Petrus Eremita nach Jerusalem, um die Christen zum Kreuzzug aufzurufen: Petrus erzählt die Vision Simeon, dem Patriarchen von Jerusalem. Petrus fährt von Jaffa nach Bari. In der Basilika San Nicola informiert ihn Bischof Alethes (Elias, OSB) über die normannische Herrschaft. König Boemund kehrt aus Melfi zurück, wo er gegen seinen Bruder Roger Krieg geführt hat. Er ist zur Versöhnung bereit und wird für die Beteiligung Italiens am Kreuzzug gewonnen. Petrus erklärt die Islamische Expansion.	Boemund entsendet Alethes zum Papst; er und Petrus ziehen durch Italien bis Clermont. Konzil: Rede des Alethes und Rede Urbans II.: begeisterte Zustimmung und Gelübde der Bischöfe und der Fürsten, die der Papst mit Gaben zum Kampf entsendet Rüstung zum Kreuzzug in ganz Europa	Boemunds Rede vor den Rittern in Bari; Beichte und Eucharistie vor dem Aufbruch des Heers aus Italien: Feindlicher Empfang in Dyrrhachium: Der byzantinische Kaiser hält Hugo, den Bruder König Philipps, in Arrest; Boemund wird davon abgebracht, Dyrrhachium zu belagern. Freundlicher Empfang durch Medix von Athen; das aus Italien kommende Heer zieht bis Makedonien. Zug des französischen Heers über Ungarn; die Ungarn haben den deutschen Volkskreuzzug blutig abgewehrt; Stephanus (Étienne de Blois)	Der Schutzengel der Türken und der Schutzengel der Christen vor Gott: Gott kündigt den Sieg der Kreuzfahrer an. Ein Engel wird zu König Colomanus gesandt, um den freundlichen Empfang des Kreuzfahrerheers zu sichern. Der Dämon von Amerika alarmiert die Hölle und Lucifer, dass das vereinte Kreuzfahrerheer droht, den Osten zu bekehren. Lucifer reagiert empört. Der Dämon Alastor hetzt Kaiser Alexi(o)s I. in Gestalt des Thatinnus gegen die Kreuzfahrer auf. Vereinigung beider Heere in einem Lager.	Alastor alarmiert die Dämonen der Luftregion und fordert Wachsamkeit. Die Dämonen hetzten die Bevölkerung gegen die Kreuzfahrer auf. Morpheus erscheint Alexis im Traum in Gestalt des Patriarchen Eustratius und mahnt zur Wachsamkeit. Kronrat: Thatinnus rät zu Scheinfrieden und Unterstützung der Türken in Asien. Alastor schafft durch eine falsche Nachricht den Anlass, einen nächtlichen Ausfall zu wagen. Eumedes rät davon ab. Der nächtliche Überfall auf das Lager der Kreuzritter wird	Wahl Gottfrieds zum Anführer der Kreuzritter Vision Gottfrieds: Seine Mutter Ida zeigt ihm das Jenseits und erklärt seinen Auftrag, Jerusalem zu befreien; Ausblick auf die Rückeroberung Jerusalems durch einen Helden um 1600 und auf die Entdeckung und Bekehrung Amerikas durch die Jesuiten. Überfahrt der Kreuzfahrer nach Kleinasien

Die Wachsamkeit als Heldentugend in der *Syrias* des Pietro Angeli da Barga

Fortsetzung

I	II	III	IV	V	VI
Bankett bei Alethes: Exodus-Thematik auf den Bildteppichen und im Gesang des Rhapsoden Minturnus von Moses' Taten.		wird als Bote zu König Colomanus gesandt.	vor Byzanz. Hugo von Vermandois wird in Byzanz in Hausarrest gehalten.	zurückgeschlagen. Kaiserin Irene betet zu Maria; sie bittet ihren Gemahl um Versöhnung. Versöhnung beim Gastmahl und Besichtigung von Byzanz	

VII	VIII	IX	X	XI	XII
Marsch in Kleinasien Katalog des gesamten Heers der Kreuzfahrer Belagerung von Nicaea: Verteidigung durch Solyman, die Amazonen unter Tomyris und Bostar aus Africa	Gegenangriff der Christen Gottesdienst und Bestattung der Gefallenen Solymans Kriegsrat: Nächtlicher Angriff der Amazonen unter der Führung der Tomyris Thatinnus rät zum Abzug. Gottfried gibt dagegen das Signal zum Sturmangriff, der zur Einnahme der Stadt führt; Tod der	Trauer des Solyman, der den Krieg fortführen will; christliche Siegesfeier: Dankgebet als Mose-Lied; Gastmahl: Bencius besingt die Kriegstaten des Josua; Wettkämpfe, Krankenbesuch Teilung der Heere auf falschen Rat des Thatinnus Angriff der Türken auf Boemunds Heer;	Lucifer quält das Heer durch Durst; Gott hilft. Entsendung des Tancred nach Tarsos und des Balduin nach Armenien; Gastgeschenke des armenischen Königs Hydaspes: Ekphrasis eines Himmelbett-Vorhangs. Ida warnt im Traum Gottfried vor der Verweichlichung durch Luxus. Im Rat wird der	... löst den Kampf der Heere aus; Vierteilung der Leiche des Mörders Dialog zwischen dem Dämonen Uragus und Gott: Versuchung Gottfrieds durch den Dämon; Seuche und Hunger im Lager führen zum Abfall von Heeresteilen; Gottfried und Boemund verhindern das Scheitern des Kreuzzugs.	Warnung der Christen in Antiochia vor einem Pogrom; sie öffnen im Kampf die Tore von Antiochia; Tod Hassans. Belagerung durch das Heer des Corbagus (Kerbogha, Attabeg von Mossul); Fund der hl. Lanze des Longinus; das Wunder verhilft zu neuem Kampf und Sieg.

Fortsetzung

VII	VIII	IX	X	XI	XII
Tomyris bei der Verteidigung der Mauer.	Warnung im Traum an Gottfried: Er rettet Boemunds Heer. Er besiegt Solymans Sohn Ninus und Solyman selbst.	Aufbruch beschlossen. Alastor versucht, das Heer an den Amanischen Pässen einzuschüchtern. Die Reden von Gottfried und Boemund wirken aufmunternd. Die Soldaten bezwingen das Gebirge. Antiochia: Beschreibung der Stadt und des Herrschers Hassan (Yaghi-Siyan); Zweikampf am Orontes: Der Sohn des Königs von Antiochia, Belfercus, kämpft gegen Goscellus; Mord am Sieger Goscellus. durch Hipparchus ...	Hassans Plan eines überraschenden Ausfalls benötigt einen nächtlichen Kundschafter. Der zum Islam konvertierte Jude Phormus übernimmt die Aufgabe. Boemund und Robert Curthose fangen Phormus ab. Er verrät die Pläne Hassans und die erwartete Ankunft des Entsatzungsheers unter Bagoas. Die Kreuzfahrer führen ihrerseits einen Überfall erfolgreich aus: Einnahme der Brücke, die Antiochia versorgt.	Zug nach Jerusalem, Belagerung und Einnahme Jerusalems.

Marc Föcking

Attenzione all'Anticristo! Vigilanza e paura nella *Rappresentatione del Giudicio universale* (1596) di Paolo Bozzi

Se si considera la varietà di persone che brulica nelle rappresentazioni del Giudizio Universale della prima età moderna, come il *Giudizio universale* (1536–1541) di Michelangelo nella Cappella Sistina o l'omonimo dipinto monumentale del Tintoretto nella Chiesa veneziana della Madonna dell'Orto (1562/63), è difficile immaginare un soggetto più inadatto per il teatro italiano della prima età moderna. L'enorme numero di personaggi, la dissoluzione spaziale e temporale, la mancanza di un nucleo tragico e l'assenza di un'azione drammatica contraddicono infatti il tentativo di restaurare la pratica e la poetica del dramma antico a partire dal XV secolo in modo così profondo che è difficile pensare ad un testo analogo a Michelangelo o Tintoretto. Non stupisce che lo studio di Rolf Lohse *Renaissancedrama und humanistische Poetik in Italien* (2015) si occupi esclusivamente di "tragedie", "commedie" e "tragicommedie" sacre che trattano temi biblici o agiografici, ma che tra queste non menziona neanche una messa in scena del Giudizio Universale.[1] Ciononostante, nel XVI secolo, esistono rappresentazioni italiane del Giudizio Universale, non in forma di tragedia ma come sacre rappresentazioni che a prima vista appaiono tradizionali e che però non possono sfuggire del tutto all'influsso dell'avanguardia teatrale rinascimentale e ai suoi modelli classici. Il fascino che possiamo nutrire oggi nei confronti della *Rappresentatione del Giudicio universale* (Verona 1596) di Paolo Bozzi non è solo quello di essere rimasta quasi inosservata per ben quattrocento anni nelle biblioteche e poi anche nel pagliaio digitale dell'internet, ma anche quello di abbinare la tradizione della sacra rappresentazione con varie innovazioni letterarie e teologico-confessionali per creare una drammatizzazione del Giudizio Universale tipica della fine del Cinquecento italiano.

---

1 Lohse, *Renaissancedrama und humanistische Poetik*, p. 645–677.

∂ Open Access. © 2023 bei den Autorinnen und Autoren, publiziert von De Gruyter. Dieses Werk ist lizenziert unter einer Creative Commons Namensnennung 4.0 International Lizenz.
https://doi.org/10.1515/9783111167169-005

Paolo Bozzi – letterato, compositore, ecclesiastico

L'autore Paolo Bozzi, la cui data di nascita non è certa (1550–1628), è ancora oggi sconosciuto, così come lo è il suo dramma del giudizio.[2] Eppure non è del tutto insignificante nel panorama letterario e musicale compreso tra Verona e Venezia: scrive diversi libri di madrigali a cinque e a sei voci (1587, 1599), un libro di canzonette a tre voci (1591), l'antologia di madrigali *Novelli ardori a quattro voci* (Venezia, Amadino, 1588), composizioni in antologie di madrigali sacri come *Delle pietosi affetti del molto reverendo Padre Don Angelo Grillo* (Venezia, 1598) e vari mottetti nell'antologia *Sacro Sanctae Die laudes*, Venezia 1600.[3] Il madrigale "All'ombra d'un bel faggio", tratto dalla raccolta di madrigali *Il Trionfo di Dori* pubblicata nel 1592 da Angelo Gardano (1540–1611), può essere ascoltato in un'interpretazione dei King's Singers del 2015.[4]

La svolta dai modelli di testo profani a quelli sacri e a generi musicali nell'ultimo decennio del Cinquecento sembra riflettersi anche nella sua opera letteraria. Negli anni Ottanta e Novanta del Cinquecento, Bozzi, che dal 1574 viene identificato come ecclesiastico dal prefisso 'Don' e che lavorò come cappellano e maestro di coro prima a Bovolone, Mantova e dal 1590 a Venezia, scrive due tragedie, *La Eutheria tragedia nuova* (1588) e *Cratasiclea* (1591), le cui trame riprendono la poetica della tragedia classicistica-rinascimentale.[5] Con *Fillino* (1597) infine si dedica al dramma pastorale, che dopo Sannazaro, e in particolar modo dopo l'*Aminta* (1580) di Torquato Tasso e il *Pastor Fido* (1590) di Guarini – citati da Bozzi come modelli[6] – va sempre più di moda e che, con Ongaro e Marino[7], si svilupperà in uno dei modelli trainanti dei generi barocchi del Seicento. Contemporaneamente al *Fillino*, però, Bozzi si dedica a temi sacri, scegliendo il genere tradizionale della sacra rappresentazione, che nel Cinquecento va di pari passo

---

2 Non compare nemmeno in noti studi sulle rappresentazioni drammatiche dell'Anticristo e del Giudzio, si veda ad esempio in Aichele, *Antichristdrama*, benché Aichele discuta anche testi neolatini, italiani e francesi come *Il libero arbitrio* di Negri, la rappresentazione francese dell'Anticristo di Modane o il *Christus Iudex* di Stefano Tucci S.J. Richardsen-Friedrich, *Antichrist-Polemik in der Zeit der Reformation* è più interessato alla letteratura tedesca e qui si occupa principalmente di polemiche protestanti (e a volte anche di apologetica cattolica romana) in forma di volantini e sermoni.
3 Cfr. EDIT 16. Edizioni italiane del XVI secolo e Nutter, Bozzi.
4 The King's Singers, *Il Trionfo di Dori*.
5 Per la *Cratasiclea* di Bozzi cfr. Lohse, *Renaissancedrama und humanistische Poetik*, p. 373–380.
6 Bozzi, *Fillino*, fol. A 2ᵛ: "Il quale [Fillino] dalla nobiltà d'Aminta atterrito, & dalla grandezza del Pastor Fido, spaventato non voleva à patto alcuno lasciarsi vedere".
7 Sull'esemplarità del dramma pastorale nel Barocco italiano, si veda Nelting, *Frühneuzeitliche Pluralisierung*; Föcking, *Endspiele des Allegorischen*, e Föcking/Huck, *Ecco Lidia ti lascio*.

alla tragedia sacra: nel 1596 appare la *Rappresentatione del Giudicio universale*, seguita, nel 1605, dalla *Rappresentazione di S. Giovanni Battista*.[8] Infine quindici anni dopo, arriva alla prosa ascetica, alla quale appartengono i due volumi della *Tebaida sacra nella quale con l'occasione del ritorno alle proprie celle di alcuni Padri Eremiti si ragiona di molte e varie virtù*, pubblicati in due edizioni, nel 1621 e nel 1625. In questa opera Bozzi riprende la tendenza a divulgare l'anacoretismo anche per i laici (maschi).[9] Tuttavia, Bozzi sembra aver continuato a muoversi nell'ambiente dei letterati e degli editori veneziani, poiché un'edizione della *Gerusalemme liberata (Il Goffredo)* di Tasso, pubblicata da Misserini nel 1620, lo riporta con il suo titolo clericale come correttore del testo ("D. Pavlo Bozi corrigeva").[10]

Carnevale sacro e dramma religioso

La *Rappresentatione del Giudicio universale* del 1596 si colloca quindi, sia dal punto di vista biografico sia dal punto di vista del genere, in una posizione intermedia tra l'ambiente laico e quello ecclesiastico – ma su questo torneremo più avanti. L'edizione veronese del 1596 (altre due furono pubblicate a Venezia nel 1605, una da Amadino, l'altra da Marco Claseri) si trova in dieci biblioteche prevalentemente del Nord d'Italia (tra cui Verona, Venezia, Milano e Faenza), il che corrisponde all'ambito di attività di Bozzi tra Verona e Venezia e anche del suo dedicatario: Marco II Cornaro (1557–1652), il nuovo vescovo di Padova nominato nel 1596. La dedica contiene la richiesta di un sostegno finanziario per un'eventuale rappresentazione, poiché la semplice lettura della commedia ha meno probabilità di suscitare il timore dell' "ira di quel tremendissimo Giudice" rispetto a "le cose, che si veggiono", che "molto più l'animo commuovono, che quelle, che si leggono, & ascoltano".[11] Secondo Bozzi, tuttavia, una rappresentazione organizzata senza un mecenate supererebbe la possibilità di "persone private", perché questo sarebbe "più tosto opera da Rè".[12]

Bozzi non aveva quindi in mente né un dramma pensato per la lettura, né una rappresentazione in un modesto contesto scolastico, ma un grande spettacolo che fosse al tempo stesso spirituale e pubblico-urbano. Forse nutriva particolari speranze perché Marco II Cornaro, dopo essersi insediato a Padova nel 1596, aveva

---

8 Cfr. Alacci, *Dramaturgia*, p. 508. Nessuno di questi testi appare nell'analisi di Nutter, Bozzi.
9 Si veda Witte, Hermits in High Society, p. 115.
10 Cfr. Tasso, *Il Goffredo*.
11 Bozzi, *Rappresentatione del Giudicio*, s.p. [2–3].
12 Ibid., s. p. [4].

preso provvedimenti contro la "dissoluzione del carnevale" – secondo le parole del suo vicario Paolo Gualdo – e aveva iniziato a installare una sorta di controcarnevale con teatro religioso, "musiche, apparati, illuminazioni, sermoni, & indulgenze come usano li padri gesuiti nella città di Roma" (sempre Gualdo).[13] Non è stato però possibile accertare se la richiesta di Bozzi sia andata a buon fine e se il suo *Giudicio universale* sia stato effettivamente messo in scena. In ogni caso, la limitazione al testo stampato contraddice l'intenzione di Bozzi di convincere attraverso le "cose, che si veggono",[14] e può quindi essere stata per l'autore solo la forma di ricezione meno preferita del suo dramma del giudizio e la stampa forse una compensazione per la mancata messa in scena.

Uno sguardo alle *dramatis personae* mostra quanto sarebbe stata costosa una simile rappresentazione: il dramma di Bozzi, diviso in due parti – l'ascesa e la caduta dell'Anticristo e il giudizio finale dopo la sua caduta – prevede una sessantina di ruoli individuali con parti parlate; a ciò si aggiungono le esibizioni di gruppo del "popolo" di Gerusalemme e di quattro cori (dei profeti, delle sibille, degli angeli e dei dannati), per un totale di poco meno di cento persone. Anche se gli attori avessero interpretato due ruoli, si sarebbe trattato comunque di molto, anche per il genere tradizionale della sacra rappresentazione a cui mirava Bozzi, ma in questo modo avrebbe soddisfatto già una delle caratteristiche della sacra rappresentazione italiana a tema biblico o agiografico, che ebbe il suo massimo splendore nel XV secolo: il suo elenco di personaggi non è limitato quantitativamente, perché l'intreccio consiste piuttosto in una sequenza additivamente espandibile di scene e nella moltiplicazione delle linee di trama. La concentrazione dell'azione e l'accumulo strutturato della tensione in questo caso non sono richiesti; la trama non è limitata né nel tempo né nello spazio e può estendersi per anni. Le scene, espandibili in modo additivo, si svolgono secondo la modalità del discorso e del contro-discorso, senza alcuna pretesa di intensificazione drammatica e, per lo più, senza collegare le scene attraverso la presenza passeggera di uno dei personaggi. La tipica sacra rappresentazione si presenta come una sequenza di scene sacre con finalità didattiche, che si muove retoricamente e metricamente sul piano dello *stilus humilis* e nell'ottava rima.[15] Le sacre rappresentazioni richiedono tempi di esecuzione lunghi e sono talvolta inserite nell'allestimento paraliturgico di alcune festività religiose (Natale, Pasqua, ecc.), in due o tre parti. Il testo di riferimento per il tema del Giudizio Universale nella modalità di una sacra

---

13 Citato da Lovato, Il vescovo di Padova Marco II Cornaro, p. 227.
14 Bozzi, *Rappresentatione del Giudicio*, dedica s.p. [3].
15 Cfr. il classico studio di D'Ancona, *Origini del teatro italiano*; Eisenbichler, From Sacra rappresentazione to Commedia spirituale, p. 107–113; Ventrone, La sacra rappresentazione fiorentina, p. 67–99.

rappresentazione tradizionale potrebbe essere la *Rappresentazione del dì del Giudizio* di Antonio Araldi e Feo Belcari della fine del XV secolo, che una delle rare citazioni più recenti del *Giudicio* di Bozzi della fine del XIX secolo considera il suo modello diretto.[16] A torto, come si vedrà più avanti.

Il fatto che per Bozzi, dopo circa ottant'anni di pratica teatrale di stampo classico e cinquant'anni di discussione su una poetica drammatica aristotelica, il tema del giudizio insieme alla preistoria dell'Anticristo possano essere portati in scena solo come sacra rappresentazione, dimostra quanto verso la fine del secolo i soggetti del teatro religioso si scontrino ancora con le norme teatrali sancite dal classicismo rinascimentale e, se necessario, debbano ripiegare su forme teatrali precedenti.[17] Per Bozzi, scrittore lui stesso di tragedie basate su modelli classici, si tratta di una scelta consapevole: chiede al vescovo di non ascoltare colui "che dicesse, ch'ella contra gli insegnamenti d'Aristotile contenga attione di spatio, più lunga non pur d'un giro di Sole, ma di molti anni" in vista degli immediati benefici didattico-religiosi dell'"efficacissimo rimedio [...] à preservarci dal peccato".[18] I "precetti di quel valente filosofo" andrebbero inevitabilmente sacrificati al soggetto sacro, e non sono solo quelli dell'unità di tempo e spazio, ma anche quelli della separazione tra "tragedia" e "comedia"[19] o – implicitamente – della specificazione delle possibili azioni umane, che escluderebbero cose futuristiche come il Giudizio Universale. Non "ignoranza", ma stretta osservanza del quadro classicista-aristotelico richiede per Bozzi l'etichettatura come "semplice rappresentazione di cose da dover avvenire nello spazio di molti anni, tutte appartenenti all'estremo Giudicio universale".[20]

Se si applicano gli standard e i contenuti del dramma dell'Anticristo e del Giudizio del tardo medioevo e del XV secolo, una "semplice rappresentatione" sembra effettivamente essere la trama esposta da Bozzi: nei primi tre atti l'autore

---

16 Cfr. D'Ancona, *Sacre rappresentazioni dei secoli XIV, XV e XVI*, p. 499–523; Vischer, *Luca Signorelli und die italienische Renaissance*, p. 181s., fa risalire l'opera di Bozzi a questa sacra rappresentazione: "Paolo Bozzi schildert in seiner Rappresentatione del giudicio universale mit kräftiger Phantasie das Walten des Antichrist, ehe er das jüngste Gericht hereinbrechen läßt. [...] Der letzte Theil, welcher das jüngste Gericht schildert, lehnt sich ziemlich an die früheren Schilderungen Araldi's und Anderer. Doch ist es wahrscheinlich, dass auch das Walten des Antichrist von (anderen) Vorgängern ähnlich geschildert wurde. [...] Eine besondere Rolle spielen in Bozzis Stück aber die Söldner und Capitäne des Antichrist, wie bei Signorelli."
17 Per i problemi di combinare norme teatrali del classicismo e temi religiosi nel Cinquecento e primo Seicento si veda Föcking/Fliege, Implicit Anti-classicism, p. 105–133.
18 Bozzi, *Rappresentazione del Giudicio*, dedica s.p. [2 e 5].
19 Ibid., s. p. [6]: "[N]ostra intentione non è stata di fare una Tragedia, ò Comedia (non sofferendo ciò il soggetto)".
20 Ibid., s. p. [6].

segue la biografia della funzione escatologica, dell'ascesa e della caduta dell'Anticristo, che proviene dalla casa di Dan, già raccontata da Adso di Montier-en-Der intorno al 950, distillata fin dall'alto medioevo da una serie di passi scritturali (tra cui 2 Tes 2,2 ss.; Ap 13,11 ss.) e di testi dei Padri della Chiesa[21], e ripresa anche in un gran numero di opere teatrali ed epiche sull'Anticristo.[22] Dopo un prologo in cui la Chiesa si lamenta per le molteplici persecuzioni e un dialogo celeste tra Abele, Abramo, Pietro e Cristo, che desiderano la fine del mondo e il giudizio, Cristo invia l'arcangelo Michele all'inferno per liberare Lucifero. Quest'ultimo recluta – come preludio escatologico in 2Tess 2,3 – l'Anticristo, qui Saul della casa di Dan, per combattere la battaglia di annientamento contro il cristianesimo e prendere possesso del mondo come 'vero' Messia. Dotato del potere di compiere miracoli e di risorse militari e finanziarie illimitate, l'Anticristo si sposta con il suo esercito a Gerusalemme sotto i segni apocalittici del "Mulier amicta Sole" (Ap 12,1; Bozzi, *Giudicio*, p. 18), dove prende la città con astuzia, perseguita sanguinosamente i cristiani e cerca di convincere gli abitanti della sua condizione di Messia con denaro, terrore, menzogne e finti miracoli. La vittoria su Gerusalemme deve essere il punto di partenza per la conquista del mondo, prima dell'Etiopia (Bozzi, *Giudicio*, p. 22), poi della Grecia; infine Roma deve essere presa e distrutta se il "Principe Christiano" resiste (Bozzi, *Giudicio*, p. 27). Ma anche il fallimento dei presunti risvegli dei morti, il regime di terrore dell'Anticristo e le esecuzioni dei suoi avversari tra i cristiani (Bozzi, *Giudicio*, p. 40) fanno sì che gli ebrei rifuggano dal riconoscere l'Anticristo come Messia, perché la sua spietata crudeltà non conosce "termine [...] De l'onesto, e del giusto" e non corrisponde agli annunci dei profeti (Bozzi, *Giudicio*, p. 36). Ora Cristo fa sì che il profeta Elia, il patriarca Enoch e l'evangelista Giovanni – in cui i due testimoni senza nome di Ap 11,3 ss. perseguitati dalla bestia apocalittica ritrovano i loro nomi (e con l'aggiunta di Giovanni)[23] conosciuti fin dalla narrazione di Adso – vengano prelevati dal paradiso terrestre da Raffaele per condurre gli abitanti di Gerusalemme a resistere all'Anticristo e portarli alla "vera fede" (Bozzi, *Giudicio*, p. 43) verso Cristo. Dopo le

---

21 Sulla tradizione del tema dell'Anticristo nel Nuovo Testamento, negli Apocrifi, nei testi apocalittici della Sibilla Tiburtina della fine del V secolo, nell'Apocalisse di Methodios e soprattutto nell'epistola *De ortu et tempore Antichristi* di Adso di Montier-en-Der (950 circa.) e nelle opere teatrali medievali sull'Anticristo, cfr. Aichele, *Antichristdrama*, p. 1–50.

22 Cfr. Araldi/Belcari, Rappresentazione del dì del Giudizio; Puglisi, *Il giudizio universale* (1575) così come l'anonimo *Giudizio universale*, 1578.

23 Su Elia ed Enoch come figure escatologiche nei drammi dell'Anticristo tra il XIII e il XVI secolo, si veda Aichele, *Antichristdrama*, p. 174–193, e Posth, Krisenbewältigung im spätmittelalterlichen Schauspiel. L'aggiunta di Giovanni qui e nelle fonti teatrali di Bozzi è forse dovuta alla sua identificazione con l'autore dell'Apocalisse, si veda Tuccius S.J., *Christus*, p. 183.

sconfitte dell'Anticristo nei dibattiti teologici con i messaggeri celesti catturati e poi giustiziati, la fallita resurrezione dei morti e l'ascensione dei giustiziati Elia, Enoch e Giovanni, l'astro dell'Anticristo comincia a cadere esattamente a metà del dramma: la sua ascensione fallisce, egli cade a terra, trafitto dall'arcangelo Michele, con il lamento finale "Haimè, haimè, io moro" (Bozzi, *Giudicio*, p. 68). Questo apre la seconda parte – quella del giudizio – esattamente a metà del terzo atto. Dopo la prima parte epica e ricca di azione, la seconda è strutturalmente piuttosto statica in blocchi di discorsi e controdiscorsi di accusa e difesa e rispetto alla prima parte si trovano più riferimenti intertestuali al Nuovo Testamento. Bozzi concepisce la seconda parte come un'amplificazione drammatica del discorso di Cristo sul suo ritorno alla fine del tempo di Mt 24, ampliato di scenari apocalittici con gli angeli dell'Apocalisse che portano angoscia e suonano le trombe, ma omettendo le mostruose bestie apocalittiche irriproducibili per qualsiasi drammaturgia pre-digitale: dopo la morte dell'Anticristo, sette angeli versano sette "ampolle" il cui "velenoso licor" porta la peste all'uomo ("Come ne le mie man rompono piaghe?", Bozzi, *Giudicio*, p. 72, cfr. Ap 16,1 ss.), la morte delle creature marine, l'avvelenamento dei fiumi, il caldo torrido, le tenebre, la siccità e le tempeste. Il terzo atto si conclude con l'eclissi secondo Mt 24,29 e il coro degli angeli che cantano la caduta dell'intera cultura umana in un solo giorno e indicano il prossimo e forse ben più grave giudizio:

> Ahi che quel, che mill'anni
> E secoli hanno nodrito,
> Un sol giorno ha finito.
> Ma voglia Dio, che fine
> Habbian qui le ruine,
> E che più acerba sorte
> Non prepari a mortali eterna morte.
> (Bozzi, *Giudicio*, p. 78)

Dopodiché le anime dei morti sono descritte in modo dettagliato con un chiaro riferimento a Ez 37,2 e a 1Te 4,16, poi segue la colorita descrizione del ritorno dei morti ai loro corpi: questo passo si riferisce all'apocrifo *Apocalisse di Pietro* e alla *Civitas Dei* di Agostino.[24] Al segnale delle trombe degli angeli, le anime dei morti sono dotate dei loro corpi originari "o sian nel Purgatorio, ò ne l'Inferno | O in qual si voglia loco" (Bozzi, *Giudicio*, p. 79), vengono convocati e poi gli "empi" sono separati dai "giusti". Le fratture qui attraversano persino le famiglie, che Bozzi

---

24 Cfr. *Apokryphen zum Alten und Neuen Testament*, p. 732. Augustinus, *Civitas dei*, vol. 7, cap. 21s. Si veda anche Greshake, *Resurrectio mortuorum*, p. 168–276.

rappresenta attraverso una serie di scene di separazioni lacrimevoli (Bozzi, *Giudicio*, p. 83 ss.).

Poi l'aula viene decorata: sette angeli portano le singole *arma Christi*, all'"aspro terror de' rei" (Bozzi, *Giudicio*, p. 85), perché le sofferenze di Cristo non li hanno mossi a un tempestivo pentimento. Alla fine del quarto atto, il "Padre Eterno", che compare solo qui, delega il giudizio nel quinto atto a Cristo con riferimento a Giov 5,22.

Il giudizio dei "buoni", che per il Cristo di Bozzi coincidono con la Chiesa in quanto "cara sposa | Con tutti i suoi fedeli" (Bozzi, *Giudicio*, p. 89), viene messo in scena solo molto brevemente all'inizio del quinto atto negli scambi tra Cristo e i patriarchi (Abramo), i profeti (Mosè), gli apostoli (Pietro), i martiri (Stefano), i padri e dottori della Chiesa e i papi (Agostino), gli eremiti (Antonio), le vergini (Maria) e i "Confessi et semplici" senza nome e senza "errore mortale [...]. E se pur fu mortal, lo scancellaste | Con l'aspra penitenza" (Bozzi, *Giudicio*, p. 97). Questa "Chiesa"[25] che abbraccia l'Antico e il Nuovo Testamento era già apparsa come figura allegorica nel prologo. L'assoluzione di Bozzi dei "pontefici" e dei "confessi" ha qui un esplicito carattere confessionale, ma rimane piuttosto discreta anche all'interno dell'elevazione dei "buoni", che comprende appena sei pagine, tanto più che i "pontefici" qui, come redenti tra tanti, non occupano la posizione di rilievo del papato che il Catechismo tridentino o Roberto Bellarmino gli attribuiscono come capo rappresentativo della Chiesa garante dell'unità.[26]

Quanto Bozzi si occupi meno di premiare i 'buoni' e più di condannare i 'cattivi' è dimostrato dal tribunale penale che occupa tutto il quinto atto: qui urla, come spiega il "Demonio", chiunque che

> [...] di propria voglia
> Si sottomise al nostro imperio grave.
> Fece a te [Christus] resistenza, & hebbe a scherno
> I consigli, le leggi, i documenti,
> E ciò che a sua salute le porgevi.
> (Bozzi, *Giudicio*, p. 97 s.)

Una dopo l'altra, ma non in una sistematica morale-teologica dantesca o di altro tipo, le figure esemplari positive come Sant'Agata, Sant'Antonio, Sant'Agostino o San Sebastiano condannano i gruppi di peccatori ostentatori e impenitenti che

---

[25] Su questa visione ecclesiologica, si veda il contemporaneo *Catechismus ex decreto Concilii Tridentini ad parochos*, p. 93 ("Ecclesiam ab antiquissimis temporibus universalem fuisse") e Bellarmino, *Disputationes de Controversiis*, vol. I, col. 607: "in Ecclesia sua tam veteris tam novi Testamenti".

[26] Cfr. *Catechismus*, p. 90.

corrispondono a loro negativamente: gli ingrati, i voluttuosi, i "ricchi e ambiziosi", gli "sprezzatori della parola di Dio", i "tiranni" o coloro che non si sono convertiti al "Dio delle stelle" grazie ai miracoli della creazione (Bozzi, *Giudicio*, p. 103). Contro l'ovvio modello della *Commedia* dantesca, Bozzi perde ogni occasione per fare riferimenti concreti a fenomeni contemporanei, storici, astronomici, biografici, istituzionali o confessionali, e questo è in netto contrasto con i drammi dell'Anticristo o del dramma del giudizio della Riforma, che, secondo Aichele, identificavano il leggendario apocalittico con i "aktuellen religiösen, sozialen und politischen Wirklichkeiten".[27] Gli "sprezzatori della parola di Dio" non sono identificati con 'eretici' (luterani, calvinisti) e nemmeno con persone concrete considerate eretiche come Lutero, Melantone, Erasmo, Calvino, ecc. che sono spesso e molto genericamente citati nella poesia italiana del tardo Cinquecento e del primo Seicento.[28] La "Chiesa", che abbraccia sia l'Antico che il Nuovo Testamento, si lamenta nel prologo della persecuzione, che poi l'Anticristo mette effettivamente in pratica, ma questo rimane storicamente del tutto aspecifico.[29] Bozzi non fa la minima allusione a re, imperatori o principi storici o contemporanei tra i "tiranni", né a segni concreti di catastrofe come il fenomeno celeste apocalittico per eccellenza, la cometa (come quella del 1577)[30] – o, cosa che sarebbe stata altrettanto ovvia all'inizio della lunga guerra turca dal 1593 in poi, a "Turchi" o "Mahometani", e nemmeno ai cattivi "chierici" che comparivano tra i dannati nelle precedenti commedie del Giudizio universale del XV secolo.[31] Il riconoscimento del Messia a lungo rifiutato dagli "ebrei" viene perdonato da Cristo dopo che il "sacerdote ebreo Eleazer" pronuncia la conversione in seguito all'opera di Enoch ed Elia e alla morte dell'Anticristo.[32] Ma non si ferma al "Perdoniamo a gli Ebrei" (Bozzi, *Giudicio*, p. 69), Cristo onora i patriarchi biblici con l'affermazione "E prima voi, che del gran sangue Ebreo | Onde anch'io traggo la materna origine, |

---

27 Aichele, *Antichristdrama*, p. 161 ("realtà religiosa, sociale e politica attuale").
28 Si veda p. es. Marino, *La Galeria*, p. 162. Qui il ritratto di Lutero si trova nella sezione dei "Negromanti ed eretici" (insieme a quelli di Merlino, Simon Magus e Giuliano Apostata), così come quelli di Calvino, Théodore de Bèze, Melantone, Erasmo, ecc. Tutti vengono sommersi da un fiume di invettive come "volpe", "iena", "lupo", "corvo" ecc.
29 Cfr. Aichele, *Antichristdrama*, p. 164, che descrive "das katholische Antichristdrama der Neuzeit" come testo, in cui "Protestanten [vengono visti] nur als Häretiker" e la chiesa viene vista come la loro vittima. Nell'opera di Bozzi questo è diverso.
30 Sull'interpretazione escatologica contemporanea delle comete, si veda Gindhart, *Das Kometenjahr 1618*, e Bähr, *Der grausame Komet*; sulla previsione astronomica dell'Anticristo della prima età moderna si veda Heilen, *Konjunktionsprognostik in der Frühen Neuzeit*.
31 Cfr. Araldi/Belcari, Rappresentazione del dì del Giudizio, p. 506.
32 "Quel Giesù [...] e d'opere, e di nome | Chiaro, & illustre, fu'l vero Messia [...] | Questo Enoch, quello Elia ci fecer chiaro | Prima co'scritti, e profetie celesti" Bozzi, *Giudicio*, p. 68.

Sete la base, e'l fondamento vero" (Bozzi, *Giudicio*, p. 93) e approva così il prologo di apertura, che dà inizio alla "Chiesa" già col paradiso biblico e coi patriarchi. Si tratta di un filosemitismo molte volte superiore a quello che ci si potrebbe aspettare nella letteratura e nella politica italiana[33], ma anche nella liturgia cattolica romana del tardo Cinquecento: il misto di insulto e di appello alla conversione pronunciato nel Missale Romano del Venerdì Santo a proposito dei "perfidis Judaeis: ut Deus et Dominus noster auferat velamen de cordibus",[34] si dissolve nella fantascienza teologica di Bozzi di un riconoscimento finale di Cristo come Messia da parte degli ebrei in un elogio della "materna origine" ebraica del cristianesimo.

Invece della critica clericale, della polemica religiosa o confessionale, Bozzi mette in primo piano il lamento e i dialoghi tra i dannati e Cristo o gli arcangeli, che si ispirano agli scambi tra Cristo e i dannati che non amano il prossimo (Mt 25,31–45; Bozzi, *Giudicio*, p. 107). L'effetto di queste scene è intriso di una comicità amara, p. es. nell'insistenza di Geroboamo, che per diverse pagine vuole negoziare la sua eterna punizione all'inferno. Si può trovare qualcosa di paragonabile nelle scene di lamento tragicomiche delle opere liriche del primo Seicento, ad esempio nel lamento di Iro, il suicida che lamenta comicamente la sua morte imminente, nel *Ritorno di Ulisse in Patria* di Monterverdi. Dopo inutili discussioni con Cristo e la Vergine Maria, Geroboamo implora:

> E se pur non ci vuoi degnar del Cielo,
> Dacci almeno habitar sopra la terra.
> (Bozzi, *Giudicio*, p. 111)

Dopo Cristo lo rifiuta:

> Se trà le fiamme pur sia il nostro albergo, [...]
> Limita almeno il termine e le pene.
> (Bozzi, *Giudicio*, p. 111)

Senza successo, quindi un altro tentativo:

> Concedi almen, ò Rè de l'alto Cielo,
> Ch'in tante fiamme alcun de'nostri cari

---

[33] Clemente VIII (1592–1605), ad esempio, rinnovò le bolle di Paolo IV e Pio V contro gli ebrei nello Stato Pontificio ed espulse gli ebrei dai territori dello Stato Pontificio, ad eccezione di Roma e Ancona. Si veda Esposito, Gli ebrei a Roma tra Quattro- e Cinquecento.
[34] *Das vollständige Römische Meßbuch*, p. 392.

Ne consoli [...].
(Bozzi, *Giudicio*, p. 111s.)

Cristo risponde con ironia e giochi di parole sarcastici: "Fia'l fin del fuoco, il non haver mai fine" (Bozzi, *Giudicio*, p. 111) o "Saran vostri compagni i fier Demoni: | Questi mercede havran de' vostri affanni" (Bozzi, *Giudicio*, p. 112).

Seguono tre lamenti finali dell'Anticristo, di Creso e di Sardanapalo sull'effetto corruttore del denaro e dello sfarzo, gli ultimi lamenti dei dannati, poi l'arcangelo Michele chiude a calci la porta dell'inferno ("io co'l piede destro | Calco le porte", Bozzi, *Giudicio*, p. 116), e la rappresentazione della versione di Bozzi degli ultimi giorni dell'umanità sarebbe finita dopo due o tre ore circa.

Già questo breve riassunto della trama dimostra che l'affermazione di Bozzi di voler offrire solo una "semplice rappresentazione di cose da dover avvenire" lontana dai "precetti di quel valente filosofo" Aristotele (Bozzi, *Giudicio*, s.p. [6]) è una *captatio benevolentiae*, che non nasconde però le attualizzazioni profonde del modello della sacra rappresentazione sotto punti di vista poetologici e teologici.

Modernizzazione della sacra rappresentazione: Bozzi, il teatro dei gesuiti e l'attualità dell'Anticristo

I seguenti elementi segnano un chiaro distanziamento dal semplice modello della sacra rappresentazione tradizionale: la suddivisione degli atti, l'uso costante di uno stile alto e l'uso di endecasillabi sciolti come metro della tragedia italiana, arricchito da cori altrettanto specifici della tragedia con il corrispondente metro di endecasillabi e settenari rimati, l'uso di un "Prologo", lo sforzo di un minimo di azione drammatica nella parte dell'Anticristo e la cesura nel terzo atto. Dopo le discussioni sulla poetica aristotelica e la ricerca di un adattamento dei soggetti biblico-cristiani alla tragedia classica e moderna, una riproduzione 'semplice' del modello della sacra rappresentazione diventa quasi impossibile da realizzare, in particolar modo dal 1550 in poi e certamente per un autore con l'esperienza nella tragedia come Bozzi.[35]

In effetti, Bozzi ha interiorizzato il procedimento rinascimentale di imitazione dei modelli classici a tal punto da poter offrire anche un corrispondente modello

---

35 Cfr. Föcking, Christo si è fermato a Napoli, p. 86–117; Id., Tra Aristotele e Valdés, p. 287–301, e Föcking/Fliege, Implicit Anti-classicism, p. 105–133.

latino per il suo dramma: con il "componimento in lingua latina [...] ad imitazione di quello, un tale, ma nella nostra materna favella, affine che da tutti esser inteso potesse" (Bozzi, *Giudicio*, s.p. [3]) citato nella prefazione però senza titolo, Bozzi ha accennato in modo trasparente a questo modello: si tratta della Tragedia sacra *Christus Iudex* del gesuita siciliano Stefano Tucci (1540–1597), conclusione della trilogia *Christus Nascens, Christus Patiens* e *Christus Iudex* completata nel 1569.[36] Questa fu messa in scena – anche se in latino – con grande successo e "per gli accidenti horribili, de' quali abonda [...] gran numero di conversioni"[37] a Messina nel 1569, alla presenza di Papa Gregorio XIII e del collegio cardinalizio a Roma nel 1572 e ancora nel 1574 presso il Collegio Germanico.[38] Bozzi deve averla vista lì e averne ottenuto un manoscritto, perché il *Christus Iudex* di Tucci fu stampato soltanto nel 1673. A ben vedere il *Giudicio universale* di Bozzi è un'opera piuttosto vicina, ma spesso adattata alle condizioni di Padova ed ai modi della sacra rappresentazione modernizzata, al *Christus Iudex* di Tucci nella versione romana:[39] lo si vede già dal fatto che Bozzi non conosce il prologo poetologico della versione messinese di Tucci e inizia subito con l'apostrofe della "ecclesia" della versione romana, e inoltre cancella anche il prologo della versione romana ai "patres, purpura illustris cohors" rivolto a papa Gregorio XIII e ai cardinali.[40] Il fatto che Bozzi trasferisca in volgare la poetica del teatro gesuitico, fissata in latino, è tutt'altro che banale, perché così facendo non solo adotta le *dramatis personae*, la struttura e la trama dal prologo della Chiesa all'ascesa e alla caduta dell'Anticristo fino al calcio finale dell'Arcangelo Michele, ma riprende anche i testi biblici quasi alla lettera, insoliti nella sacra rappresentazione, insieme alle indicazioni delle fonti poste ai margini. Poiché queste si estendono per più pagine – ad esempio la versione drammatizzata di Mt 25,31–46 già citata – il suo *Giudicio universale* aggira il divieto formale di traduzioni anche parziali in volgare della Bibbia in vigore

---

36 Si veda Tuccius S.J., *Christus*. Cfr. Saulini, *Il teatro di un gesuita siciliano*; Saulini, Tra Erasmo e Cicerone; Valentin, Le drame de martyr européen.
37 Tucci S.J., *Il Christo Giudice*, Al benigno lettore s.p. Già nel 1737, Emmanuele Aguilera scriveva dell'enorme effetto di eccitazione del *Christus Iudex* di Tucci: "ut vix ulla sit praeclara Europae civitas, in qua non fuerit exhibita, magno semper fletu, atque terrore spectantium" (Aguilera, *Provinciae Siculae Societatis Jesu*, p. 178). Per le varie traduzioni di Tucci in italiano, polacco o croato, si veda Tuccius, *Christus* (nota 22), p. XXII nota 8. Nell'area tedesca, si distingue in particolar modo una versione di Graz del 1589 con parti corali musicate da Orlando di Lasso, cfr. Eichner, Abermals vom Antichrist, p. 32–54.
38 Tuccius, *Christus*, p. XLVII.
39 Per le differenze tra le versioni, si veda Saulini, Un nuovo manoscritto del *Christus Iudex*, p. 196–221.
40 Bozzi, *Giudicio*, p. 1–3; Tuccius, *Christus*, p. 148–152 e p. 270 s.

dalla metà del secolo, proprio come i precedenti drammi di Cristo in volgare.⁴¹ Ma a differenza di Tucci, che chiama il suo *Christus iudex* comunque "tragoedia"⁴²e lo giustifica con la novità del soggetto, secondo una formula modernista basata su Giraldi Cinzio, Bozzi, in un'interpretazione più rigorosa, cioè più aristotelica della tragedia, riavvicina il suo spettacolo alla tradizionale sacra rappresentazione.

Questa biblificazione dell'opera va di pari passo con il fatto che Tucci e Bozzi riconducono gli eventi dell'Anticristo e del giudizio il più possibile alle loro fonti, che sono principalmente neotestamentarie, escludendo le leggende non autorizzate dalla chiesa e i riferimenti storici e contemporanei: anche la comparsa dell'Anticristo come necessario preludio al giudizio è puramente futuristica. Eppure ci sarebbero state ampie possibilità di includere nell'opera la convinzione, virulenta anche tra i cattolici della metà e della fine del XVI secolo, che l'Anticristo e i suoi precursori fossero già apparsi – ad esempio sotto forma di Turchi o di Lutero.⁴³ Mentre la versione messinese di Tucci menzionava Martino Lutero come punto finale di una serie di importanti dannati – cioè non come Anticristo –, nella versione romana mancano Maometto e Lutero, evitando così ogni collegamento del Giudizio col tempo presente.⁴⁴ In questo Bozzi segue la versione romana di Tucci, resiste all'importazione dell'Apocalisse nel proprio presente mantenendo l'Anticristo libero da ogni identificazione contemporanea. Un'equiparazione con i turchi è persino contraddetta esplicitamente: l'Anticristo usa il travestimento da "Capitan" inviato dal "fiero Rè de Turchi" (Bozzi, *Giudicio*, p. 21) come stratagemma per conquistare Gerusalemme, che dal 1516 è sotto il dominio ottomano. Allo spettatore viene suggerito: l'Anticristo non è identico agli Ottomani, a Maometto o a qualsiasi figura, gruppo religioso o confessionale del presente, esisterà solo nel futuro e la sua venuta non è prevedibile e databile.

Ciò che Tucci e Bozzi mettono in scena corrisponde alla conclusione dell'argomentazione che il confratello di Tucci Roberto Bellarmino S.J. sviluppa contemporaneamente nelle sue *Disputationes de controversiis christianae fidei adversus hujus temporis haereticos* (Roma 1581): per invalidare l'identificazione protestante del papato con l'Anticristo – Bellarmino si riferisce qui tra l'altro agli scritti di Lutero, Calvino, Mattia Flacio Illirico, Heinrich Bullinger o David Chyträus, – esprime un'interpretazione vicina ai testi rilevanti dei Padri della Chiesa che si riferiscono

---

41 Föcking, Christo si è fermato a Napoli, p. 203–205.
42 Tuccius, *Christus*, p. 148: "Cur nova Musa novas nequeat sibi condere leges? | quis petat in rebus iura vetusta novis." Cfr. Cinzio, Orbecche, p. 180: "Che da nuova materia e nuovi nomi/ nasca nuova tragedia".
43 Cfr. Schmidt, *Die Reiter der Apokalypse*, p. 17.
44 Tuccius, *Christus*, p. 268; Tucci, *Christus Iudex*, p. 96–98.

all'Anticristo: "Antichristum nondum venisse".⁴⁵ In questa argomentazione di Bellarmino, Elia ed Enoch, che nell'opera di Bozzi appaiono come figure escatologiche, rivestono un ruolo importante: poiché alla fine dei tempi loro convertono gli ebrei al Cristo messia. Dato che gli ebrei evidentemente non sono ancora stati convertiti, la fine del mondo non può essere arrivata.⁴⁶ Bellarmino non concorda con l'opinione errata "tam Catholicorum, quam haereticorum" che "putaverunt, mundi finem propinquiorem esse, quam re vera esset"⁴⁷ o che Maometto e il papato fossero l'Anticristo,⁴⁸ ma conferma:

> Est igitur vera sententia, nondum regnare coepisse, neque venisse; sed venturum & regnaturum circa mundi finem; qui quantum adhuc absit, nullo modo sciri.⁴⁹

Per Bellarmino Agostino e At 1,7 hanno perfettamente ragione, che "non esse nostrum scire tempora & momenta, quae Pater posuit in sua potestate".⁵⁰

Sulla positività del *timor servilis* in Tucci e Bozzi

L'esclusione da parte di Tucci e Bozzi di qualsiasi polemica confessionale, per la quale il tema dell'Anticristo e del giudizio avrebbe offerto ampie possibilità, lascia un ostentato spazio vuoto, che, se visto sullo sfondo della controversa discussione teologica-gesuitica sulla non-identificabilità dell'Anticristo col papato e sull'infondatezza di un giudizio universale imminente, ha implicazioni antiprotestanti. Allo stesso tempo, questo vuoto crea spazio per una disposizione puramente ascetico-

---

45 Sulle diverse strategie difensive dell'identificazione protestante del papato con l'Anticristo da parte degli apologeti cattolici a partire dagli anni 70 del XV secolo, che si limitarono a trasferire l'identificazione a Lutero e agli altri riformatori, cfr. Richardsen-Friedrich, *Antichrist-Polemik in der Zeit der Reformation*, p. 244–253. Dato che trascura la discussione di Bellarmino sulla questione dell'Anticristo (p. 256), le sfugge che quest'ultimo, a differenza di altri apologeti cattolici, non partecipa affatto al 'Antichrist-blame game'.
46 Bellarmino, *Disputationes* tomus primus I, col. 867. La collocazione di Tucci e Bozzi dei patriarchi dell'Antico Testamento tra i redenti e il riscatto di Cristo da parte degli ebrei devono molto a questa prospettiva futuristico-retrospettiva. Bozzi pone i propri accenti nella positivizzazione degli ebrei: Mentre Tucci si accontenta in entrambe le versioni dell'apostrofe di Cristo della propria origine ebraica ("O patres quorum est Hebraea propago | unde mihi genus est saeclorum ex ordine ductum", Tuccius, *Christus*, p. 238), Bozzi la estende al riconoscimento dell'ebraico "materna origo [...] la base, e'l fondamento vero" del cristianesimo (Bozzi, *Giudicio*, p. 93).
47 Bellarmino, *Disputationes* tomus primus, col. 847.
48 Ibid., col. 854.
49 Ibid., col. 843.
50 Ibid., col. 849.

meditativa delle future ricompense e, ancor più, delle dannazioni portate in scena: quando Bozzi, nella dedica al vescovo padovano Marco II Cornaro, identifica la contemplazione dell'azione scenica con una meditazione dell' "animo [...] così audace, e così poco della sua salute curante", che "meditando attentamente questo misterio" (Bozzi, *Giudicio*, s.p. [1]), egli attinge da un lato ai primi passi della meditazione negli *Exercitia* ignaziani: qui l'immaginazione dell'inferno nel quinto esercizio della prima settimana serve a far sì che se il penitente dovesse mai dimenticare, a causa delle sue colpe, l'amore di Dio, allora almeno il timore del castigo l'aiuterà a non cadere nel peccato.[51] Ignazio distingue così il timore della punizione come una forma meno perfetta della via all'amore di Dio, ma comunque adatta a evitare il peccato. Così, la paura della punizione e della dannazione suscitata dallo spettacolo scenico multimediale si giustifica anche per Bozzi come "efficacissimo rimedio [...] a preservarci dal peccato" (Bozzi, *Giudicio*, s.p. [1]). Per Bozzi la prova di questa efficacia è il successo di conversioni clamorose del *Christus Iudex* di Tucci, che vuole incrementare ulteriormente attraverso la sua versione in volgare, comprensibile a un pubblico più ampio.

Per lui, per il gesuita Tucci e per il grande teologo gesuita contemporaneo Roberto Bellarmino, questo "santissimo timore" non deriva da un'aspettativa del giudizio universale imminente (negata nel dramma stesso). Ma questa negazione non ne diminuisce la paura, tutt'altro: infatti, dopo che l'avvento del Giudizio Universale è stato sganciato da una presunta 'conoscenza' nel presente del momento preciso del suo avvenire, l'impotenza dell'individuo aumenta di fronte alla conoscenza, riservata esclusivamente a Dio, dell'annuncio del giudizio. Così la paura diventa più diffusa. E poiché Tucci e Bozzi deconcretizzano i dannati nel giudizio, si crea un vuoto che il pubblico può riempire, per paura della punibilità dei propri peccati, solo con sé stesso. Ma questa paura, tipica del teatro, è una paura allo stato sperimentale, una paura di un giudizio rappresentato nella finzione scenica, che il pubblico dovrebbe percepire contemporaneamente dalla prospettiva di spettatore e di partecipante, per cambiare in seguito la propria vita in modo tale da essere esente dalla dannazione nel vero Giudizio Universale. O come si legge nella prefazione a una traduzione italiana del *Christus Iudex* del 1698: il lettore o lo spettatore dell'opera dovrebbe contemplare con fede "tutti gli avvenimenti, de' quali un giorno, se non di tutti, di parte almeno sarà spettatore".[52]

In Tucci e in Bozzi troviamo quindi la messa in scena della stessa giustificazione dell'*atritio* che Ignazio antepone alla *contritio* nella sua meditazione

---

51 Meschler/Sierp, *Das Exerzitienbuch des hl. Ignatius von Loyola*, p. 112.
52 Tucci, *Il Christo Giudice*, s.p. [1].

sull'inferno e che Bellarmino difende nel suo sermone *De quattuor novissimis* contro le 'eresie luterane' come motivazione per la rinuncia alla vita peccaminosa:

> Dum omnes Lutheranorum errores mihi & absurdi, & pernitiosi videantur, Auditores optimi, tum illum absurdissimum & pernitiosissimum semper iudicavi, quem in hominum pectoribus inserere conantur, cum aiunt, Timorem illum qui ex cogitatione iudiciorum Die, & cruciatuum gehennae oriri solet, hominem hypocritam, & magis reum efficere.[53]

La difesa della funzione dell'*atritio* costituisce anche una parte importante nel volume sulla penitenza delle sue *Disputationes de Controversiis Christianae Fidei* e porta alla conclusione nella diciassettesima sezione: tra i quattro tipi di paura, la prima è una passione istintiva, 'naturale', è di sostegno vitale e moralmente neutra. Il secondo, il "timor mundanus", per la quale si pecca contro Dio per paura della punizione, è puramente negativo. Il terzo tipo di paura, la *contritio* è invece il più positivo: è quella del castigo che Dio minaccia di infliggere ai peccatori, ma è così connessa con il timore di offendere Dio che, sebbene l'uomo tema ferocemente il castigo, teme più l'offesa di Dio che il castigo stesso.[54] Il quarto tipo si colloca al di sotto della *contritio*. Si tratta del vero e proprio "timor propriè servilis", in cui il peccatore teme a tal punto il Dio punitore da astenersi dal commettere peccati solo per sfuggire alla punizione.[55] Per Bellarmino, tutta la disputa ruota intorno a quest'ultima paura, poiché Lutero la condannò come quella "ut qui faceret homines hypocritas", mentre per il concilio tridentino "bonum atque utile esse, & à Deo excitari docet",[56] cosa che Bellarmino cerca di dimostrare dettagliatamente con testi dell'Antico e del Nuovo Testamento e dei Padri della Chiesa.

Tucci e Bozzi cercano di suscitare non tanto la speranza di una redenzione immeritata, quanto la paura confessionalmente marcata di una messa in scena di una condanna meritata, a causa di uno stile di vita difettoso. Di conseguenza, si interessano molto di più alla serie dei "rei" a partire dall'Anticristo, ai loro dialoghi, ai loro lamenti, ai loro tentativi di negoziare la pena, che ai "buoni", la cui rappresentazione resta piuttosto statica. I dannati stessi li configurano come uomini qualsiasi, come adulti, come bambini, come madri e figlie, padri e figli, usurai, adultere, lussuriosi, ambiziosi, ricchi, come coloro, dunque, che non sono giunti alla comprensione del peccato né attraverso il Libro dell'Apocalisse né attraverso il Libro della Natura. Sono figure-contenitore per il pubblico e per i lettori che la lettura del *Giudicio* ha reso attenti di fronte alla dannazione dei peccatori sulla

---

53 Bellarmino, *Conciones*, p. 557.
54 Bellarmino, *Disputationes*, tomus tertius, col. 1593 (cap. XVII. De poenitentia. Lib. II, cap. XVII.
55 Ibid., col. 1594.
56 Ibid., col. 1595.

scena e vigilanti per quanto riguardano i difetti delle proprie situazioni di vita da emendare se non si vuole finire come i personaggi-contenitori dannati del quinto atto. La *Commedia* di Dante, con i suoi personaggi biograficamente e storicamente fissati, presente come modello per ogni autore italiano, è ovviamente completamente ignorata da Bozzi perché potrebbe dare l'impressione: l'inferno è già pieno e i peccatori sono gli altri.

La paura che l'opera suscita non è tanto quella di aver creduto e amato troppo poco, ma piuttosto quella di aver obbedito troppo poco. Così Cristo respinge la responsabilità della condanna dei peccatori riferendosi alla violazione delle regole, non alla loro mancanza di fede:

> Render de' conto al gran giudice giusto;
> E voi le leggi mie rompere osaste?
> Mè abbandonar, e'l fier Satan seguire?
> Forse quest'è mio error? quest'è mia colpa?
> Nò, ch'io vi diedi leggi, e riti, e norme,
> Che del ben far vi dimostrar la via.
> (Bozzi, *Giudicio*, p. 106)

Anche se Tucci, Bozzi e Bellarmino hanno sospeso l'attesa dell'imminente fine del mondo, il giudizio non perde né la sua attualità né la sua urgenza per il pubblico. Attraverso la funzione dei personaggi-contenitori sul palcoscenico, che costringe all'identificazione, esso viene portato con ancora più forza nella vita quotidiana e nelle sue situazioni decisionali: il giudizio particolare dopo la morte di ogni individuo, da temere ogni giorno, viene pensato insieme al giudizio universale rappresentato sul palcoscenico e così una delle richieste del Catechismo Romano rivolte ai predicatori viene trasferita nella catechesi attraverso il *teatro spirituale*

> Haec sunt, quae pastores fidelis populi auribus saepissime inculcare debent. Nam huius articuli veritas, fide concepta, maximam vim habet ad frenandas pravas animi cupiditates, atque a peccatis homines abstrahendos.[57]

In questo modo si raggiunge l'obiettivo che Bozzi si prefigge nella sua prefazione: attraverso la paura delle terribili trombe dell'Apocalisse e del Giudizio Universale visualizzate sul palcoscenico, il "preservarci dal peccato" deve essere raggiunto attraverso la paura del giudizio e la vigilanza giornaliera sulle trappole del peccato nell'*hic et nunc* del mondo vissuto e come garanzia nel giudizio particolare individuale. Bellarmino formula questa fusione con un detto attribuito a Girolamo e

---

57 *Catechismus*, p. 77.

ripreso da Dionigi Cartusio nel suo *De quatuor novissimis*, come motto di vita quotidiano che intreccia il timore di entrambi i giudizi:

> Haec est illa tuba, quam B. Pater Hieronymus sive comederet, sive biberet semper se audire putabat. Et merito.[58]

Bozzi scrive il *Giudicio universale* proprio per chi non riesce a immaginarsi questo doppio giudizio.

Riferimenti bibliografici

Aguilera, Emmanuele: *Provinciae Siculae Societatis Jesu Ortus, et Res Gestae, Vol. 1; Ab Anno 1546 ad Annum 1611*. Palermo 1737.
Allacci, Leone: *Drammaturgia*. Venezia 1755.
Apokryphen zum Alten und Neuen Testament. A cura di Alfred Schindler. Zurigo 1990.
Araldi, Antonio Araldi/Belcari, Feo: Rappresentazione del dì del Giudizio. In: D'Ancona, Alessandro (a cura di): *Sacre rappresentazioni dei secoli XIV, XV e XVI*. Firenze 1872, p. 499–523.
Augustinus: *Civitas dei/City of God*. Vol. VII: *Books 21–22*. Trad. William M. Green. Cambridge 1972.
Bellarmino, Roberto: *Conciones sacras, quas author ante annos circiter quadraginta in dominicis (...) habuit. (Opera Roberti Bellarmini ex Societate Iesu, S.R.E. Cardinalis tomus sextus)*. Colonia 1617.
Bellarmino, Roberto: *Disputationes de Controversiis Christianae Fidei, adversus huius Temporis Haereticos. Tomus primus*. Ingolstadii, ex Typographica Davidis Sartorii 1587.
Bellarmino, Roberto: *Disputationes de Controversiis Christianae Fidei, adversus huius Temporis Haereticos. Tomus tertius*. Ingolstadii, ex Typographica Davidis Sartorii 1593.
Bozzi, Paolo: *Rappresentatione del Giudicio universale. Dedicata All'Illustrissimo, & Reverendiss[imo] Monsignor Cornaro Vescovo di Padova. Nella Stamparia di Girolamo Discepolo*. Verona 1596.
Bozzi, Paolo: *Fillino. Favola pastorale*. Venezia 1597.
Catechismus ex decreto Concilii Tridentini ad parochos. Venezia 1567.
Carthusius, Dionysius: *De quatuor novissimis hominis*. Lugduni apud Theobaldum Paganum 1552.
Das Exerzitienbuch des Hl. Ignatius von Loyola. Erklärt und in Betrachtungen vorgelegt. A cura di Moritz Meschler, Walter Sierp. Freiburg im Breisgau 1928.
Das vollständige Römische Meßbuch. Lateinisch und deutsch. Mit allgemeinen und besonderen Einführungen im Anschluß an das Meßbuch von Anselm Schott O.S.B. Freiburg im Breisgau 1935.
Cinzio, Giovanbattista Giraldi: Orbecche. In: Ariani, Marco (a cura di): *Il teatro italiano II. La tragedia del Cinquecento I*. Torino 1977.

---

58 Bellarmino, *Conciones*, p. 564. Si veda Hieronymus, Regula monachorum, p. 417; "Semper tuba illa terribilis vestris perstrepat auribus: Surgite, mortui, venite ad judicium"; Carthusius, *De quatuor novissimis*, p. 59: "Quoties diem illum considero toto corpore contremisco. Sive enim comedo, sive bibo sive aliud facio, semper videtur mihi tuba terriblis sonare in auribus meis: Surgete, mortui, venite ad iudicium", Cfr. per la tradizione della citazione Krumacher, De Quatuor Novissimis.

Giudizio universale, overo finale, qual tratta dalla fine del mondo [...], con la venuta del Antichristo. Perugia 1578.
Hieronymus: Regula monachorum. In: *Patrologia Latina.* Vol. 30, p. 319–423.
Marino, Giambattista: *La Galeria.* A cura di Marzio Pieri, Alessandra Ruffino. Trento 2005.
Puglisi, Girolamo: *Il giudizio universale. Poema in lingua siciliana.* Palermo 1575.
Tasso, Torquato: *Il Goffredo, overo Gierusalemme liberata: poema heroico del sig. Torquato Tasso. Con l'allegoria universale dell istesso, et con gli argomenti del sig. Horatio Ariosti.* Venezia 1620.
The King's Singers: *Il Trionfo di Dori.* Signum Records (SIGCD414) 2015.
Tucci, Stefano: *Christus Iudex Tragoedia P. Stephani Tuccii e Societate Iesu.* Roma 1673.
Tucci, Stefano: *Il Christo Giudice. Tragedia sacra [...] opera del P. Stefano Tucci [...] tradotta dal verso latino nell'Italiano da Antonio Cutrona Siracusano. [...] Per Domenico Ant. Ercole.* Roma 1698.
Tuccius S. J., Stephanus: *Christus Nascens, Christus Patiens, Christus Iudex. Tragoediae. Edizione, introduzione, traduzione di Mirella Saulini.* Roma 2011.

Aichele, Klaus: *Das Antichristdrama des Mittelalters, der Reformation und der Gegenreformation.* L'Aia 1974.
Bähr, Andreas: *Der grausame Komet. Himmelszeichen und Weltgeschehen im Dreißigjährigen Krieg.* Amburgo 2017.
D'Ancona, Alessandro: *Origini del teatro italiano.* Torino 31889.
Eichner, Barbara: Abermals vom Antichrist. Orlando di Lassos Theaterchöre und die Musikdramaturgie der frühen Jesuitenbühne. In: *Musik in Bayern* 84 (2019), p. 32–54.
Eisenbichler, Konrad: From Sacra rappresentazione to Commedia spirituale: Three 'Prodigal Son' Plays. In: *Bibliothèque d'Humanisme et Renaissance* 45 (1982), p. 107–113.
Esposito, Anna: Gli ebrei a Roma tra Quattro- e Cinquecento". In: *Quaderni Storici* 54 (1983), p. 815–846.
Föcking, Marc/Huck, Oliver: Ecco Lidia ti lascio. Mimesis, Mythos, Monodie und Modus in Marinos und Monteverdis 'Misero Alceo'. In: Brieger, Jochen (a cura di): *Das modale System im Spannungsfeld zwischen Theorie und kompositorischer Praxis.* Amburgo 2013, p. 135–160.
Föcking, Marc: Endspiele des Allegorischen in Torquato Tassos Gerusalemme liberata und Giovan Battista Marinos Adone. In: Huss, Bernhard/Nelting, David (a cura di): *Schriftsinn und Epochalität. Zur historischen Prägnanz allegorischer und symbolischer Sinnstiftung.* Heidelberg 2017, p. 343–365.
Föcking, Marc: Christo si è fermato a Napoli. Renaissance und Reformation im Neapel des 16. Jahrhunderts (Giovanni Domenico di Lega, Morte di Christo, Napoli 1549). In: *Romanistisches Jahrbuch* 70 (2019), p. 86–117.
Föcking, Marc: Tra Aristotele e Valdes. La Morte di Christo di Giovan Domenico di Lega (1549). In: Germano, Giuseppe/Deramaix, Marc (a cura di): *Dulcis Alebat Parthenope. Memorie dell'antico e forme del moderno all'ombra dell'Accademia Pontaniana.* Napoli 2020, p. 287–301.
Föcking, Marc/Fliege, Daniel: Implicit Anti-classicism: Imitating and Exhausting Old and New Classicisms in Spiritual Tragedy and Spiritual Petrarchism. In: Föcking, Marc/Friede, Susanne A./Mehltretter, Florian/Oster, Angela (a cura di): *A Companion to Anticlassicisms in the Cinquecento.* Berlin/Boston 2023, p. 105–166.
Gindhart, Marion: *Das Kometenjahr 1618. Antikes und zeitgenössisches Wissen in der frühneuzeitlichen Kometenliteratur des deutschsprachigen Raumes.* Würzburg/Eichstätt 2006.

Greshake, Gisbert: Resurrectio mortuorum im Spannungsfeld von Auferstehung des Leibes und Unsterblichkeit der Seele. In: Greshake, Gisbert/Kremer, Jacob (a cura di): *Resurrectio mortuorum. Zum theologischen Verständnis der Auferstehung*. Darmstadt 1986, p. 168–276.

Heilen, Stephan: *Konjunktionsprognostik in der Frühen Neuzeit*. Vol. 1: *Die Antichrist-Prognose des Johannes von Lübeck (1474) zur Saturn-Jupiter-Konjunktion und ihre frühneuzeitliche Rezeption*. Baden-Baden 2020.

Krumacher, Hans-Henrik: De Quatuor Novissimis. Über ein traditionelles theologisches Thema bei Andreas Gryphius. In: Buck, August/Bircher, Martin (a cura di): *Respublica Guelpherbytana. Wolfenbütteler Beiträge zur Renaissance- und Barockforschung. Festschrift für Paul Raabe*. Amsterdam 1987.

Lohse, Rolf: *Renaissancedrama und humanistische Poetik in Italien*. Paderborn 2015.

Lovato, Antonio: Il vescovo di Padova Marco II Cornaro (1557–1625) e il theatrum sacrum per il carnevale spirituale. In: *Musica & Figura* 4 (2017), p. 71–97.

Lovato, Antonio/Cattin, Giulio: *Contributi per la storia della musica sacra a Padova*. Padova 1993.

Nelting, David: *Frühneuzeitliche Pluralisierung im Spiegel italienischer Bukolik*. Tübingen 2007.

Nutter, David: Bozzi [Bozi, Bozio], Paolo. In: *Grove Music Online* (2001), https://doi.org/10.1093/gmo/9781561592630.article.03792 [ultimo accesso: 16.8.2022].

Posth, Carlotta L.: Krisenbewältigung im spätmittelalterlichen Schauspiel: Elias und Enoch als eschatologische Heldenfiguren. In: *HeldInnen und Katastrophen – Heroes and catastrophes* 5/1 (2017). DOI 10.6094/helden.heroes.heros./2017/01/03 [ultimo accesso: 16.8.2022].

Richardsen-Friedrich, Ingvild: *Antichrist-Polemik in der Zeit der Reformation und der Glaubenskämpfe bis Anfang des 17. Jahrhunderts*. Frankfurt am Main 2003.

Saulini, Mirella: Un nuovo manoscritto del Christus Iudex del P. Stefano Tucci S.J. La 'Versione' Messinese e la 'Versione' Romana. In: *Giornale Storico della Letteratura Italiana* 176 (1999), p. 196–221.

Saulini, Mirella: *Il teatro di un gesuita siciliano. Stefano Tucci S.J.* Roma 2002.

Saulini, Mirella: Tra Erasmo e Cicerone: l'eclettismo oratorio di Stefano Tuccio, S.J. (1540–1597). In: *Archivum historicum Societatis Iesu* 78 (2009), p. 141–221.

Schmidt, Georg: *Die Reiter der Apokalypse. Geschichte des Dreißigjährigen Krieges*. München 2018.

Valentin, Jean-Marie: Le drame de martyr européen et le Trauerspiel. Caussin, Masen, Stefonio, Galluzzi, Gryphius. In: Valentin, Jean-Marie: *L'école, la ville, la cour. Pratiques sociales, enjeux poétologiques et répertoires du théâtre dans l'Empire au XVIIe siècle*. Paris 2004, p. 419–460.

Vischer, Robert: *Luca Signorelli und die italienische Renaissance. Eine kunsthistorische Monographie*. Lipsia 1879.

Ventrone, Paola: La sacra rappresentazione fiorentina: Aspetti e problemi. In: Chiabò, Mario/Doglio, Federico (a cura di): *Esperienze dello spettacolo religioso nell'Europa del Quattrocento*. Roma 1993, p. 67–99.

Witte, Arnold: Hermits in High Society: Private Retreats in Late Seicento Rome. In: Marshall, David R. (a cura di). *Art, site and spectacle. Studies in early modern visual culture*. Victoria 2007, p. 104–119.

Clizia Carminati
Vigilanza: una questione tra Tasso e Marino

Tasso e Marino[1] sono due autori per i quali la questione della vigilanza – intesa sia in direzione verticale sia in direzione orizzontale, secondo le linee tracciate da Florian Mehltretter e Maddalena Fingerle nel primo numero del bollettino del progetto di ricerca *Vigilanzkulturen*[2] – è centrale, sia sul piano biografico sia su quello artistico. Va anzitutto ricordato che, sul piano biografico, entrambi subiscono la vigilanza diretta della condizione carceraria: Tasso nella lunga prigionia (sette anni, 1579–1585) nell'ospedale di S. Anna a Ferrara; Marino dapprima due volte brevemente nelle carceri napoletane, poi per circa un anno e mezzo tra il 1611 e il 1612 a Torino; e più volte agli arresti domiciliari nel corso del lungo processo intentato contro di lui dal Sant'Uffizio dell'Inquisizione dal 1609 al 1623, data della conclusione con una condanna all'abiura *de levi suspicione* e probabilmente a portare l'abitello degli eretici.[3] Ma al di là dei dati biografici, il rapporto con la vigilanza si manifesta nei due autori in modo diversissimo, e può essere inteso come un motivo emblematico per studiarne e interpretarne la personalità e la concezione artistica. E, pur senza lanciarsi in eccessive generalizzazioni, la questione della vigilanza, analizzata nei due poeti, può contribuire a definire i cambiamenti intervenuti nel passaggio dagli ultimi decenni del Cinquecento ai primi tre decenni del Seicento, quando la vigilanza 'verticale' della censura e dell'Inquisizione passa da novità a pratica abituale, e di contro la vigilanza costituita dalla necessità di osservare la norma letteraria, specialmente aristotelica in relazione al poema, si attenua gradualmente.

Torquato Tasso

A Tasso si guarda generalmente come a un personaggio piuttosto remissivo, benché i documenti dicano spesso il contrario. Farò alcuni esempi utili a guardare sotto varie prospettive alla questione della vigilanza.

---

[1] Su alcune delle questioni affrontate in queste pagine è ora benvenuto il volume di Fingerle, *Lascivia mascherata*, esito ben più corposo delle occasioni (conferenze, convegni del gruppo di ricerca *Vigilanzkulturen* tra 2020 e 2022) in cui avevo presentato questo mio breve contributo.
[2] Fingerle/Mehltretter, Vigilanz.
[3] Riassumo i dati contenuti in Carminati, *Giovan Battista Marino tra Inquisizione e censura*.

Autovigilanza, spie, sospetti: la cultura vigilante come garanzia

In primo luogo, Tasso sembra maturare, a un certo punto della sua vita, una vera e propria ossessione nei confronti della vigilanza, tanto che essa si trasforma in autovigilanza: la pressione della vigilanza 'verticale' viene interiorizzata e si trasforma in vigilanza orizzontale e interna, attenzione estrema verso i moti del proprio pensiero e del proprio animo, che vengono confrontati con quanto *autorizzato*. Nel 1577 egli decise infatti di autodenunciarsi all'Inquisizione e di farsi esaminare dall'Inquisitore di Ferrara in materia di ortodossia religiosa. Quando venne assolto, pensò tuttavia di essere stato ingiustamente assolto, sulla base di motivazioni che oggi chiameremmo di infermità mentale, e non nel merito: cosa che lo convinse a formulare una supplica al Sant'Uffizio centrale per presentarsi a Roma al fine di ottenere un'assoluzione *intera*, ossia in materia di fede. Conviene rileggere la lettera:

> Ai Cardinali della Santa Inquisizione – Roma
> Torquato Tasso, umilissimo servitore di Vostre Signorie Illustrissime, entrò ne' mesi passati in fermissima opinione di essere stato accusato al Santo Uficio, perchè si accorse che *con sottili artificii* gli erano stati fatti tenere, fuor d'ogni sua intenzione, alcuni libri proibiti; oltre che il supplicante era consapevole a se stesso di aver dette con alcuni (che poi si scopersero suoi nemici, confidenti e dependenti da persone di molta importanza, da le quali è stato molto perseguitato) alcune parole assai scandalose, le quali poteano porre alcun dubbio di sua fede. Ora essendo il supplicante appresentato, fu assoluto *più tosto come peccante di umor melanconico, che come sospetto di eresia:* e chiedendo egli le difese, non gli furono concedute, ancorchè egli fosse esaminato intorno a punti importantissimi; perchè, come egli crede, il padre Inquisitore non volle spedir la sua causa acciochè il signor duca di Ferrara, suo signore, non si accorgesse *de le persecuzioni patite* dal supplicante nel suo Stato, volendo Sua Altezza voler vedere non solo i testificati, ma i nomi ancora di chi depone contra alcuno nel Santo Uficio; onde al fine per questa cagione, e per altra dependente da questa, il supplicante è stato fatto ristringere, come peccante di umor melanconico, e fatto purgare *contra sua voglia:* ne la qual purga temendo egli d'essere avvelenato, e temendo ancora, che non gli sia stata data qualche grave imputazione presso Sua Altezza, acciochè ella non si accorga de l'incertezza de la sentenza, supplica Vostre Signorie illustrissime che vogliano far sapere a Sua Altezza, acciochè essendo egli stato accusato, e per la sentenza data in Ferrara *non intieramente assoluto*, possa riavere la sua libertà, e uscire dal continuo sospetto de la morte e venirsene a Roma o dove rimarranno Vostre Signorie illustrissime d'accordo con Sua Altezza, a purgarsi, e a soddisfare al suo onore, e a la sua quiete; facendo egli sapere a Vostre Signorie illustrissime, che in questa sola certezza, che Sua Altezza abbia, de la verità, consiste la sua misera e insidiata vita. (Guasti I, 98)[4]

---

[4] Traggo il documento dall'edizione ancor oggi di riferimento per le lettere tassiane: Guasti, *Le lettere di Torquato Tasso*, vol. I, Firenze, num. 98, p. 254s. D'ora in poi indicherò le lettere con

In questo caso, la cultura vigilante diviene per Tasso un supporto, una norma a fronte della quale autoesaminarsi e confortarsi sul proprio pensiero in materia di fede. Il lessico della lettera è rivelatore: da un lato gli *artifici*, gli inganni dei persecutori che gli tolgono libertà e sicurezza, prima vigilandolo surrettiziamente e poi denunciandolo; dall'altro la cultura vigilante, retta, solida e giusta, di fronte alla quale Tasso può difendersi, recuperare libertà, serenità cortigiana e incolumità, grazie alla *verità*.[5]

In parallelo, Tasso scrive anche ad Alfonso II d'Este pregando appunto che gli siano "concesse le difese." Questa lettera è significativa perché apre una questione di ampio respiro nella cultura cinque-secentesca, dominata dal mezzo epistolare: quella della vigilanza postale.

> Dopo avere scritto a l'Altezza Vostra l'altra lettera la quale ho letta al padre priore, mi son risoluto di scriverle questa *di nascoso*; se ben non m'assicuro ch'ella possa capitar ne le sue mani, *che non sia prima aperta*. Le cagioni per le quali io sono entrato *in sospetto*, che non vogliano mettere alcun garbuglio ne la sentenza, son tante e così giuste, che quando l'Altezza Vostra le udirà, giudicherà ch'io non abbia *sospettato* fuor di proposito. Ma non mi risolvo che essi non abbiano proccurato di farmi *sospettare*, acciochʼio discenda a questo ove son disceso; cioè di pregar l'Altezza Vostra che mi si concedano le difese. (Guasti I, 102)

Tasso si sente costretto a scrivere di nascosto, rassegnato peraltro alla censura sulla sua posta, in quanto sospettato; e la ricorrenza (3 volte in 3 righe) di *sospettare* e derivati non fa che ritrarre più vividamente il clima quasi spionistico in cui il poeta crede di doversi muovere. Ancora una volta, quelle "difese", ossia la comparizione di fronte alla cultura vigilante ufficiale, sono l'unica possibilità di scardinare il sospetto e la vigilanza non autorizzata.

Il carcere tra vigilanza e carenza di vigilanza

Le lettere dal carcere di Sant'Anna mostrano l'evoluzione dell'ossessione tassiana per la vigilanza: da un lato, Tasso si mostra insofferente nei confronti della condizione di diretta perdita della libertà, dall'altro invoca la vigilanza nel momento in cui subisce, o crede di subire, eventi che dipendono dalla carenza di vigilanza e quindi di protezione. Si tratta di lettere celeberrime, che tuttavia ricevono nuova

---

Guasti, il numero romano del volume, il numero arabo della lettera. Salvo diversa indicazione, il corsivo, che impiegherò in tutto il saggio per sottolineare le espressioni legate alla vigilanza, è mio.
5 La vicenda è riesaminata con equilibrio da Corsaro, *Percorsi dell'incredulità*, p. 11–48, in particolare il § 1. *Tasso e l'inquisitore*. A p. 31 Corsaro parla opportunamente di "urgenza di sottomettere la sua coscienza al giudizio della Chiesa."

luce se guardate nella prospettiva della vigilanza e con attenzione al suo lessico. Il 10 novembre 1585, per esempio, il poeta scrive ad Enea Tasso, parente bergamasco, inviandogli denaro affinché lo custodisca; la stessa richiesta viene rivolta meno di un mese dopo (9 dicembre) a Scipione Gonzaga. In cella, infatti, esso non è sufficientemente protetto, a causa di misteriosi ladri:

> Le cose peggiorano molto; perciochè il diavolo, co 'l quale io dormiva e passeggiava, non avendo potuto aver quella pace ch'ei voleva meco, è divenuto manifesto ladro de' miei danari, e me gli toglie da dosso quand'io dormo, ed apre le casse, ch'io non me ne posso *guardare*. E quantunque abbia rubato discretamente, *non mi fido* che non voglia farlo del resto: però mando a Vostra Signoria l'avanzo de' danari donatimi [...]. E prego Vostra Signoria che m'avvisi d'averli ricevuti, e che faccia ufficio perch'io esca di mano del diavolo co' miei libri e con le scritture, le quali *non sono più sicure* de' denari. (Guasti II, 437)

> Mandai a Vostra Signoria illustrissima, queste settimane passate, cinquanta scudi d'oro, e moneta, perch'io *non li posso tener sicuri:* e credo che il signor Luca Scalabrino, al quale io gli diedi, li manderà a buon ricapito. Non dico altro, se non ch'in questa camera c'è un folletto c'apre le casse e toglie i danari, benchè non in gran quantità; ma non così piccola, che non possa scomodare un povero come son io. (Guasti II, 448)

Le presenze soprannaturali (diavoli, folletti) che Tasso evoca anche in altre lettere svelano una condizione ambigua e fluida, in cui il carcerato non si sente al sicuro neppure in prigione; viene infatti ricordata la situazione per eccellenza di perdita di vigilanza, quella del sonno. Si noti che l'impossibilità di *guardarsi* dai furti, cioè di vigilare sui propri averi, va al di là dell'effettivo danno economico ricevuto: chi ruba, lo fa al momento parcamente, a poco a poco; ma Tasso ha timore che il furto di denari si trasformi ben presto in furto di *scritture*, sottraendole alla vigilanza d'autore.

Vigilare sui testi: la revisione romana della *Gerusalemme liberata*

Sul piano letterario, la più importante testimonianza della relazione complessa che Tasso instaura con la vigilanza è costituita dalle lettere poetiche, che seguono giorno per giorno il procedere della cosiddetta 'revisione romana' della *Gerusalemme liberata*. Si tratta, ancora una volta, di un volontario sottoporsi alla vigilanza su più piani: quello del rapporto tra letteratura e storia, quello dell'osservanza – e non è un termine che uso a caso – delle regole del poema, quello morale e religioso, data la presenza entro il novero dei revisori del futuro cardinale Silvio Antoniano, poi consultore e membro della Congregazione dell'Indice. Tasso si mostra disponibile ad adeguarsi ai consigli e alle pressioni dei revisori, ma non tanto da rinunciare alle principali istanze della sua personalità artistica. Le lettere poetiche sono la prova limpida e commovente di una lotta tra libertà artistica e norma, e della vigilanza che Tasso stesso impone al suo testo dopo – e non prima: ed è precisazione importante – averlo composto. La disponibilità all'esame da parte dei rappresentanti del controllo avviene in un secondo momento rispetto alla stesura, e anche per questo la posizione di Tasso risulta spesso stridente, espressione di un dissidio. Emblematica per questo aspetto è la lettera del 1° ottobre 1575 a Scipione Gonzaga, in cui Tasso guarda il poema a posteriori e constata una tragica discrasia:

> Forse a questa particolare istoria di Goffredo si conveniva altra trattazione; e forse anco io non ho avuto tutto *quel riguardo che si doveva al rigor de' tempi presenti*, et al costume ch'oggi regna nella corte romana: del che è buon tempo ch'io vo dubitando; et ho temuto talora tant'oltre, che ho desperato di potere stampare il libro senza gran difficultà. (*Lettere poetiche*, XXVII)[6]

È come se Tasso avesse composto il poema in tempi che riteneva più liberi, giungendo poi progressivamente alla consapevolezza di un *rigore* che gli era sfuggito.[7] Da tempo, scrive, *va dubitando* di tale costume, segnatamente a Roma; e il dubbio si trasforma in una progressiva e disperata certezza che il poema non possa essere stampato. Le *difficultà*, infatti, si dispiegheranno nello stesso 1575 e ancora per tutta la primavera successiva, sino al fallimento della revisione e alla decisione di non andare in stampa.

Il percorso, però, è tutt'altro che lineare: gli umori si alternano nelle lettere, tra spinte e controspinte, fiducia e rassegnazione, orgogliose rivendicazioni di competenza e di autonomia e ricerche di espedienti che possano aggirare quel *rigore*. Prendiamo a esempio la lettera XXXIV (al Gonzaga, 11 febbraio 1576). In un primo paragrafo (il 6 dell'ed. Molinari), Tasso gioca sul conflitto di poteri della cultura vigilante, opponendo (com'era consueto, e come abbiamo già visto al principio di questo saggio) inquisitore a inquisitore, ossia da un lato l'Antoniano,

---

6 L'edizione di riferimento è Tasso, *Lettere poetiche*: di seguito citerò il numero romano della lettera e, eventualmente, la paragrafatura della curatrice Molinari. Per una ricognizione complessiva della revisione romana cfr. Bocca, *Le 'Lettere poetiche'*.
7 Un rigore, va detto, che si era acuito proprio in quegli anni, secondo Gigliola Fragnito per iniziativa soprattutto del domenicano ferrarese Paolo Costabili: la sua figura è al centro del volume della medesima *Rinascimento perduto*; ma cfr. anche il precedente, più agile saggio centrato su Tasso: Fragnito, Torquato Tasso, Paolo Costabili, poi ripreso dal già citato Corsaro, *Percorsi dell'incredulità*. Nulla aggiunge Benedetti, Le ragioni della poesia, che analizza la lettera di Tasso ad Antoniano (*Lettere poetiche*, XXXVIII).

dall'altro un "frate" incaricato "di porre al vaglio della censura ecclesiastica i libri da pubblicare"[8]:

> Mi dispiace la tardità del signor Antoniano, et anco *il rigore*. Credo che Vostra Signoria voglia intendere ch'egli sia *rigoroso in quel ch'appartiene all'Inquisizione:* e certo, se così è, io crederei che *con minor severità* fosse stato revisto il poema dal medesimo Inquisitore [...]. Ma io farò un bel tratto: ch'io *non mostrarò al frate quelle censure le quali mi parranno troppo severe; ma gli mostrarò semplicemente, senza dirli altro, i versi censurati; e s'egli li passerà come buoni, io non cercherò altro*. (*Lettere poetiche*, XXXIV)

Antoniano, che è un revisore 'ufficioso', si mostra cioè più rigoroso di quanto non lo sarebbe un Inquisitore ufficiale; di qui il desiderio di Tasso di non rivelare all'incaricato ufficiale, il "frate", le censure di Antoniano, limitandosi a sottoporgli i nudi versi: se la cultura vigilante *ufficiale* non troverà nulla da dire, la questione sarà chiusa e Antoniano risulterà zittito dalla medesima istituzione cui si ispira.

Nel paragrafo appena citato, Tasso avanza un distinguo molto importante. Antoniano non è, o meglio non dovrebbe essere, rigoroso *tout court*, ma solo *in quel ch'appartiene all'Inquisizione*, cioè nelle materie dottrinali e morali. Nel seguito della lettera (§ 8), infatti, Tasso si mostra risentito perché Antoniano pretende di sconfinare dal suo terreno, estendendo il suo rigore *in quel ch'appartiene* all'arte poetica:

> Non mi piacerebbe anco molto, che questo *rigor* del signor [Antoniano] *si stendesse all'arte poetica* [...]. Questo dico per dubbio ch'egli ancora non voglia mostrar più tosto acume d'ingegno *nelle mie cose*, ch'una certa gravità e realtà di giudizio. Per questa medesima ragione non mi curo [...] di sapere tutto quello che sarà *abbaiato da i bottoli ringhiosi*, non ch'io voglia occuparmi in rispondere loro. (*Lettere poetiche*, XXXIV)

Con tono ironico e livore verso i *botoli* che *abbaiano*, Tasso rivendica a sé la giurisdizione dell'arte poetica: "le *mie* cose."

Di fatto, però, anche il solo *rigore* morale rappresenta un problema per Tasso, perché quella vigilanza troppo accentuata si rivela pronta a espungere dal suo poema i tratti da lui più amati. Il poeta allora mette in atto una doppia strategia. Anzitutto, cerca rifugio nella protezione della tradizione letteraria, facendo appello alla consuetudine e alla licenza poetica, che ha ormai reso innocue e trite certe espressioni. Celeberrima la lettera XI, con cui Tasso risponde alle accuse dell'An-

---

[8] L'interpretazione del brano non è univoca, e le note di Molinari in questo tratto (da cui proviene la citazione tra virgolette, Tasso, *Lettere poetiche*, p. 310) sono particolarmente fumose: di seguito la ricostruzione che ritengo più probabile.

toniano rivolte al canto IV, e in particolare alle lodi tributate ad Armida da Eustazio, che la appella creatura divina:

> Donna, se pur tal nome a te conviensi etc." [*GL*, IV, 35] Ben si pare che l'avertimento vien da Roma, e par che *senta ancora un non so che del Collegio germanico* [cioè, provenga dall'Antoniano]. [...] Il poeta deve esprimere et *imitare in Eustazio il costume et il parlare de' giovani o amanti o proni all'amore:* a' quali apparendo nova bellezza e maravigliosa, sono rapiti dall'affetto a dir cose sovra la lor credenza, a chiamare il luogo dove loro appare la donna paradiso e lei dea: non già perché così veramente credano, ma perché la grandezza dell'affetto e l'uso e l'adulazione amorosa ricercano parole smoderate et iperbolice. [...] I poeti dicono:
>
> In dea non credev'io regnasse morte [RVF 311]
> Angioletta gentil di paradiso [RVF 109]
> Esser credea nel ciel [RVF 126]
> E 'l core in paradiso [RVF 325]
>
> *Né però son messi all'Inquisizione:* anzi *l'uso ha tanto ammolliti* i nomi et i concetti sì fatti, che d'essi non si può argomentare altro che l'opinione d'un'eccellente e singolar bellezza. O dunque Eustazio la crede un angiolo o parla con l'iperbole amorosa: Diana o Venere non se la pensò mai egli, per quanto m'ha giurato a fé di cavaliero. (*Lettere poetiche*, XI, §§ 3–8)

Le iperboli amorose sono, appunto, *ammollite dall'uso*, e non vanno dunque intese letteralmente: con ironia, Tasso ricorda che Eustazio gli ha *giurato a fé di cavaliero* di non considerare davvero Armida una dea o un angelo. Per giustificare tali iperboli, Tasso cita quattro versi petrarcheschi, con l'intenzione di sdoganare le proprie espressioni facendo ricorso a una tradizione letteraria *autorizzata* e dunque *autorizzante*. La questione non è morale, ma *poetica:* Eustazio è giovane e incline all'amore, perciò è indizio di *buona imitazione* riportarne le parole iperboliche, tipiche di tutti gli amanti. Ancora una volta, Tasso rivendica a sé la giurisdizione della poetica.

Constatato il persistere delle difficoltà, Tasso rinuncia ad ogni argomentazione, ideando invece una strategia di (parziale) *aggiramento* della vigilanza. Se la stampa del poema così come è scritto non può essere autorizzata, si procederà a una doppia edizione: la stampa autorizzata porterà i sanguinosi tagli imposti dai revisori, ma un manipolo di esemplari resterà integro e sarà destinato a una circolazione privata. Così, le stanze censurate, che sono anche *le più belle*, troveranno sopravvivenza:

> Se ben con licenza de gli Inquisitori potrei lasciare scorrere molte delle cose notate da lui [Antoniano], voglio però in gran parte sodisfare alla sua conscienza, non solo alla mia. E certo il mio disegno è di fare, se non tanto quanto desidero ch'a lui si prometta, almeno molto più che non sarà comandato da gli Inquisitori; peroché non lascerò parola o verso alcuno di quelli ch'a lui paiono più scandalosi. Accomodarò l'invenzione del mago naturale a suo gusto;

> rimoverò dal quarto e dal sestodecimo quelle stanze che gli paiono le più lascive, *se ben son le più belle*; e perché *non si perdano* a fatto, *farò stampare dupplicati* questi due canti: e *a diece o quindici al più de' più cari e intrinseci padroni miei darò gli canti intieri; a gli altri, tutti così tronchi, come comanda la necessità de' tempi.* (*Lettere poetiche*, XLIV, a Scipione Gonzaga, 24 aprile 1576, §§ 12–13)

In questo conflitto irrisolto tra cultura vigilante e resistenza tassiana va letto il motivo dell'interruzione improvvisa della revisione romana, nella primavera del 1576, e dell'abbandono del progetto di pubblicazione da parte di Tasso. La sopravvivenza delle carte inviate in occasione della revisione, e dunque dei canti *intieri*, ha di fatto garantito che *quelle stanze* non siano andate perdute.

Ho insistito, poco sopra, sul fatto che lo scontro con la cultura vigilante sia avvenuto *dopo* l'ideazione del poema. Pure applicata in un secondo momento è la tecnica dell'allegoria, che confluì in un testo divenuto celebre, l'*Allegoria del poema* appunto, a partire dalla prima edizione curata da Febo Bonnà (Ferrara, Baldini, 1581). La lettera poetica XLVIII non lascia dubbi sul fatto che anche la complessa interpretazione allegorica della *Liberata* sia una conseguenza del *rigore dei tempi*, un *escamotage* che Tasso giudica persino risibile:

> Io, per confessare a Vostra Signoria Illustrissima ingenuamente il vero, quando cominciai il mio poema *non ebbi pensiero alcuno d'allegoria*, parendomi soverchia e vana fatica. [...] Ma poi ch'io fui oltre al mezzo del mio poema e che *cominciai a sospettar della strettezza de' tempi*, cominciai anco a pensare all'allegoria come a cosa ch'io giudicava dovermi assai *agevolar ogni difficultà*. (*Lettere poetiche*, XLVIII, §§ 1–3)

Il tono serio di questa lettera a Scipione Gonzaga è bilanciato da quello, decisamente più familiare e ironico, impiegato in una lettera che non fa parte del *corpus* delle *poetiche*, diretta a Luca Scalabrino:

> *Stanco di poetare, mi son volto a filosofare*, ed ho disteso minutissimamente l'Allegoria non d'una parte ma di tutto il poema; di maniera che in tutto il poema non v'è nè azione nè persona principale che, secondo questo nuovo trovato, non contenga maravigliosi misteri. *Riderete leggendo questo nuovo capriccio*. Non so quel che sia per parerne al Signore [Antoniano] e al signor Flaminio ed a cotesti altri dotti romani; ché non per altro, a dirvi il vero, l'ho fatto, se non per dare pasto al mondo. Farò il collo torto, e mostrerò ch'io non ho avuto altro fine che di servire al politico; e *con questo scudo cercherò d'assicurare ben bene gli amori e gl'incanti*. (Guasti, I, 76)

Con beffarda ironia, Tasso sostiene di essersi dato alla filosofia, stanco com'era di poetare, e di aver ideato un nuovo capriccio nella speranza di ingannare i *dotti romani*. All'epoca della composizione dell'*Allegoria*,[9] l'intento è quello di creare uno *scudo* che protegga *ben bene* le ottave e gli episodi cui il poeta era più affezionato, gli amori e gli incanti, cui la cultura vigilante più si applicava.

Perdita di vigilanza

Le lettere appena citate mostrano una forte vigilanza da parte di Tasso sul proprio poema, che egli protegge facendo ricorso agli *scudi* che ritiene più resistenti: quello della tradizione letteraria, quello dell'interpretazione allegorica, quello dell'occultamento dei testi 'scomodi' entro una cerchia ristretta di sodali. Ma, come sappiamo, di lì a poco quella lucida e combattiva attitudine sarà messa a tacere dalla carcerazione ferrarese, la manifestazione più diretta di vigilanza che Tasso si trovò a subire. Ancora al 1576, però, risale un evento su cui si riflette ancora poco negli studi critici e che è la causa di uno dei più intricati casi filologici della letteratura italiana, ossia la *perdita di vigilanza* sulla propria poesia. Già pochi mesi dopo l'interruzione della revisione romana, infatti, Tasso riceve notizia che il suo poema si sta stampando, e mette in atto allora, grazie al duca Alfonso che diffonde l'ordine in tutta Italia, una *strategia di vigilanza* atta a bloccare la stampa del poema. La cultura vigilante, in questo momento, viene in soccorso del poeta che non può più vigilare direttamente sul suo poema:

> Essendo stata *rubata* al Tasso servitore del Sig. Duca di Ferrara una opera composta da lui; e non ad altro effetto che per istamparla *contra la volontà sua*, poiché non è anco ridotta a perfezione: Vostra Signoria *proibirà* alli stampatori di costì, che non la debbano stampare, ed ai librari di non poterla vendere, in evento che già fusse stampata, facendo ponere da banda e conservare tutte le copie, che vi fussero d'essa, *eccetto una*, la quale manderà subito in mano del prefato Sig. Duca: e se per sorte ne fusse stata dispensata alcuna, *ordinarà* che sia restituita, e riposta fra l'altre, dandone poi avviso; che così è mente di Sua Beatitudine. Di Roma 8 dicembre 1576.[10]

Pierantonio Serassi e Celestino Cavedoni hanno pubblicato numerosi documenti, che vanno da un decreto della Repubblica di Genova, a una lettera di Alfonso II a Ottavio Farnese, sino alla appena riprodotta lettera circolare del nipote del pontefice (Gregorio XIII), il cardinale di San Sisto Filippo Boncompagni, ai governatori dello stato della Chiesa; e ancora, a una risposta di Fabio Mirto Frangipani, Go-

---

9 La posizione tassiana mutò negli anni successivi, e segnatamente nel *Giudicio*: cfr. l'efficace riepilogo, anche delle posizioni della critica, di Fingerle, *Lascivia mascherata*, Introduzione e note 13–17; e cfr. soprattutto il cap. 1, Tasso e l'allegoria come strumento di riscrittura.
10 Serassi, *Vita*, vol. I, p. 271.

vernatore di Bologna, che di lì a pochi mesi sarebbe divenuto Maestro del Sacro Palazzo, ossia autorità sulle licenze di stampa a Roma. L'intera macchina della cultura vigilante si muove in questo caso per impedire la pubblicazione del poema[11], con l'obbligo di conservare le eventuali copie già tirate, di ritirare quelle eventualmente già distribuite, e soprattutto di inviarne una al duca di Ferrara, cioè a Tasso stesso, per *vigilare* sull'operato degli stampatori pirata e controllare il testo.

Durante la carcerazione ferrarese, sin dai primi mesi (1579), il mondo editoriale finirà però per appropriarsi dei versi non licenziati da Tasso incominciando a pubblicarli, in edizioni dapprima parziali, poi integrali, curate più o meno attentamente da varie figure vicine e meno vicine a Tasso (come Angelo Ingegneri). I manoscritti che Tasso aveva incautamente affidato a Scipione Gonzaga e ad altri per gestire la revisione per via epistolare vengono sottratti al controllo dell'autore e dati in pasto al pubblico.[12] E se prima della carcerazione Tasso aveva potuto far intervenire il duca per bloccare la pubblicazione, dal carcere ogni intervento diventa impossibile. Ogni velleità di vigilare sulle proprie carte viene vanificata, e Tasso si ritrova libero nel 1586 con una fama costruita su un poema che non aveva mai licenziato, e che si mette subito all'opera per riscrivere. L'esito di questo estremo desiderio di vigilanza sulla propria opera sarà la *Gerusalemme conquistata*, poema poco fortunato e ancor meno letto, che esibisce sul frontespizio non solo il nome del cardinal nepote del papa Clemente VIII, Cinzio Aldobrandini, ma anche quel privilegio chiesto tanti anni prima:

> In Roma, M.D.XCIII. Presso a Guglielmo Facciotti. Con Privilegi di N.S. della Serenissima Republica di Vinetia, et di tutti gli altri Principi d'Italia.

Sebbene nel poema riformato siano visibili le tracce delle ampie letture bibliche, patristiche e religiose fatte durante la carcerazione, è stato dimostrato dagli studi recenti come queste nuove tessere convivano con i riferimenti 'profani', poiché Tasso conserva spesso proprio le ottave più tormentate durante la revisione romana.[13] Su questa base, appare definitivamente da dismettere l'etichetta di 'poema della Controriforma' applicata alla *Conquistata*, soprattutto quando con quell'etichetta si voglia intendere il poema come una palinodia della *Liberata* sfuggita al controllo dell'autore.

---

[11] I documenti sono pubblicati in Serassi, *Vita*, vol. I, p. 269–271. Per la lettera del Frangipani cfr. [Cavedoni], *Continuazione, Appendice ai sonetti inediti di Torquato Tasso*, p. 69–71.
[12] Cfr. tra i più recenti studi, con bibliografia pregressa, Russo, A ritmo di corrieri e Id., Una lettera di Scipione Gonzaga.
[13] Cfr. Ghidini, *Tasso tra* Liberata *e* Conquistata.

Questo della palinodia è un tema che si presta particolarmente a essere guardato dall'ottica della perdita di vigilanza: come si comporta un poeta nei confronti di testi che ha diffuso e licenziato in una certa età, e che non condivide più in un'età successiva? Come ha ricordato Franco Tomasi in una recente conferenza sull'esegesi petrarchesca,[14] anche Petrarca viene visto dai commentatori come colui che, nell'impossibilità di "spegnere" (questo il termine che usa Giovan Battista Gelli in una delle lezioni accademiche tenute nell'Accademia Fiorentina)[15] la fama dei sonetti amorosi giovanili, ne compone in tarda età altri da affiancare ad essi, a partire dal proemio ai *Rerum Vulgarium Fragmenta*, con cui intende insegnare ai lettori a schivare le passioni che negli altri sonetti aveva invece celebrato. È solo un esempio tra i tanti di come la questione della vigilanza sui propri testi condizioni l'esegesi di un autore.

Giovan Battista Marino

Parlare del motivo della vigilanza per Giovan Battista Marino comporta un notevole cambiamento di prospettiva: si tratta, del resto, di un poeta passato alla storia letteraria per la celebre frase contenuta in una lettera a Girolamo Preti:

> Intanto i miei libri, che son fatti *contro le regole*, si vendono dieci scudi il pezzo a chi ne può avere; e quelli che son regolati, se ne stanno a scopar la polvere delle librarie. Io pretendo di saper le regole più che non sanno tutti i pedanti insieme, ma la vera regola (cor mio bello) è saper *rompere le regole a tempo e luogo, accomodandosi* al costume corrente et al gusto del secolo. Iddio ci dia pur vita, che faremo presto veder al mondo se sappiamo ancor noi *osservar* queste benedette regole e cacciar il naso dentro al Castelvetro. (G 216)[16]

Sono parole che dicono di una sfida alla comunità dei letterati, con la quale pure Marino costantemente si confronta, dichiarando di conoscere le regole, di saperle all'occorrenza *osservare*, ma di volerle *rompere* per risultare più moderno e più gradito al pubblico. Si tratta di una posizione che ha qualcosa di paradossale: mentre si rifugge da un tipo di vigilanza, infatti, ci si *accomoda* ad un altro, quello del gusto corrente.

---

14 Franco Tomasi, Petrarca in Accademia. Il Canzoniere nelle accademie del Cinquecento, al convegno *L'esegesi petrarchesca e la formazione di comunità culturali*, Berlin, Freie Universität, Italienzentrum, 18–19 febbraio 2021. Questa parte della conferenza non è confluita nel contributo a stampa Tomasi, Forme e funzioni.
15 Lezione seconda, in Gelli, *Tutte le lettioni*, p. 53.
16 L'edizione di riferimento per le lettere mariniane è Marino, *Lettere*. D'ora in poi citerò le lettere con la sigla G seguita dal numero della lettera.

Una sfida, questa volta sul piano dell'*imitatio*, è contenuta anche nell'altra celebre dichiarazione mariniana sul rapporto con la tradizione, contenuta nella IV lettera prefatoria alla *Sampogna*,[17] quando Marino afferma che gli occhiuti critici che lo accusano di furto poetico non arrivano a navigare nel mare dove lui pesca e "traffica": l'accortissimo impiego della tradizione letteraria meno battuta si trasforma in una sfida alla cultura dei suoi detrattori, alla cui vigilanza Marino è sicuro di sfuggire, come un ladro che la fa franca.

Vigilanza diretta: il carcere e l'Inquisizione

Ma andiamo con ordine. Sul piano biografico, mi preme sottolineare il diverso atteggiamento di Marino, rispetto a Tasso, nelle circostanze di vigilanza diretta, ossia durante le prigionie e durante il processo inquisitoriale. Da un lato, sul piano letterario, notiamo un atteggiamento di sfida, affidato a scritture destinate a una circolazione privata e pubblicate postume. Dall'altro, sul piano dell'incolumità personale, Marino adotta reiteratamente una soluzione drastica: la fuga.

Dal carcere napoletano, Marino scrive un capitolo in terza rima intitolato *Il Camerone*, ove la sua vena burlesca si scatena, equamente divisa tra allusioni irriverenti al sacro e allusioni oscene.[18] Dalla ben più dura carcerazione torinese (imposta da Carlo Emanuele I, che al contempo lo stava di fatto proteggendo dall'Inquisizione), Marino scrive una lettera burlesca a Lodovico d'Aglié in cui, con una spavalderia e un'oltranza incredibili, paragona le proprie sofferenze a quelle di Cristo.[19] Entrambe le composizioni vengono iscritte nell'*Indice dei libri proibiti* il 12 aprile 1628 (solo tre anni dopo la morte del poeta, nella seconda 'tornata' di proibizioni di opere mariniane).[20] Dalla prigionia, in altre parole, Marino si fa beffe non soltanto della vigilanza in essere, quella del carcere, ma anche della cultura vigilante della censura libraria, che sfida sia sul terreno della ridicolizzazione del sacro, sia su quello dell'oscenità: violazioni di *regole* precise dell'*Index librorum prohibitorum*.

---

17 Marino, *La Sampogna*, p. 52.
18 *Il Camerone. Prigione horridissima in Napoli ove fu carcerato il Cavalier Marino* risale al 1598 e venne pubblicato postumo nel 1626 nella silloge *Il padre Naso*, Parigi, Eredi di Ambram Pacardo.
19 La burlesca al D'Aglié, datata al 1612, ebbe una cospicua circolazione manoscritta e fu poi pubblicata nella medesima raccolta citata alla nota 18. Sulle circostanze della composizione e sui toni cfr. Carminati, *Giovan Battista Marino tra Inquisizione e censura*, cap. III e Carminati, Pubblico e privato.
20 Cfr. Prospetto delle opere mariniane messe all'Indice, in Carminati, *Giovan Battista Marino tra Inquisizione e censura*, p. 385.

Sul piano dell'incolumità personale, quando si accorge che la tenaglia del Sant'Uffizio si sta stringendo intorno a lui, Marino fugge due volte. Prima, a gennaio del 1610, si allontana da Ravenna, che era nello stato pontificio, certamente con il beneplacito del suo protettore Pietro Aldobrandini, e si sistema a Torino, sfruttando la fama e la calorosa accoglienza ricevuta negli anni precedenti dal duca di Savoia, cui aveva dedicato il *Ritratto* (1608) e che lo aveva creato Cavaliere dei SS. Maurizio e Lazzaro.[21] Per dare la misura delle circostanze in cui si trovava il poeta, è utile rileggere un'importante testimonianza esterna portata alla luce da Giorgio Fulco:

> L'improvvisa e subita cattura del Marino, che V.S. mi avisa esser seguita in Ferrara, mi parve incredibile, perché circa le feste di Natale era in Bologna, ove disse ad un mio amico, che voleva partire per Savoia: altri dicono sia stato preso altrove, una è, che *sta alle strette*. L'ordine espresso che gli fusse *tagliata la testa* presuppone grave delitto, né mi so imaginare la qualità, nisi de libellis. Che l'Inquisitione lo voglia in Roma p(rim)a che si esseguisca l'ordine, è meglio per il suo capo; *chi ha tempo ha vita* [...]. L'imputationi attinenti all'Inquisitione devono forsi essere di quelle che egli tocca, et ne fa sciocca protesta nell'*imprudente* lettera scritta al Seren(issi)mo di Savoia contro il Murtola. [Giovanni Zaratino Castellini a Camillo Cittadini, di Faenza, 12 gennaio 1610][22]

Quando anche a Torino le cose si mettono male, prima con la carcerazione, poi con la pressione sempre più insistente del Sant'Uffizio, che impone gli arresti domiciliari in casa del cardinale Maurizio di Savoia, mentre il processo viene portato avanti dal nunzio pontificio, ancora una volta Marino decide di fuggire, questa volta in terra franca: si sposta, viaggiando d'inverno e senza credenziali, forse al seguito di una compagnia teatrale, verso Parigi, dove in tempi brevissimi riuscirà a farsi accogliere e soprattutto a guadagnarsi una cospicua pensione. La moneta che Marino spende in cambio di rifugio e protezione, anche in questo caso, è la poesia: ancora per strada (a Lione, 1615), pubblica *Il tempio*, panegirico di Maria de' Medici, dedicandolo alla moglie del potentissimo maresciallo d'Ancre Concino Concini, Leonora Dori Galigai.[23]

Con altrettanta disinvoltura Marino riuscirà, nel 1617, a superare le traversie, potenzialmente letali, legate alla disgrazia e all'assassinio del Concini. In quella circostanza, la rete di vigilanza che a Torino era risultata opprimente, quella della nunziatura, si trasforma in un nido protettivo: il nunzio e futuro cardinale Guido Bentivoglio protegge il poeta e orchestra la stesura di un opuscolo antiugonotto, la *Sferza*, con cui Marino si ingrazia il nuovo re Luigi XIII e il suo nuovo favorito

---

21 Cfr. ibid., cap. II.
22 La lettera si legge in Fulco, Contributi mariniani, I.2, p. 384–389.
23 Cfr. Carminati, *Giovan Battista Marino tra Inquisizione e censura*, cap. IV.

Charles de Luynes.[24] 'Disinvoltura' nei confronti della rete di contatti da osservare significa anche capacità di ripescare, entro un poema di 5000 ottave, l'ottava di dedica a Concini, riscrivendola per il Luynes:[25]

[dedica a Concini, 1616]	[a Luynes, 1623]
E te, di Flora bella inclito figlio,	O del Rodano altero inclito figlio,
per cui di gloria il Gallo impenna l'ali,	per cui di gloria il Gallo impenna l'ali,
Signor degno di scettro il cui consiglio	signor degno di scettro, il cui consiglio
volge la chiave de' pensier reali,	volge la chiave de' pensier reali,
il cui sommo valor dall'aureo giglio	il cui sommo valor farà dal giglio
fé spesso pullular palme immortali,	sovente pullular palme immortali,
prego intanto m'ascolti e sostien ch'io	dritto fia ben che d'ogni gioia colmo
intrecci alle tue palme il lauro mio.	stringa sì bella vite un sì degn'olmo. –
(*Adone 1616*, ms. Ital. 1516 BNF, c. I, 6)	(*L'Adone*, XI, 90)

Intercambiabilità più smaccata non potrebbe esservi: la ricerca di protezione nasconde in realtà una profonda rivendicazione della libertà del comporre e della individualità del poeta.

Aggirare la vigilanza: intermediari e protettori

Nei confronti della cultura vigilante, e intendo qui sia la macchina del Sant'Uffizio, che si dirige contro la sua persona, sia quella della censura libraria, che si dirige contro le sue opere, Marino adotta un atteggiamento costante: quello di tentare di aggirarla. Delle fughe si è già detto. Pari rilevanza hanno le pratiche con la famiglia Ludovisi, dopo l'elezione al soglio pontificio di Gregorio XV, per realizzare quello che fu il costante desiderio del Marino: ritornare a Roma in condizioni di tranquillità e godersi la gloria poetica e le ricchezze accumulate in Francia (spese per lo più in libri e opere d'arte). Di fatto, il tentativo di Marino fu quello di rientrare a Roma "come papalino", ottenendo, se non di essere assolto, almeno di essere "spedito" con poco danno dall'annoso processo: usare il massimo rappresentante della cultura vigilante per liberarsi dal procedimento avviato dalla medesima cultura vigilante. Non ci riuscirà, perché il papa morirà pochissimi giorni dopo il suo ritorno, e appena iniziato il papato di Urbano VIII Marino sarà condannato all'abiura *de levi* (9 novembre 1623).[26]

---

24 Cfr. Carminati, Note per la 'Sferza'.
25 La riscrittura è stata messa in rilievo e commentata da Russo, L'Adone a Parigi, p. 273–278.
26 Per le pratiche coi Ludovisi cfr. Carminati, *Giovan Battista Marino tra Inquisizione e censura*, cap. V, in part. p. 162–168.

Per quanto riguarda la censura, gli episodi che testimoniano il desiderio di Marino di attenuarla o di aggirarla non si contano, così come i componimenti che di fatto egli riuscì a far circolare stampati prima di ricevere l'attenzione delle istituzioni preposte alla vigilanza (una certa lassità di funzionamento è stata da più parti segnalata, da ultimo nei lavori di Gigliola Fragnito e soprattutto di Marco Cavarzere).[27] Significativo mi pare un episodio del 1603, precedente al processo inquisitoriale, riguardante un fallito tentativo di censura della canzone *Amori notturni* (*Quando stanco dal corso, a Theti in seno*), pubblicata l'anno prima nella seconda parte delle *Rime* (Venezia, Ciotti, 1602). La vicenda è ricostruibile[28] grazie a una lettera di Paolino Bernardini, al servizio della famiglia Aldobrandini, a Offredo Offredi, nunzio pontificio a Venezia:

> Illustrissimo e Reverendissimo signor e Padron Osservandissimo
> Il Ciotti libraro costì ha scritto al signor Giovan Battista Marini che cotesto Inquisitore non vuole *permettere* che le suoi [sic] rime si ristampino in quella forma che già tante volte *senza dificultà* sono state stampate, ma pretende che si tolga via una Canzone di amori notturni. Or dispiacendoli ciò sommamente, e parendoli che il favore di Vostra Signoria Illustrissima possa *defendere* questo parto del suo ingegno da chi così *crudelmente* pretende stropiarlo, informato della servitù che tutta la casa nostra professa alla sua persona, ha pensato ch'io possa essere buono a *raccomandare* a Vostra Signoria Illustrissima questo suo interesse, che però me n'ha gravato con molta instanza. Io ho preso volentieri l'assunto, sapendo che per la sua natural benignità e per la cognizione che ha lei medesima del merito di questo soggetto, canonizzato ultimamente col giudizio del signor Cardinale, che così favoritamente l'ha tirato al suo servizio, con poca fatica si lascerà persuadere a favorir il negozio vivamente con quei mezzi che dal Ciotti (al quale si dà cura di trattar con lei) li saranno proposti; e così, oltre al servizio che sicuramente vengo a fare a l'amico, mi satisfaccio ancora di ricordar a Vostra Signoria Illustrissima la mia servitù, la quale non potendosi nutrire, per insufficienza mia, di quelli ossequii che da me si deveriano, ha bisogno di questi fomenti acciò non resti estinta nella memoria di Vostra Signoria Illustrissima, alla quale facendo reverenza bacio reverentemente le mani.
> Di Roma alli 19 luglio 1603
>   Di Vostra Signoria Illustrissima e Reverendissima
>   Devotissimo ed obbligatissimo servitore
>   Paolino Bernardini[29]

Conviene commentare brevemente questo prezioso documento, con l'aiuto di uno schema.

---

27 Cfr. Fragnito, *Rinascimento perduto*; Cavarzere, *La prassi della censura*.
28 Riprendo e amplio le considerazioni svolte in Carminati, *Giovan Battista Marino tra Inquisizione e censura*, p. 12–14.
29 Ibid., p. 13.

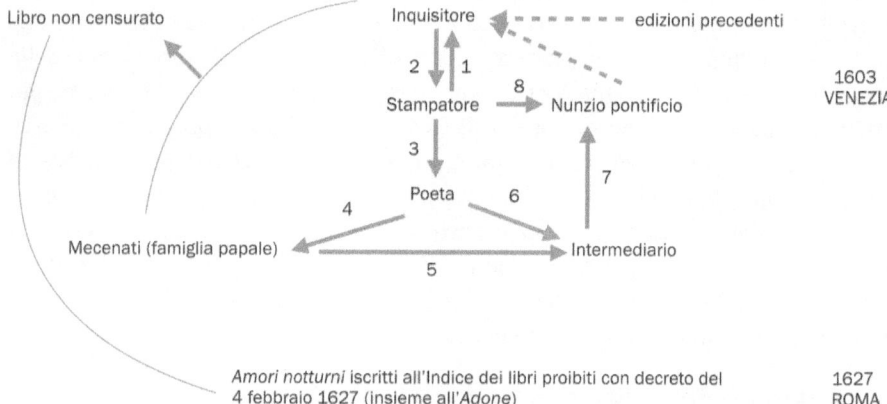

Lo stampatore (Giovan Battista Ciotti), desideroso di ristampare già l'anno successivo la fortunatissima raccolta mariniana, sottopone (1) il volume alla vigilanza dell'Inquisitore, il quale segnala (2) un componimento da espungere. Lo stesso stampatore ne dà notizia (3) all'autore, il quale mette in moto la macchina dei suoi protettori (gli Aldobrandini: 4, 5, 6) per neutralizzare la macchina della censura. Il nunzio Offredi, certamente sensibile a una richiesta (7) che giungeva direttamente dalla famiglia papale, potrà dunque agire sull'Inquisitore (linea tratteggiata), secondo le direttive dello stampatore medesimo (8). Si tratta, come è possibile vedere dalle frecce, di una procedura molto articolata, in cui si riconoscono alcune tendenze già evidenziate per Tasso, segnatamente l'intervento dell'autore (che intenderei anche come intervento diretto sulla lettera da scrivere, in particolare nella frase sul "parto dell'ingegno" "crudelmente storpiato", così tipicamente mariniana: 6), e il ricorso al pregresso, cioè a precedenti edizioni già sottoposte alla vigilanza e licenziate ("già tante volte *senza dificultà* sono state stampate", linea tratteggiata): il giudizio più morbido o la distrazione di chi ha vigilato in precedenza diviene un argomento a favore di ulteriore morbidezza, così come per Tasso il ricorso alla tradizione legittimava alcune scelte retoriche e contenutistiche. Il componimento già 'attenzionato' nel 1603 verrà in effetti condannato, ma solo dopo la morte del poeta (il 4 febbraio 1627, insieme all'*Adone*), di fatto circolando indisturbato per 25 anni.

In altri casi Marino impiega altri intermediari, come quando chiede l'intervento del poeta Alessandro Tassoni per evitare che fosse "riformato" dagli Inquisitori il panegirico a Carlo Emanuele di Savoia.[30] Tassoni, d'altra parte, sarebbe autore cui estendere efficacemente l'indagine sulla questione della vigilanza,

---

30 Cfr. la lettera G 58 risalente al 1609.

prendendo le mosse dalla doppia emissione (una censurata, una no) dell'edizione di Ronciglione (in territorio pontificio, e con dedica ad Antonio Barberini *iunior*, nipote del papa) della *Secchia rapita* del 1624,[31] che trasformava in realtà tipografica l'idea tassiana della doppia pubblicazione, ricordata nella prima parte di questo saggio.

Prima e dopo la pubblicazione: occultamento delle prove, giustificazione, allegoria

Una specola privilegiata per esaminare la questione di come aggirare la vigilanza è la scelta del luogo di stampa: falsi luoghi, false date, o luoghi franchi scelti per la loro maggiore apertura dovrebbero essere oggetto di saggi specifici in quest'ottica. Oltre a quanto già accennato per Tasso, ricorderò che per Marino non solo risultava problematica Roma, ma anche la più libera Venezia. Nel 1615, infatti, al momento di partire per la Francia, il poeta dichiarò allo stesso stampatore Ciotti:

> L'*Adone* penso senz'altro di stamparlo là [in Francia], sì per la correzione, avendovi da intervenir io stesso, sì perché forse in Italia non vi si passerebbono alcune lasciviette amorose. (G 111)

Infatti, il poeta concordò più tardi alcuni interventi censorii quando si trattò di ristampare il poema, appena uscito a Parigi, nella tipografia veneziana di Giacomo Sarzina. La breve citazione appena riportata dà l'opportunità di riflettere ancora sulla questione della vigilanza, stavolta in termini propriamente letterari.

In relazione alle "lasciviette amorose", e in generale ai componimenti con tratti di oscenità, infatti, l'atteggiamento di Marino segue una gradualità molto chiara, che, conscia della vigilanza, non cede *mai* ai suoi dettami modificando il testo.

Il primo grado evidenzia la tensione tra una vena burlesca incontenibile e la necessità di esprimerla in segreto, di nascosto, in componimenti non destinati alla pubblicazione. In quest'ottica, alcune lettere sono assai significative, e ben spiegano anche la scarsità complessiva degli autografi mariniani oggi conservati. Così Marino scrive ad Andrea Barbazza:

> Le cose burlesche non le mando, perché non me n'è rimaso originale [...]. Ne mandai bene una copia al signor conte Ridolfo Campeggi, dal quale potrà Vostra Signoria facilmente averle

---

[31] Riassume efficacemente la questione, mettendola in relazione anche al commento di Gaspare Salviani, il saggio di Caruso, Mockery and erudition, p. 402 f.

> con mostrargli questa mia. Né mi curo che si trascrivano, che si veggano e che vadano in volta [...]. *Desidero solamente che l'original di mia mano s'abbrugi, per non dare adito all'altrui malignità.* (G 46)

E a Fortuniano Sanvitale:

> Vorrei essere informato d'alcun particolare di questo negozio [...]; ma *in specie se ha data scrittura che sia di mia mano.* Questa è facenda che mi preme. (G 54)

Marino mantiene l'autorialità e vuole dare pubblicità ai suoi componimenti, *vigilando* però sulla 'mancanza di prove' autografe, che gli consentirà (come in effetti accadde) di negare quella stessa autorialità se necessario: *burn after reading.*[32] Si tratta di un timore che spesso si ripercuote anche sulla corrispondenza, sulle lettere con cui vengono inviati i componimenti: anch'esse andrebbero bruciate. E quello della vigilanza postale è un tema di amplissimo respiro, cui Marino dedicò ossessivamente la propria attenzione non solo in quanto mittente di lettere e poesie compromettenti, ma in quanto ricevente di opere d'arte: nelle lettere si avverte fortissimo il timore che fossero perdute, rubate o addirittura sottratte per farne una copia, spedendo poi al poeta il *fake*, come nelle migliori truffe.[33]

Tornando alle 'lascivie', il secondo grado è quello, già ricordato, di aggirare la vigilanza scegliendo luoghi 'franchi' per la stampa: mantenere il testo integro, conservarne l'autorialità, licenziarlo in modo che veda la luce, ma in luoghi ove la vigilanza è assente.

Il terzo grado, che giunge dopo la pubblicazione e che Marino non riuscirà mai a completare, è quello di usare la scrittura per giustificare quelle stesse "lasciviette amorose", entro un "discorso sullo scrivere tenero e lascivo" pensato come premessa alle edizioni italiane:

> Vi manca ancora un lungo discorso, ch'io ho fatto sopra questo libro, ed entrerà subito dopo la lettera dedicatoria; e veramente mi sarebbe sommamente caro che *in Italia* non si vedesse quest'opera senza esso, perché oltre il dichiarare molti miei pensieri intorno a sì fatto poema, parlo diffusamente dello scrivere lascivo. (G 185)

Questo discorso è un po' come il Sacro Graal degli studi mariniani, se pure Marino mai lo scrisse: ritrovarlo permetterebbe di comprendere quale strategia Marino volesse adottare per proteggere il suo poema, se quella già tassiana dell'allegoria

---

[32] Su questa attitudine e sulle conseguenze che dovette avere sulle carte mariniane cfr. ora Carminati, "L'original di mia mano s'abbrugi".
[33] Cfr. per esempio la lettera G 29 a Bernardo Castello (1604 ca).

(depositata – con scarsissima efficacia come ha mostrato Maddalena Fingerle[34] – anche nelle allegorie ai singoli canti, spesso "più lascive che il canto medesimo", come ricordava già Tommaso Stigliani),[35] o quella della giustificazione diretta, su base filosofica e antropologica, della potenza dell'amore e della conseguente liceità di parlarne. Propenderei per questa seconda ipotesi.

Vigilare in tipografia

Ma la lettera al Ciotti del 1615 sopra citata induce a prendere in esame – ed è un discorso che vale per tutta la letteratura italiana di questi decenni – anche un'altra forma particolarissima di vigilanza, e di *mancata* vigilanza: l'assistenza dell'autore in tipografia. Il fenomeno ha ricevuto attenzione sotto una diversa prospettiva,[36] ma potrebbe essere vantaggiosamente riesaminato alla luce della questione della vigilanza. Marino, in particolare, aveva incominciato la sua carriera letteraria prestando servizio nelle tipografie napoletane, tra cui quella di Carlino e Pace, ove aveva curato la stampa di un dialogo del Tasso.[37] Aveva sicuramente maturato un'eccellente competenza in campo tipografico, come si evince dall'attenzione quasi maniacale che dedicherà alle sue opere nei decenni successivi. Per la sua prima raccolta di rime, artefice del suo successo poetico, egli si recò personalmente a Venezia, appunto presso il Ciotti. E a Parigi dovette attraversare innumerevoli difficoltà legate agli stampatori francesi che si avvicendarono sul suo *Adone*, prima Abraham Pacard, poi la sua vedova Marie Lemeslé, e infine Olivier de Varennes. Seppure meno tormentato di Tasso in fatto di correzioni e infiniti interventi di aggiustamento e riscrittura, Marino fu attentissimo all'aspetto tipografico delle sue opere, intervenendo personalmente fino all'ultimo sul poema, di cui – pur di inserire alcune ottave in più nel canto VII – compromise gravemente l'integrità tipografica.[38] Dell'importanza della presenza d'autore a vigilare sui suoi 'parti' sono esempio in negativo le terribili lettere che Marino spedì proprio al Ciotti dopo la stampa scorrettissima della *Galeria*.[39] Dalle lettere, più citate che lette, si evince la sua ossessiva attenzione non solo alla correttezza e comprensibilità del testo, ma anche a elementi accessori come i margini, i fregi, gli spazi bianchi, gli occhielli, i

---

34 Fingerle, *Lascivia mascherata*, cap. 6 che l'autrice intitola L'uso offensivo dell'allegoria.
35 Stigliani, *Dello occhiale*, p. 111.
36 Cito soltanto l'esempio luminoso di Grafton, *Inky fingers*.
37 Cfr. ead., Per un commento all'epistolario di Marino.
38 Cfr. Carminati, Il canto VII dell'*Adone*.
39 G 132, 133 e 138 (quest'ultima resa pubblica *in limine* alla *Sampogna*, lettera V, p. 61–65 nell'ed. citata).

titoletti tra una sezione e l'altra e, non ultimo, all'ingresso indebito nelle sue opere di altri autori, come quando il Ciotti infila nel paratesto un madrigale encomiastico di Pietro Petracci, beccandosi un ordine perentorio di immediata eliminazione da parte del Marino.[40]

Riferimenti bibliografici

Gelli, Giovan Battista: *Tutte le lettioni di Giovam Battista Celli* [sic], *fatte da lui nella Accademia Fiorentina*. Firenze 1551.
Guasti, Cesare (a cura di): *Le lettere di Torquato Tasso disposte per ordine di tempo*. Vol. I. Firenze 1852.
Marino, Giovan Battista: *Lettere*. A cura di Marziano Guglielminetti. Torino 1966 (= G).
Marino, Giovan Battista: *La Sampogna*. A cura di Vania De Maldé. Parma 1993.
Stigliani, Tommaso: *Dello occhiale opera difensiva*. Venezia 1627.
Tasso, Torquato: *Lettere poetiche*. A cura di Carla Molinari. Parma 1995.

Benedetti, Laura: Le ragioni della poesia. Torquato Tasso e Silvio Antoniano. In: *Annali d'italianistica* 34 (2016), p. 243–259.
Bocca, Lorenzo: *Le 'Lettere poetiche' e la revisione romana della 'Gerusalemme liberata'*. Alessandria 2014.
Carminati, Clizia: *Giovan Battista Marino tra Inquisizione e censura*. Roma/Padova 2008.
Carminati, Clizia: Il canto VII dell'*Adone* tra filologia e musica. In Ubbidiente, Roberto (a cura di): *L'Adone di Giovan Battista Marino. Mito – Movimento – Maraviglia*. Roma 2021, p. 163–200.
Carminati, Clizia: "L'original di mia mano s'abbrugi": le carte di Giovan Battista Marino. In: Del Vento, Christian/Musitelli, Pierre (a cura di): *Gli "scartafacci" degli scrittori. I sentieri della creazione letteraria in Italia (secc. XIV–XIX)*. Roma 2022, p. 187–206.
Carminati, Clizia: Note per la 'Sferza' di Giovan Battista Marino. In: Morini, Agnès (a cura di): *L'Invective. Histoire, formes, stratégies*. St. Etienne 2006, p. 179–204.
Carminati, Clizia: Per un commento all'epistolario di Marino. Le prime lettere a Giovan Battista Manso. In: Clerc, Sandra – Grassi, Andrea (a cura di): *Marino 2014. Atti della giornata di studi (Friburgo, 4 settembre 2014)*. Bologna 2016, p. 149–167.
Carminati, Clizia: Pubblico e privato: lettere dalla prigione di Giovan Battista Marino e Ferrante Pallavicino. In: Panzera, Maria Cristina (a cura di): *L'exemplarité épistolaire. Etudes réunis*. Bordeaux 2013, p. 85–99. http://books.openedition.org/pub/18163 [ultimo accesso: 04.02.2023].
Carminati, Clizia: "L'original di mia mano s'abbrugi": le carte di Giovan Battista Marino. In Del Vento, Christian/Musitelli, Pierre (a cura di): *Gli "scartafacci" degli scrittori. I sentieri della creazione letteraria in Italia (secc. XIV–XIX)*. Roma 2022, p. 187–206.
Caruso, Carlo: Mockery and erudition: Alessandro Tassoni's *Secchia rapita* and Francesco Redi's *Bacco in Toscana*. In Venturi, Francesco (a cura di): *Self Commentary in Early Modern European Literature, 1400–1700*. Leiden/Boston 2019, p. 395–419.

---

[40] Il madrigale di Pietro Petracci è pubblicato a c. a6v dell'*editio princeps*, Venezia, Ciotti, 1620–1619.

Cavarzere, Marco: *La prassi della censura nell'Italia del Seicento. Tra repressione e mediazione.* Roma 2011.
[Cavedoni, Celestino]: *Continuazione delle memorie di religione di morale e di letteratura.* Modena 1833.
Corsaro, Antonio: *Percorsi dell'incredulità. Religione, amore, natura nel primo Tasso.* Roma 2003.
Fingerle, Maddalena: *Lascivia mascherata. Allegoria e travestimento in Torquato Tasso e Giovan Battista Marino.* Berlin/Boston 2022.
Fingerle, Maddalena/Mehltretter, Florian: Vigilanz, vigilantia, vigilancia, vigilanza. Italianistische Anmerkungen zur Begrifflichkeit des Sonderforschungsbereichs. In: *Mitteilungen des Sonderforschungsbereichs 1369 ‹Vigilanzkulturen›* 1 (2020), p. 18–25.
Fragnito, Gigliola: *Rinascimento perduto. La letteratura italiana sotto gli occhi dei censori (secoli XV–XVII).* Bologna 2019.
Fragnito, Gigliola: Torquato Tasso, Paolo Costabili e la revisione della *Gerusalemme liberata.* In: *Schifanoia* 22/23 (2002), p. 57–63.
Fulco, Giorgio: Contributi mariniani (studi e documenti inediti). In: *Filologia e Critica* 35 (2010), p. 371–450.
Ghidini, Ottavio: *Tasso tra* Liberata *e* Conquistata: *la Bibbia, i Padri, la liturgia.* Città di Castello 2019.
Grafton, Anthony: *Inky fingers: the making of books in Early Modern Europe.* Cambridge ²2020.
Russo, Emilio: A ritmo di corrieri: sulla revisione della *Liberata.* In Cassiani, Chiara/Figorilli, Maria Cristina (a cura di): *Festina lente: il tempo della scrittura nella letteratura del Cinquecento.* Roma 2014, p. 183–203.
Russo, Emilio: L'*Adone* a Parigi. In: *Filologia e Critica* 35 (2010), p. 267–287.
Russo, Emilio: Una lettera di Scipione Gonzaga sui manoscritti della *Liberata.* In: *Filologia e critica* 39 (2014), p. 266–275.
Serassi, Pierantonio: *Vita di Torquato Tasso.* Bergamo ²1790.
Tomasi, Franco: Forme e funzioni delle letture di Petrarca nel mondo delle Accademie. In: Huss, Bernhard/Stroppa, Sabina (a cura di): *L'esegesi petrarchesca e la formazione di comunità culturali.* Berlin 2022 [Schriften des Italienzentrums der Freien Universität Berlin 7], https://www.geisteswissenschaften.fu-berlin.de/italienzentrum/publikationen/schriften-italienzentrum/Schriften-Band-7/Schriften-des-Italienzentrums-Bd_-7.pdf [ultimo accesso: 08.11.2022].

Maddalena Fingerle
Grottesco e grottesca nell'*Adone* di Giovan Battista Marino

Introduzione

Che cosa significa grottesca? E che cosa grottesco? Che ruolo svolgono grottesca e grottesco all'interno dell'*Adone* di Giovan Battista Marino? Partiamo da un breve tentativo (per quanto possibile) di definizione, per passare poi all'analisi testuale di alcuni passi del poema.

Con il termine *grottesca* viene chiamato un particolare tipo di decorazione parietale a partire dalla scoperta delle "grotte" della Domus aurea di Nerone, scoperta dagli artisti rinascimentali. Le grottesche sono caratterizzate da forme fantastiche e distorte, non mimetiche, in cui pezzi di realtà vengono assemblati insieme in modo tale che il risultato non corrisponda al reale; ne risultano così unioni di figure umane e animali, frutti e maschere. Dalla scoperta della Domus aurea le grottesche iniziano a diffondersi e si trovano in ville, palazzi, tappeti, mobili, libri e persino nelle facciate esterne delle chiese. Nella cultura della Chiesa l'atteggiamento nei confronti delle grottesche è però duplice: all'iniziale ampio utilizzo della decorazione (l'esempio più famoso è la pittura delle grottesche di Raffaello nelle Logge vaticane) segue la condanna dei decreti tridentini[1] *De invocatione, veneratione et reliquiis sanctorum et sacris imaginibus* (1563), degli scritti di Carlo Borromeo, arcivescovo di Milano (1577) e soprattutto di Gabriele Paleotti, arcivescovo di Bologna, che si rifanno alla raccomandazione di Orazio di non abusare di creazioni fantastiche e alla condanna di Vitruvio della pittura murale del suo tempo che rappresentava ibridi e mostri senza rispetto per la verosimiglianza e la razionalità. A queste critiche Paleotti aggiungeva l'accusa alle grottesche di pitture nate appunto nelle grotte, luogo di trasgressione e di culti infernali. D'altra parte le grottesche continuano a essere utilizzate non solo nell'arte profana, ma a volte anche in quella sacra proprio in virtù del loro valore simbolico e in quanto portatrici di significati nascosti e morali.

Il termine *grottesco*[2] deriva a sua volta da grottesca e porta con sé la connotazione di bizzarro, strano o mostruoso. Oggi si utilizza comunemente per indicare persone, atteggiamenti, situazioni, ma anche elementi artistici – che siano

---

[1] Cfr. Scholl, in: Acciarino, *Lettere*, p. 11–15.
[2] Per la trattazione del termine cfr. in particolare Kayser, *Das Groteske* e Michail Bachtin, *Rabelais*.

di arte visiva, scrittura, danza o architettura. Per Wolfgang Kayser, la cui analisi si concentra in particolar modo sul periodo che parte dal Settecento, il grottesco diventa una vera e propria categoria estetica, una struttura che non riguarda solo l'oggetto rappresentato, ma anche il carattere dell'ideazione, il contenuto e l'effetto. Definisce il grottesco come il mondo estraniato, "die entfremdete Welt", per cui ciò che fino a qualche istante prima risultava conosciuto e familiare improvvisamente si rivela estraneo e sinistro.[3]

Merito di Dorothea Scholl è di aver esteso la categoria del grottesco all'intera cultura rinascimentale, di aver ripreso l'analisi di Bachtin sul carnevale, le feste e i costumi, la commedia dell'arte, ma soprattutto di aver sviluppato la suggestione di Kayser che individuava già nelle grottesche la presenza dell'elemento *unheimlich* (perturbante) – che potremmo definire pre-grottesco –, legato al ribaltamento delle leggi geometriche e fisiche e alla rappresentazione di ibridi quali uomini-animali, animali-vegetali, misture di organico e inorganico. L'applicazione di questo concetto agli scritti del Cinquecento ha rivelato la presenza di questo filone nella letteratura e negli scritti degli artisti. Così il grottesco non viene più considerato, come nell'estetica tradizionale, soltanto in relazione al comico e all'umorismo, ma come categoria a sé stante; in Scholl diventa però una categoria estetica sovratemporale, una "linea serpentinata" che assicura una continuità all'interno dei cambiamenti storici e che può variare in base all'epoca, all'autrice/autore e al genere artistico: il grottesco in Kafka non sarà quindi lo stesso grottesco in Dalì. Potremmo forse intendere l'interpretazione di Scholl come applicazione del concetto di *Familienähnlichkeit* di Wittgenstein: intendere cioè il grottesco non come concetto generale, ma come un insieme di manifestazioni legate da analogie e somiglianze di famiglia. Forse però è dall'accostamento di grottesco e di sublime che si possono cogliere le differenze fondamentali nell'articolarsi del concetto. A questo scopo è interessante rileggere alcune pagine della Prefazione a *Cromwell* di Victor Hugo (1827) che sottolinea la frattura e la profonda differenza tra le manifestazioni del grottesco: anche per Hugo il grottesco è presente in tutta la storia della letteratura, ma è con l'arte romantica moderna (che per lui prende avvio con il Medioevo dantesco) che si rivela il superamento dell'antico nell'accostamento e nella dialettica di positivo e negativo, di bene e male, nella combinazione di sublime e grottesco che crea le nuove figure piene di vigore e di contrasti di Ariosto, Cervantes e Rabelais.

Nelle opere di Giovan Battista Marino sia la grottesca (come oggetto storico) che il grottesco (come categoria di un'analisi a posteriori e sistematica) svolgono un ruolo importante, in particolare nell'*Adone*. Il grottesco è presente come registro

---

3 Kayser, *Das Groteske*, p. 198.

del poema e caratterizza così alcune scene che risultano disturbanti o bizzarre, mentre la grottesca compare sia a livello tematico, come sogno e decorazione di cesspugli e vesti, sia come elemento decorativo di un libro arabo. Infine la grottesca è presente anche nell'oggetto libro della prima edizione parigina del poema.

Feronia: grottesco

A partire dal grottesco come registro si consideri la scena presente nel canto tredicesimo del poema. Adone è fuggito dal palazzo di Venere ed è ora prigioniero di Falsirena, che, innamorata di Adone e non corrisposta, dopo preghiere, magie e inganni non è riuscita a farlo innamorare e ha così deciso di renderlo suo prigioniero. Adone trascorre un lungo tempo "squallido, afflitto e quasi men che vivo",[4] mentre compare la mostruosa governante di Falsirena, Feronia, una "nana [...] difforme e vecchia, / la qual sera e mattin con onta e scherno / la bevanda gli reca e gli apparecchia".[5] L'aspetto di Feronia è completamente grottesco: è "laida" e "sozza" nell'aspetto, e sembra "figlia de la Disgrazia e del Difetto".[6] Ha il corpo stravolto, il viso smorto, i denti sporgenti, il naso lungo, è strabica e gobba:

> sbarrato il naso e lungo oltre due spanne,
> ricurvo il mento, ampia la bocca e torta.
> Come cinghiale in fuor sporge le zanne
> e su l'omero destro un scrigno porta.
> Ne le doppie pupille il guardo iniquo
> fa gli occhi stralunar con giro obliquo.[7]

L'espediente narrativo che permette l'apice del grottesco è il fatto che anche Feronia sia innamorata del bell'Adone e lo infastidisca con "molti scorni",[8] insulti e proposte sessuali. Dopo aver messo in dubbio la virilità di Adone (chiamandolo "feminella vil"[9]) in relazione alla sua bellezza irresistibile (chiedendogli retoricamente: "O qual beltà ti scalderà giamai / s'ad arder de la mia senso non hai?"[10]), intende verificarla personalmente minacciando di evirarlo:

---

4 Marino, *Adone*, 90, 4.
5 Ibid., 92, 2–4.
6 Ibid., 92, 7–8.
7 Ibid., XIII, 93, 3–8.
8 Ibid., XIII, 94, 1.
9 Ibid., XIII, 95, 1.
10 Ibid., XIII, 95, 7–8.

> Poiché son dunque i tuoi pensier sì sciocchi
> e ciechi a lo splendor de' raggi miei,
> convien che tu mi mostri e ch'io ti tocchi
> or or se maschio o pur femina sei.
> E quando avenga che le mani e gli occhi
> ti trovin poi qual mai non crederei,
> troncar ti vo' quell'organo infecondo
> che tu possiedi inutilmente al mondo.[11]

Feronia decide infine di denudarsi e mostrare ad Adone le sue cosiddette "bellezze":

> Ma perché dubbio alcuno in te non resti,
> e le bellezze mie non prenda a riso
> mira ciò che tu perdi e ciò ch'avresti,
> ecco t'apro il tesor del paradiso.
> Guarda se bella pur sotto le vesti
> altrettanto son io quanto nel viso.
> Così dicendo s'accorciò la gonna
> e sì gli fe' veder ch'ella era donna.[12]

La pericolosa scelta lessicale appartenente al registro sacro, impiegato tuttavia in un contesto profano e basso, fa sì che la censura reagisca immediatamente, come ha mostrato Clizia Carminati in *Tradizione, imitazione, modernità*.[13] L'effetto comico-grottesco deriva, da un lato, dall'accostamento di bellezza e bruttezza, dall'altro dall'esasperazione della passività di Adone che però si incrina nel momento in cui Feronia tenta di baciarlo e lui la colpisce:

> mentre la bruttarella a lui si spinse
> sfacciata per baciar più che mai fosse,
> Adone il pugno iratamente strinse
> e la sinistra tempia la percosse.[14]

L'incontro con Feronia si conclude così con la scena di una "mostruosa lutta"[15] tra i due.

---

11 Ibid., 98.
12 Ibid., 99.
13 Cfr. Carminati, *Tradizione*, p. 134.
14 Marino, *Adone*, 101, 3–6.
15 Ibid., XIII, 102, 2.

Grottesca come tema

Ma passiamo ora alla grottesca come elemento diegetico[16] all'interno dell'*Adone*. La prima volta che ci si imbatte nelle grottesche è nel canto decimo, dopo la descrizione delle macchie lunari; ci troviamo nell'Isola dei Sogni.[17] Per il tema delle grottesche non è poco importante che per arrivare all'Isola si passi per la grotta della Natura. I sogni vengono descritti come grottesche, date dal caso e dal capriccio e ricordano il sogno dell'arte. Il grottesco viene qui delineato proprio a partire dalla grottesca:

> Vedresti effigie angelica e sembiante,
> poi si termina il piede in piedestallo;
> visi di can con trombe d'elefante,
> colli di gru con teste di cavallo,
> busti di nano e braccia di gigante,
> ali di parpaglion, creste di gallo,
> con code di pavon grifi e pegasi,
> fusi per gambe e pifferi per nasi.
>
> Alcun di lor, quasi spalmato legno,
> vola a vela per l'aure e scorre a nuoto,
> ma di due rote ha sotto un altro ingegno
> onde corre qual carro e varia moto;
> con un mantice alcun di vento pregno
> gonfia e sgonfia soffiando il corpo voto,
> e tanti fiati accumula nell'epa
> che come rospo alfin ne scoppia e crepa.
>
> E questi et altri ancor più contrafatti
> ven'ha, piccioli e grandi, interi e mozzi,
> quasi vive grottesche o spirti astratti,
> scherzi del caso e del pensiero abbozzi.
> Parte a le spoglie, a le fattezze, agli atti
> son lieti e vaghi e parte immondi e sozzi;

---

16 Un altro luogo in cui compaiono le grottesche come tema all'interno di un testo letterario mariniano sono le *Dicerie Sacre*, in cui hanno un valore teologico-letterario, in quanto prodotto di un Dio-pittore. Le grottesche compaiono in questo passo come elemento della creazione divina, andando contro la critica controriformista alla grottesca come rappresentazione di qualcosa che non esiste, cfr. Id., *Dicerie Sacre*, p. 79.
17 Cfr. Aldovrandi, in: Acciarino, *Lettere*, p. 83, che, in una lettera del 1580, definisce le grottesche dei pittori "simili a i sogni finti di Luciano". Sulla stretta relazione in generale tra sogno e grottesca e, in particolare, sul concetto comune di spostamento (*Verschiebung*) cfr. Scholl, *Groteske*, p. 171s.

> molti al gesto, al vestir vili e plebei,
> molti di regi in abito e di dei.[18]

La seconda comparsa delle grottesche avviene nel canto undicesimo, nell'ascesa al cielo di Venere. Questa volta la scena è più descrittiva e la grottesca indica la forma dei cespugli:

> vaghi perterra di grottesche erbose,
> di pastini ben culti ampi giardini,
> bei padiglioni di viole e rose,
> di garofani bianchi e purpurini,
> dolci concordie e musiche amorose
> di sirene, di cigni e d'augellini,
> boschi di folti allori e folti mirti,
> tranquilli alberghi di felici spirti.[19]

Nel canto sedicesimo invece, quando Adone viene proclamato re, ritorna il riferimento, seppur ironico, alla grottesca, interessante per l'identificazione con il geroglifico, per natura complesso e criptato:

> A le parti del corpo io non m'oppongo
> se nol guastasse alquanto il piedestallo;
> e se fusse un sommesso almen più longo,
> per Ganimede io l'avrei tolto in fallo.
> Sotto quel suo cappel somiglia un fongo,
> al vestire, a la piuma un pappagallo.
> Sembra nel resto una grottesca a gitto
> overo un geroglifico d'Egitto.[20]

Infine, nel canto ventesimo, la grottesca compare come elemento decorativo e ricamato di una veste, sempre all'interno di una descrizione:

> La giovane tra lor già litigata
> restò pur finalmente in suo potere,
> e l'altro, che pur dianzi avea stracciata
> la traversa vermiglia in su 'l cadere,
> un'altra n'ebbe, intorno intorno orlata
> di merletti di perle a tre filiere

---

18 Marino, *Adone*, X, 101–103.
19 Ibid., XI, 21.
20 Ibid., XVI, 221.

> ed avea di grottesche e di fogliami,
> lavor di nobil ago, ampi riccami.[21]

La citazione più interessante è tuttavia quella presente nel canto tredicesimo: Adone è nella dimora di Falsirena e trova un libro in arabo ai piedi della statua della Fortuna. Si tratta di un libro particolarmente pregiato – aspetto molto caro a Marino stesso – e presenta, proprio come l'edizione parigina dell'*Adone*, grottesche antiche nelle maiuscole e rubriche, ossia nei capilettere. Si tratta di una vera e propria metariflessione sull'elemento decorativo della grottesca: l'*Adone*, che nella sua veste parigina presenta grottesche e decorazioni, narra di un libro arabo altrettanto decorato:

> A piè di questa un letturin d'argento
> riccamente legato un libro regge
> e vergata ogni linea ed ogni accento
> in idioma arabico si legge.
> De lo stranio volume al'ornamento
> ornamento non è che si paregge.
> La covertura in ogni parte è tutta
> di fin topazio e lucido costrutta.
>
> Son le fibbie a la spoglia ancor simili,
> di zaffiri composte e di giacinti.
> Son d'or battuto in lamine sottili
> i fogli in bei caratteri distinti.
> Ha di fregi ogni foglio e di profili
> d'azzurro e minio i margini dipinti
> e figurata di grottesche antiche
> le maiuscole tutte e le rubriche.[22]

Nel libro arabo la grottesca è bellezza, stranezza, esoticità che si pongono prima della semantica e della comprensione testuale. In questo caso è l'aspetto decorativo a essere il nucleo di interesse della grottesca che non risulta mostruosa, bassa o comica, ma serve a impreziosire il libro. Nella metariflessione sul libro, sulla decorazione e sulla preziosità dell'oggetto libro si legge forse una relativizzazione del significato, un invito al ludico, alla leggerezza, all'ornamentazione e al particolare. Ciò che di serio si potrebbe leggere nel testo, diventa così proposta giocosa, suggestione, esortazione allo smarrimento nella perdita dell'orientamento dell'attenzione che dalla descrizione della grottesca all'interno nel testo si muove, a un

---

21 Ibid., XX, 215.
22 Ibid., XIII, 243 s.

altro livello, sulla grottesca dell'edizione parigina, fungendo così da guida incerta per la lettura del testo e del paratesto allegorico, visivo e testuale.

Grottesca come decorazione

Per comprendere fino in fondo la metariflessione mariniana varrà la pena soffermarsi sulle grottesche decorative della prima edizione del poema. Per l'*Adone* Marino pensa inizialmente all'accompagnamento di vere e proprie illustrazioni,[23] ma il progetto non va in porto. L'edizione parigina tuttavia non è completamente sprovvista di immagini, sebbene si tratti di ornamentazioni fatte con incisioni a bulino di carattere decorativo e non di immagini pensate appositamente per il poema a illustrarne le scene. La vicenda editoriale del poema è lenta, faticosa e piena di intoppi e imprevisti; in seguito alla morte dello stampatore parigino Abraham Pacard, al quale era stato commissionato il lavoro, il poema viene infine stampato da Olivier de Varennes,[24] sempre a Parigi, nel 1623.[25]

Nella prima edizione dell'*Adone* ogni allegoria e ogni canto sono incorniciati dalla testata, che si trova in alto al centro, spesso a grottesca, e dal finalino, in genere a mascherone grottesco, in basso al centro, subito dopo il testo. Non tutte le testate, i finalini e i fregi sono, tuttavia, a grottesca o a mascherone e non si denota alcuna linearità narrativa nei contenuti grafici. Una grammatica si può però individuare nel ritmo meramente compositivo degli elementi ornamentali che se-

---

23 Cfr. Id., *Lettere*, n. 111, p. 189: "L'Adone, il quale è diviso in tre libri. Il primo contiene l'origine dell'innamoramento fra la dea e 'l giovane; e qui potrebbe entrare una figura di Adone addormentato in un prato, con la faretra appesa ad un arbore e i cani a' piedi, e la dea che gli sta sopra in atto di vagheggiarlo. Nel secondo si raccontano gli amori e i godimenti dell'uno e dell'altro; e vi farebbe a proposito la figura di Venere e Adone che stanno trastullandosi in un boschetto abbracciati insieme, overo in atto di stare ascoltando gli uccelli che vengono a mover lite innanzi a loro. Nell'ultimo si narra la caccia dell'infelice giovane e la sua morte, col pianto che fa la dea sopra il corpo dell'amato. [...] Ella potrà aver tempo di pensar qualche bel capriccio, acciocché nella seconda impressione restino onorate delle sue meraviglie" e ibid., n. 34, p. 53 in una lettera del 1605 indirizzata a Bernardo Castello: "l'*Adone* penso senz'altro di stamparlo là, sì per la correzione, avendovi da intervenir io stesso, sì perché forse in Italia non vi passerebbono alcune lascivіette amorose. Le so dire che l'opera è molto dilettevole, divisa in dodici canti ed ho a ciascuno fatte fare le figure, ed il volume sarà poco meno della *Gierusalemme* del Tasso".
24 Olivier de Varennes (nel frontespizio dell'*Adone* Oliviero di Varano alla Strada di San Giacomo, Alla Vittoria), a Parigi dal 1625 al 1666, è uno stampatore francese nato nel 1598 e morto probabilmente nel 1666, sebbene ci sia poca chiarezza su quest'ultima data perché confusa con quella del figlio Olivier III.
25 Cfr. Balsamo, *Stampa*.

guono sempre la stessa logica strutturale[26] e architettonica: anche all'inizio di ogni canto infatti si trova sempre, in alto, la testata e, in basso, il finalino, composto a volte da una semplice decorazione, in base anche allo spazio che occupa il testo all'interno della pagina. I finalini, spesso a mascherone, si trovano sia sotto le allegorie in prosa che alla fine dei canti. Alcuni elementi ornamentali si susseguono e si ripetono uguali, specialmente verso la fine del poema. Anche le iniziali decorate dell'*editio princeps* dell'*Adone* sono a grottesca e a mascherone; presentano elementi naturali, quali fiori, frutti, fogliame e arbusti, figure umane e mostruose, oggetti, come vasi, strumenti musicali e infine animali. Alcuni elementi visivi riportano inoltre una sigla a mo' di firma (DL, AT, IM, HT, DC),[27] a indicarne forse un valore o un pregio maggiori.

Sebbene alcuni degli elementi grafici – in particolare le testate a grottesca, ma anche i mascheroni – sembrino avere un relativo collegamento tematico con il canto (per esempio una maschera o due satiri), complessivamente le ornamentazioni presenti nel poema non offrono una semantica precisa, ma un funzionamento e un effetto interessanti perché analoghi a quelli della poetica mariniana. Entrando nei particolari e osservando alcuni degli elementi ornamentali si nota che la testata del canto decimo, sopra all'argomento incorniciato, è una delle più significative, anche per la posizione centrale all'interno del poema. Le virtù allegorizzate nella decorazione, Giustizia, Speranza, Carità, Pazienza, Fortezza e Fede, accompagnano la corona francese; l'allegoria riprende la dottrina platonica delle idee in relazione alla grotta: "La grotta della Natura, posta nel cielo della luna, [...] allude all'antica opinione che stimava in quel cerchio ritrovarsi l'idee di tutte le cose". Il canto invece incomincia con l'invocazione alla musa a innalzare il tono del discorso. Un'altra testata interessante e dall'aspetto che a noi pare tardo-goticheggiante è quella del canto tredicesimo, prima dell'argomento, con il simbolo dei gesuiti. Il finalino dell'allegoria del canto undicesimo, raffigurante il giglio, ha un collegamento con il canto che si apre con la dedicatoria a Maria de' Medici. Sebbene il carattere e gli ornamenti di questa edizione non siano stati ideati appositamente per la pubblicazione dell'*Adone*, perché tornano anche in altre opere

---

[26] Il metodo è, seppur nella confusione, insieme alla metamorfosi, una caratteristica della grottesca anche secondo Praz, *Giardino*, p. 74: "C'era un metodo nel loro folleggiare [...] un febbrile fermento di metamorfosi". Fondamentale il collegamento tra grottesca e una simbologia vicina a quella degli ammaestramenti morali delle metamorfosi ovidiane: un fatto interessante per la questione dell'allegoria in Marino e nella Controriforma.

[27] Le ricerche fino ad ora non hanno portato a individuare i nomi degli autori corrispondenti alle sigle.

parigine dello stesso stampatore, in formati simili,[28] è però importante tenere a mente che Marino corregge in prima persona le bozze: pur con la cautela dovuta in casi come questo, si può dunque ipotizzare che alcune ornamentazioni siano state scelte, all'interno di un repertorio preesistente, con una certa intenzione.

Nell'edizione parigina dell'*Adone* sono proprio gli elementi ornamentali di maschera e mascherone a svolgere un ruolo significativo: nascondono qualcosa ma al tempo stesso espongono qualcos'altro: ancora una volta in modo analogo a quanto si propone la poetica mariniana e, più in particolare, le allegorie paratestuali, considerate dalla critica come semplice scudo contro la censura ma che, a un secondo sguardo risultano non solo difensive, ma addirittura offensive, come nel caso del riferimento a Stigliani e Sarrocchi nell'allegoria del canto nono, quando parla di "qualche poeta goffo e moderno e qualche poetessa ignorante". Forse non è un caso che nell'allegoria preposta al canto terzo venga utilizzata proprio un'espressione legata al mascheramento per esplicitare i presunti significati del testo: "la Lascivia viene mascherata di modestia".[29] La maschera è qui inganno, anche all'interno del testo, ma nella parte decorativa viene esposta visivamente. Dopo aver letto l'allegoria si vede infatti il finalino a decorazione e, nella pagina accanto, un finalino a mascherone. Una maschera torna anche nell'iniziale decorata del tredicesimo: all'interno della lettera 'C', tra foglie, animali, piante e frutti, si vedono due figure – quella a sinistra tiene nella mano, in direzione dell'altra figura, delle lenti; l'altra, sempre in direzione della figura che ha di fronte, porge appunto una maschera. Ma non bisogna illudersi che ci siano, nelle decorazioni grottesche, legami diretti e appositamente pensati, che non siano semplicemente di convenzione, con contenuti dei canti. Ciò che interessa in questo contesto è la grammatica visiva e l'effetto della grottesca su lettrici e lettori.

Concludendo, nell'*Adone* di Marino sia le grottesche che il grottesco hanno un effetto straniante. Le grottesche fanno perdere l'orientamento a chi legge e portano a uno spaesamento dovuto all'infinità di particolari a livello microstrutturale che spostano l'attenzione dalla macrostruttura – questo è un aspetto che ricorda la bellezza della scrittura mariniana, che si concentra sul particolare, come si è visto anche nella scena di Feronia, nella quale il grottesco compare come registro linguistico ed estetico. Anche in questo caso chi legge rimane spiazzata/o a causa del provocatorio capovolgimento del bello nel brutto, che è una delle caratteristiche tipiche del grottesco.

---

[28] Cfr. Balsamo, Stampa, p. 205, anche per la contestualizzazione del poema all'interno del contesto librario parigino del Seicento.
[29] Marino, *Adone*, III, allegoria.

Riferimenti bibliografici

Marino, Giovan Battista: *Adone*. A cura di Emilio Russo. Milano 2013.
Marino, Giovan Battista: *Dicerie sacre*. Roma 2014.
Marino, Giovan Battista: *Lettere*. A cura di Marziano Guglielminetti. Torino 1966.

Acciarino, Damiano: *Lettere sulle grottesche (1580–1581)*. Prefazione di Dorothea Scholl. Canterano 2018.
Bachtin, Michail: *Rabelais und seine Welt. Volkskultur als Gegenkultur.* Francoforte sul Meno 1987.
Balsamo, Jean: "Per fargli dar l'anima dalla stampa di Francia": Marino, l'Adone et le livre italien a Paris dans la premiere moitie du XVIIe siecle. In: Sensi, Claudio (a cura di): *Maître et passeur. Per Marziano Guglielminetti dagli amici di Francia*. Presentazione di Lionello Sozzi. Alessandria 2008, p. 213–137.
Carminati, Clizia: *Tradizione, Imitazione, Modernità. Tasso e Marino visti dal Seicento*. Bologna 2020.
Kayser, Wolfgang: *Das Groteske. Seine Gestaltung in Kunst und Literatur.* Oldenburg 1957.
Praz, Mario: *Il giardino dei sensi. Studi sul manierismo e il barocco*. Milano 1975.
Scholl, Dorothea: Prefazione. In: Acciarino, Damiano: *Lettere sulle grottesche (1580–1581)*. Canterano 2018.
Scholl, Dorothea: *Von den "Grottesken" zum Grotesken: die Konstituierung einer Poetik des Grotesken in der italienischen Renaissance.* Münster 2004.

Ilaria Paltrinieri
Considerazioni sulle *parti nona* e *decima* de *Lo stato rustico* di Giovan Vincenzo Imperiale

Accogliendo l'invito dell'organizzatore e della organizzatrice del convegno di oggi, vorrei estendere l'indagine ad altri autori della letteratura italiana del primo Seicento e concentrarmi così sul poeta Giovan Vincenzo Imperiale (o Imperiali),[1] nato a Genova nel 1582 e mortovi nel 1648. La scelta di questo autore non è arbitraria: non si tratta di una figura estranea ai due autori centrali per il sottoprogetto C 03, Torquato Tasso e Giovan Battista Marino, ampiamenti trattati nella tesi di dottorato di Maddalena Fingerle.[2] Anzi, per delineare e allo stesso tempo riassumere efficacemente la posizione storica di Imperiale, nel suo secolo come rispetto ai due celebri poeti menzionati, si possono prendere in prestito i titoli di un convegno e di una monografia dedicati proprio alla sua figura per unirli in un'unica formula: Imperiale rappresenta uno dei "fuochi della letteratura barocca"[3] "tra Tasso e Marino"[4]. È infatti interessante premettere che si tratta di un autore di primo piano nel panorama letterario di inizio Seicento, ma che viene poi completamente dimenticato fino alla 'riscoperta' promossa da Giovanni Pozzi e dalla scuola friburghese intorno a lui sviluppatasi. Oggi Imperiale è oggetto di un diffuso e rinnovato interesse di ricerca, ma è ancora poco studiato dalla critica tedesca. L'approccio di indagine è inoltre cambiato: se inizialmente ci si focalizzava sulla sua figura per approfondirne i rapporti con l'autore dell'*Adone*, oggi il poeta ha assunto un profilo di ricerca autonomo, che mira a ricostruire a tutto tondo la rilevanza politica, letteraria e culturale che Imperiale ebbe nel secolo suo, non solo come autore ed accademico, ma anche come mecenate e collezionista in strettissimi contatti con artisti, letterati e editori.[5]

---

[1] Il cognome è attestato in entrambe le varianti (Russo/Pignatti, Imperiale, p. 297).
[2] Fingerle, *Lascivia mascherata*.
[3] Alludo al titolo del convegno *I diversi fuochi della letteratura barocca: ricerche in corso* organizzato a Genova nell'ottobre del 2015 (per gli atti: Beltrami/Morando/Chichiriccò, *I diversi fuochi*).
[4] Alludo al titolo della monografia di Luca Beltrami, *Tra Tasso e Marino: Giovan Vincenzo Imperiale*.
[5] Per la biografia di Imperiale vedi Martinoni, *Gian Vincenzo Imperiale*, aggiornato da Russo/Pignatti, Imperiale nonché da Beltrami, *Tra Tasso e Marino*; cfr. anche la premessa di Besomi/López-Bernasocchi/Sopranzi in Imperiale, *Stato rustico* I, p. 9–20, nonché la sezione dedicata all'autore e alle opere, p. 123–132.

Con Tasso e Marino il rapporto di questo poeta non è esclusivamente letterario. Tasso è fonte di ispirazione, di fascino e di desiderio di emulazione per il giovane Imperiale, che ne conosce bene i *Discorsi* e le opere poetiche. Imperiale lo eleggerà maestro nella propria opera maggiore, *Lo stato rustico*, componendo un elogio di autore e opere che conta un totale di 36 versi. In essi Tasso sarà presentato come la figura poetica che il protagonista Clizio, alter ego di Imperiale nella finzione, incontrerà sulla sommità del Parnaso una volta concluso il viaggio iniziatico, quando sarà accolto e acclamato dal coro delle Muse, dei poeti e dallo stesso dio della poesia (*parte decimasesta* del poema). Nell'elogio trova particolare spazio la rievocazione dei tentativi giovanili di imitazione della vena epica del maestro – un modello che sarà abbandonato poi per sviluppare una via poetica personale che non si serve più, a livello metrico, della ottava:

> Tromba onorata del cui fiato eccelso
> tutto è sparso del ciel l'immenso campo,
> anzi pur del cui cielo il campo immenso
> tutto de' fiati suoi ne sparge il cielo;
> e pur fu dì che dentro a spazio angusto
> d'un ottangolo breve e mal tirato,
> con picciolo compasso et ineguale
> misurarlo, abbracciarlo osai, tentai
> con l'immatura man de la mia mente
> in fanciullesca età volenterosa,
> più dal desir che dal saver guidata;
> immenso campo in cui superbo ei solo,
> gran mietitor de le Castalie spiche,
> coglie tesor se seminò fatiche.[6]

Con Marino Imperiale intrattiene invece un rapporto complesso, fittissimo, comprendente conoscenze in comune, uno scambio di epistole – oggi perdute –, di reciproci omaggi letterari, cortesie e segni di stima,[7] anche se mai sarà un rapporto

---

6 Imperiale, *Stato rustico*, XVI, 1 012–1 025, citato secondo l'edizione di riferimento Imperiale, *Stato rustico* II, dalla quale provengono tutte le citazioni del poema. L'intero elogio si legge in Imperiale, *Stato rustico*, XVI, 990–1 025. Sull'elogio di Torquato Tasso e sulle precedenti riletture tassiane vedi Beltrami, *Tra Tasso e Marino*, p. 71–88. Per l'influenza tassiana sul giovane Imperiale cfr. anche Verdino, *Su la Gierusalemme*, p. 69s., nota 1.

7 Sui contatti tra Marino e Imperiale, risalenti ai primi anni del Seicento, vedi Russo/Pignatti, Imperiale; Beltrami, *Tra Tasso e Marino*, ad indicem e specialmente p. 103–115; Russo, *Marino*, p. 26 compresa la bibliografia riportata nella nota 36. Vedi sempre Russo, *Marino*, p. 72, nota 10, per le tracce nell'epistolario mariniano e p. 159–163 per l'epitalamio *Urania* composto da Marino per le nozze di Imperiale. Sui rapporti tra *Lo stato rustico* e *L'Adone* vedi Pozzi in Marino, *L'Adone* II, p. 66–72; p. 132 s.

del tutto privo di ambiguità.⁸ Occorre parlare esplicitamente di rapporti ambigui perché Imperiale, nel 1607, a soli 25 anni, scrive il poema bestseller appena menzionato, *Lo stato rustico*. L'opera conoscerà nel giro di pochi anni, dal 1607 al 1613, ben tre redazioni, dove l'ultima sarà corredata da un centinaio di componimenti di lode dei più grandi poeti del secolo, tra cui lo stesso Marino.⁹ Imperiale non viene dunque soltanto salutato all'unisono come l'astro nascente di una nuova generazione di poeti, rappresentando così un possibile rivale di Marino – che a quell'altezza storica e nonostante l'ambizione epica, è noto soprattutto per la produzione lirica –,¹⁰ ma è anche la stessa figura che sarà omaggiata dal poeta napoletano quale modello letterario nel primo canto dell'*Adone*.¹¹ Nella finzione dello *Stato rustico*, tuttavia, se Imperiale eleva ed isola Tasso al vertice della gerarchia dei poeti, inserisce però Marino nella schiera solo di passaggio: tra tanti altri, dunque, maggiori e minori della tradizione e coevi, dedicando a Marino come agli altri sei versi totali, in un omaggio che sembra quasi perdersi in quel lunghissimo catalogo (*parte decimaquarta* del poema).

---

8 Questo rapporto di stima tra i due poeti, cui si accompagna un certo tasso di ambigua rivalità, è evidenziato anche da Russo/Pignatti, Imperiale, i quali parlano di "espressioni di gradimento e ammirazione (con formule invero che odorano di encomio generico e di ossequio) che il Marino indirizzò a B. Castello riguardo alle rime dell'I." (p. 297) e allo stesso tempo sottolineano che, senza alcuna contraddizione, "Marino tributava al termine del canto I (ottave 136s.) un elogio senza ombre al Clizio dello *Stato rustico*" (p. 299). Giovanni Pozzi (in Marino, *L'Adone* II, p. 68) si interroga esplicitamente nel commento sul "ruolo, ma di ordine ambiguo" di Genova nell'*Adone*, evidenziando anche le "riserve" mariniane nell'elogio di Clizio (p. 201, con riferimento a Marino, *Adone*, I, 136,8). Nel commento, Emilio Russo (in Marino, *Adone*, p. 406, nota 26, con riferimento a Marino, *Adone*, IV, 26,5–8) reputa a sua volta "ambigua la descrizione della Liguria, intesa solo alle *apparenze d'amor*, regione cui pure apparteneva il Clizio-Imperiali omaggiato nel canto I."
9 Per la storia editoriale del poema vedi Sopranzi, Le tre redazioni dello Stato Rustico, p. 82, ma anche il riepilogo di Baldassarri, Un progetto di lavoro, p. 208–227, e particolarmente p. 224 s., per il sonetto di lode dedicato da Marino a Imperiale con le dovute contestualizzazioni.
10 Per la cronologia delle opere mariniane vedi Russo, *Marino*.
11 Vedi Marino, *Adone*, I, *Allegoria* (citato secondo l'edizione di riferimento curata da Pozzi, Marino, *L'Adone* I, dalla quale provengono tutte le citazioni del poema): "Sotto la persona di Clizio s'intende il signor Giovan Vincenzo Imperiali, gentiluomo genovese di belle lettere, che questo nome si ha appropriato nelle sue poesie. Nelle lodi della vita pastorale si adombra il poema dello *Stato rustico*, dal medesimo leggiadramente composto." Vedi inoltre Marino, *Adone*, I, 133–162, in particolare l'ottava 161: "Non ti meravigliar che la selvaggia / vita tanto da me pregiata sia, / ch'ancor di Giano insu la patria spiaggia / ne cantai già con rustica armonia; / onde vanto immortal d'arguta e saggia / concesse Apollo ala sampogna mia, / de' cui versi lodati in Elicona / il linguistico mar tutto risona." Per approfondire cfr. Boillet, *Clizio et Fileno*, e bibliografia citata. Molto interessanti sono le corrispondenze a specchio che Boillet, Clizio et Fileno, p. 261, segnala tra canto I (biografia di Clizio-Imperiale) e canto IX dell'*Adone* (biografia di Fileno-Marino): "Clizio enfin est défini 'maestro d'amor' (I 162 1), tandis que Fileno déclare: 'Amor fu mio maestro' (IX 62 1)".

> Senti nel proprio sen del mare istesso
> nata, Doride vaga, il suon MARINO
> del gentile canto suo, che lieti i venti
> da l'uno a l'altro mar portan su l'ali,
> qui formar, e fidar a i flutti ondosi
> de gli altrui gridi i gridi suoi famosi.[12]

Certo, di Marino si evidenziano solo tratti positivi (è poeta dal canto gentile, famoso e portato lietamente dai venti) ed è innegabile che l'elogio occupi comunque una posizione di rilievo nel catalogo dei soli lirici moderni. Luca Beltrami nota che questo "breve omaggio" viene mantenuto inalterato da Imperiale nelle tre redazioni del poema, conclude che Marino viene sostanzialmente lodato come l'autore delle *Marittime*, pur rilevando, in linea con l'orizzonte di ambiguità tracciato, "un numero così ridotto di versi [...] che non aiuta però a sciogliere il nodo dell'interpretazione sulla prima produzione di Marino."[13] Anche Ottavio Besomi ricorda che l'ammirazione nutrita dal giovane Imperiale per il poeta napoletano e le sue *Rime* si trasforma di frequente in riusi e prestiti concettistici dentro lo *Stato rustico*.[14] Emerge tuttavia, di nuovo, una certa ambiguità di rapporti a fini agonistici: Marino non è il primo autore lodato nel catalogo, segue infatti Ascanio Pignatelli. Occorre però insistere sul parametro quantitativo: Imperiale dedica a Marino solo sei versi – pochi, se paragonati non solo ai 36 versi in lode di Tasso, ma anche ai 20 versi in lode del genovese Angelo Grillo.[15]

Nell'ambigua rete di rapporti presentata occorre considerare un aspetto della biografia di Imperiale, che distingue questa figura in modo peculiare rispetto a quella dei due poeti citati e inoltre contestualizza e giustifica la lunga premessa di questo contributo, perché appare rilevante nel momento in cui si tenta di applicare le categorie analitiche del sottogruppo di ricerca, i concetti di *vigilanza* e *osservanza*, alla figura e all'opera del poeta. Imperiale è infatti figlio e diretto erede di un influente e ricchissimo banchiere, politico e aristocratico genovese, Gian Giacomo Imperiale. Questo ultimo non solo detiene strettissimi rapporti con i Doria, patrizi della Repubblica di Genova grazie al matrimonio con Bianca Spinola, madre di Gian Vincenzo, ma sarà anche eletto Doge della città nel 1617; a sua volta Imperiale figlio seguirà le orme paterne assumendo importanti incarichi politici e diplomatici.[16] Se questo dato, ricorda Giovanni Pozzi, fa intuire quanto Marino sia

---

12 L'elogio si legge in Imperiale, *Stato rustico*, XIV, 1 249–1 254.
13 Beltrami, *Tra Tasso e Marino*, p. 105s.
14 Besomi, *Ricerche intorno alla "Lira"*, p. 195–211.
15 I versi in lode di Angelo Grillo si leggono in Imperiale, *Stato rustico*, XIV, 1 327–1 347. Per i rapporti con Grillo e per l'elogio in questione cfr. Verdino, *Su la Gierusalemme*, p. 73s., nota 15.
16 Russo/Pignatti, *Imperiale*, p. 297–299.

stato difficilmente del tutto disinteressato nell'omaggiare l'aristocrazia genovese,[17] fa anche immediatamente capire perché Imperiale versi in una condizione diversa da quella di Tasso o Marino. A Imperiale, esponente di rilievo della élite nobiliare genovese, non occorre appoggiarsi a un mecenate o a un potente per esercitare l'attività letteraria; anzi, presenta unicamente tale attività come un *otium*, impegnato sì da un punto di vista morale, ma pur sempre coltivato al riparo della villa.[18]

Partire da questo dato biografico non significa necessariamente implicare che Imperiale sia oltre la cultura vigilante di inizio Seicento, del tutto protetto o proiettato al di fuori di essa. Piuttosto significa limitarsi a constatare che la sua situazione di partenza è diversa ed altra rispetto ai letterati di professione e che quindi diverse ed altre potrebbero anche essere le conseguenze determinate da questa sua condizione privilegiata: nel caso del poema giovanile, questa circostanza sembra permettergli di perseguire una terza via poetica, non pienamente descrivibile né con il concetto di evasione o sovversione né di obbedienza. Per illustrare questa considerazione l'intervento di oggi si focalizza su una specifica sezione 'onirica' dello *Stato rustico*. La scelta di questa sezione non è arbitraria: se, come afferma il sottogruppo di ricerca, *vigilare* ha una duplice etimologia e può dunque essere inteso nel doppio significato di *sorvegliare*, ma anche di *prestare attenzione* o *vegliare*,[19] un episodio in cui i due protagonisti sono volontariamente rappresentati dall'autore come non vigilanti e prede del sonno e del sogno può veicolare con sé implicazioni notevoli. Per contestualizzare al meglio l'episodio in esame, tuttavia, occorre prima fornire alcune brevi notizie di ordine generale riguardanti l'opera.

Lo stato rustico è un poema che racconta il viaggio poetico dell'alter ego dell'autore. Costui, Clizio, viene scelto e iniziato dalla Musa Euterpe, musa della lirica poesia, perché la accompagni da Genova al Parnaso. I motivi di questa elezione sono del tutto soggettivi, determinati dal fatto che Clizio, "spuntante [...] bel fior d'amore"[20], "fior gentile"[21] e "nobil fior"[22], può meglio accogliere rispetto

---

17 Cfr. Pozzi in Marino, *L'Adone* II, p. 66s.

18 Così si legge nella lettera dedicatoria dello *Stato rustico* Imperiale, *Al grazioso lettore*, 11 ("Et essendo io allora, ne i lunghi giorni della state, a gli ozi della villa inteso, alla descrizione di villarecce cose mi donai"), in Imperiale, *Stato rustico* II, p. 16. Anche Marino, *Adone*, I, 160,1–2, riprende questo elemento nella biografia di Clizio-Imperiale, facendo dire a questo ultimo: "Curi dunque chi vuol delizie ed agi, / io sol piacer di villa apprezzo ed amo".

19 Cfr. Fingerle/Mehltretter, Vigilanz.

20 Imperiale, *Stato rustico*, XVI, 240. Euterpe per prima definisce Clizio fiore.

21 Ibid., 329.

22 Ibid., 337. Questo riferimento e quello riportato alla nota precedente si inseriscono nel contesto dei versi 328–344, tutti giocati sul concetto di Clizio-fiore, che Apollo riprende dalle parole di Euterpe e rielabora per risponderle benignamente. Cfr. ad esempio l'ampliamento e la variazione

ad altri l'insegnamento di Euterpe. Come rivela la musa nel proemio dell'opera, Clizio deve infatti lasciarsi alle spalle la corrotta città e i suoi vizi per leggere nel libro della Natura, conoscere il Rustico stato e raggiungere così una condizione umile, ma di eterno appagamento e serenità, in quanto caratterizzata da valori civili e virtù autentiche. Clizio dovrà però anche spingersi oltre, il Rustico stato non può essere scisso dalla rustica zampogna.[23] Nel corso del viaggio dovrà apprendere quindi anche i giusti valori poetici perché, come chiarisce Euterpe intercedendo infine presso il dio della poesia, Clizio è nome parlante, che deve farsi girasole che ama e segue Apollo: "quasi Clizia amorosa, ei Clizio amando / del sole de gli occhi suoi girare i giri".[24] Apollo stesso, alla fine del viaggio, fa coincidere *post factum* i due obiettivi principali del cammino iniziatico invitando il protagonista a dimenticare affari vanagloriosi e ozi futili per dedicarsi all'unico ozio onorevole, quello che insegna attraverso i mezzi poetici.[25] Allo stesso tempo, si capisce che questo *utile dulci* offre a Imperiale il pretesto per non curarsi troppo dello svol-

---

del concetto nei versi 328–336: "et aggiungendo a i fior, ch'han per odori / qui le glorie e gli onori, il fior gentile, / ch'amò qui traspiantarsi, e per te sola / farsi di fior di terra un fior di cielo; / di fior caduco, un sempiterno fiore: / e di fior, degno d'infiorarne solo / là giù l'erboso suolo, un fior ben atto / a colorir là su di luce ardente / l'aereo suol, di mille ardor lucente."

23 Cfr. ibid., I, 1–942, in particolare l'elezione ai versi 189–198: "Con questa [canna, I.P.] poi, pens'io, né male io penso / che tu in romita ma felice parte, / me duce avendo e tua compagna a i canti, / conti l'ore miglior de i tuoi dì belli, / e ch'entro i boschi e i boscarecci campi / il bel RUSTICO STATO a pien goduto / lieto l'ammiri, ammiratore dei vanti / e l'alzi sì suo vantator, che faccia / il gran suon pastoral di tua zampogna / a le trombe d'Olimpo un dì vergogna." In questa ambiziosa rivendicazione di dignità dello stile pastorale opposto allo stile epico è particolarmente interessante la sfida lanciata alle *trombe d'Olimpo*, se si ricorda che nell'elogio sopracitato Tasso è chiamato "Tromba" (Ibid., XVI, 1 012). Anche l'elogio del maestro si tinge, dunque, di tinte ambigue.

24 Ibid., 243–244.

25 Ibid., 352–428, ivi in particolare i versi 364–377: "Io con paterno affetto a te mi volsi / alor che la mia Musa a te fu volta / e a te, lucida il core e presta il piede, / fatto lieve il tuo piè, chiaro il tuo cuore, / per far di te stesso assai più grande / fè penetrar ne l'impigrita mente / quanto sia vil, quanto disdica a un'alma / – ch'è pur de l'armi di ragione armata – / non pur morir, cader, ma sol chinarsi / de l'ozio inerme al neghittoso assalto; / e quanto indegno sia, quanto sia infame / ch'un cor, ch'ha forza ancor d'opporsi al fato, / abbia le forze inferme e senza forza / quando un piacer, che nulla val, lo sforza." Anche Apollo, come Euterpe, consacra Clizio riprendendo l'immagine del fiore, ora nutrito dall'acqua vivificante della poesia: "L'acque de' tuoi sudori, in colmo ardenti, / rinfreschi or l'acqua di Ippocrene amica; / e sia quest'acqua, già da i chiari argenti / de gli argentei sudor fatta più chiara, / con le sue pure linfe al tuo bel fiore, / – ma con sorte miglior che non fu l'acqua / già di Narciso al bel ma vano aspetto – / fatta dolce bevanda e specchio eletto." (Ibid., 390–397)

gimento della trama, componendo un poema che di fatto, quando descrive le bellezze dell'Italia e della Grecia, tematizza di tutto.[26]

Tra i numerosissimi soggetti del poema un certo rilievo lo acquistano le cronografie, ma soprattutto lo spazio notturno con le sue esperienze oniriche. Come notano infatti i curatori della prima edizione moderna dello *Stato rustico*, Ottavio Besomi, Augusta López-Bernasocchi e Giovanni Sopranzi, l'episodio del sonno di Clizio, contenuto nella *parte nona* del poema, non si limita semplicemente a scandire il trascorrere del tempo nell'opera, ma occupa una posizione significativa quale episodio "ritagliato al centro, non perfetto, dello spazio temporale",[27] all'inizio cioè del quinto dei nove giorni di viaggio. Pur se i tre curatori invitano a non cedere "alla tentazione di leggere simmetrie tra spazio temporale e spazio testuale",[28] è innegabile che, se si include nel calcolo anche la veglia notturna immediatamente precedente il sonno di Clizio, l'episodio viene a porsi esattamente a metà del viaggio.

Al sogno di Clizio, che racconterà il vissuto onirico su invito della propria guida nella *parte nona* del poema, corrisponde in risposta, nella successiva *parte decima*, il racconto del sogno di Euterpe. Come dimostra questo semplice rilievo, la sequenza è densissima e molto lunga, comprendendo i 1 243 versi della *parte nona* più i primi 158 versi della *parte decima* del poema per un totale di 1 401 versi. Tali 1 401 versi sono scanditi come segue: per la *parte nona*, elogio della luna signora della notte e del firmamento, poi descrizione del viaggio notturno (in due fasi: la topica veglia del poeta che si contrappone al riposo della natura, l'arrivo all'isoletta dove Clizio si addormenta), infine sogno di Clizio (in tre fasi: l'arrivo di Morfeo con la lode ed invocazione del dio, racconto del sogno, risveglio con il sopraggiungere dell'aurora), per la *parte decima* sogno di Euterpe (in tre fasi: considerazioni sul racconto fattole da Clizio, racconto del proprio sogno svoltosi in parallelo, risveglio con il sopraggiungere dell'aurora).[29]

Ora, una tale disparità quantitativa di versi, con la *parte nona* superante di molto la *parte decima*, non implica che gli episodi assumano la stessa importanza qualitativa. Piuttosto è vero l'inverso e, come ci si aspetterebbe, è la stessa Euterpe a fornire la chiave di interpretazione di questa lunga sequenza sdoppiata. Dopo aver ascoltato il racconto del sogno di Clizio, nella *parte decima* del poema, Euterpe sorride infatti dell'ingenuità del protagonista, per poi spiegargli la verità.

---

26 Sull'assenza di una trama narrativa in questo poema e sulla "crisi della narratività" che ne deriva, vedi Pozzi, Anamorfosi, p. 195–200, e in particolare p. 199 s.
27 Besomi/López-Bernasocchi/Sopranzi in Imperiale, Stato rustico I, p. 27.
28 Ibid., p. 28, comunque constatando la "centralità di sonno e sogno" per il poema (ibid.).
29 Da rilevare è la corrispondenza quasi perfetta tra le sezioni dei sogni dei protagonisti.

> Così dissi festoso, alor che lieta
> alza gli occhi ridenti, e l'aureo capo
> la bella Euterpe a le mie voci inchina:
> e con quell'atto grazïoso afferma
> e vano il mio diletto e 'l dir verace
> che accusò l'ombre del dormir fallace:
> Quindi ella e sovra il sonno e sovra i sogni,
> in doppio favellar di lode e biasmo
> dolcemente ragiona, e dolcemente
> mi lusinga l'orecchio, apre la mente:[30]

Secondo Euterpe, i sogni di Clizio "furo amor rozzi", i propri amori furono "gentili".[31] I sogni di Clizio furono "ombre del dormir fallace" e "vano [...] diletto"[32], "inganno"[33], "morti colori" e "lume o poco chiaro o pur non vero, / et incerti e confusi et incomposti",[34] i propri sogni invece furono una "bella visïon"[35]. Per concludere sentenzia così la musa: "Erano in somma / umili sogni i tuoi, sogni fallaci, / illustri i sogni miei, sogni veraci."[36]

Occorre a questo punto chiedersi per quale motivo un evento onirico sia effettivamente *sogno*, mentre l'altro una *visione*, l'uno portatore di inganni e l'altro di verità. La situazione di partenza dei due sogni è pressoché analoga e per questo paragonabile: Clizio assiste a una disputa amorosa tra pastori, Euterpe assiste a un consesso presso l'Accademia dei Mutoli. Il valore di questa comune situazione è però molto diverso perché diversi non sono solo l'identità o il ceto dei partecipanti o il contenuto dei loro discorsi, ma soprattutto la modalità con cui questi discorsi vengono contestualizzati dal poeta.

Si consideri la *parte nona* dello *Stato rustico*, che si apre con l'elogio della luna. Senza esaminarne nello specifico gli argomenti, dato che la sequenza conta 394 versi,[37] basti dire che essa accompagna la veglia e i passi del protagonista finché

---

30 Imperiale, *Stato rustico*, X, 1–20.
31 Entrambe le citazioni si leggono in ibid., 31.
32 Entrambe le citazioni si leggono in ibid., 5–6.
33 Ibid., 14.
34 Entrambe le citazioni si leggono in ibid. 10–12.
35 Ibid., 53.
36 Ibid., 49–51.
37 Per un confronto di questi versi con i modelli dell'antichità vedi Favaro, Il poeta che sogna (sogni di poesia), p. 67–71, ma sarebbe interessante inserire questa lunga sezione della *parte nona* anche in un più ampio discorso legato alla commistione dei generi. L'argomento principale di Imperiale è il seguente: diversamente da quanto si crede, la gerarchia tra luna e sole dovrebbe invertirsi, lodando la luna a scapito del sole, perché è "di rai diffettosi atto imperfetto" (Imperiale, *Stato rustico*, IX, 40) rischiarare ciò che è già chiaro, come chiaro è il giorno; ben più difficile è rischiarare ciò che è oscuro, come oscura è la notte, o ravvivare ciò che è morto, se la notte è il

questi non si addormenta. Sotto la luce della luna, programmaticamente definita "formatrice de i più cari sogni"[38], Clizio ed Euterpe sono gli unici insonni e vagano fino a raggiungere un'isoletta. Non si tratta però di un'isola di strane creature e fantasmi onirici, ma di una isola fisica con un rustico capanno: solo lì, dichiara Clizio, i due possono celarsi alla luna e addormentarsi.[39] Sopraggiunge così il dio del sonno, cui Clizio, semi addormentato, si rivolge direttamente invocandolo. Morfeo, che produce tradizionalmente "veri sogni"[40], ma è già qui, per Clizio, anche figuratore di "apparenti beni" e di un soave "dolce inganno" che rapisce i sensi,[41] è pregato dal protagonista perché gli doni un sonno eterno, di eterna quiete:

> Onde, se giungo di quel sonno al fine,
> è fin quel fin d'un indicibil gioia
> che mi sforza gridare: "Oh sonno, oh sonno,
> perché mai sempre ne' tuoi ciechi orrori
> me non involvi? e ne' tuoi alberghi oscuri [...][42]

E mentre Clizio si rivolge al dio stando ai «confini del sonno», «tra la vigilia e 'l sonno in dubbio»,[43] Euterpe lo ascolta e, ridente, si appresta a ripristinare il giusto equilibrio gerarchico tra sogno e verità, che Clizio ha confuso. Per trarre infatti l'anima di Clizio, «traviata in fosco orrore», fuori dalla «nebbia» e dall'«errore»,[44] la musa lo invita a raccontare quel che ha visto, un vissuto onirico che Clizio crede vero, ma che in realtà è «figurato dal pennel bugiardo / del sonno ingannator»[45], «istoria favolosa e finta / de i [...] sogni fallaci»[46]. Secondo Euterpe, se Clizio raccontasse questo sogno fallace lo trasformerebbe in «vera gioia / sì de la via trasformerem la noia»[47]. Euterpe ricontestualizza dunque il sogno di Clizio già

---

funerale del giorno. Questo argomento, declinato nelle più varie direzioni poetiche attraverso i molti concetti e inserti mitologici, è difeso nel corso del passaggio con molteplici ragioni con continuo botta e risposta: a livello formale, si tratta di una rivisitazione concettistica di una *disputatio lunae cum sole* contaminata con una *laude*.
38 Imperiale, *Stato rustico*, IX, 214.
39 L'episodio introduttivo si legge in ibid., 285–394.
40 Ibid., 418.
41 Entrambe le citazioni si leggono in ibid., 439.
42 Ibid., 445–449. Cfr. anche ibid. 463–468, in particolare la chiusura della lassa ai versi 467s.: "ond'io celebro, ond'io scongiuro il sonno / farsi de' sensi miei perpetuo donno."
43 Ibid., 473s.
44 Le citazioni si leggono in ibid., 477s.
45 Ibid., 482s.
46 Ibid., 487s.
47 Ibid., 488s.

prima che inizi il racconto vero e proprio, privando l'esperienza onirica di qualsiasi statuto di verità erroneamente attribuitole dal protagonista e soprattutto ridimensionandola a quello che è realmente: uno svago, una tappa sul cammino iniziatico.[48]

Clizio accoglie l'invito di Euterpe e inizia il suo racconto narrando di essersi trovato nel più tipico *locus amoenus* della tradizione bucolica, in un «sito allegro / di fertile campagna et amorosa / [...] di mille fior, di mille augelli adorno».[49] Presso una sorgente zampillante Clizio vede giocare dieci ninfe nude e bellissime, mentre un gruppo di pastori, loro amanti, le spia da lontano. Ha inizio così una tipica «dolce lite d'amorosa gara»,[50] in cui ogni pastore celebra il particolare fisico della ninfa che più lo affascina. Clizio non partecipa in alcun modo a questa contesa, ma ascolta il lungo catalogo degli elementi fisici vagheggiati. Un primo pastore loda, in 100 versi, i capelli biondi di una ninfa.[51] Un secondo, in 117 versi, canta gli occhi neri dell'amata.[52] Un terzo, in 102 versi, ne elogia la bocca, definita «nido amoroso», «coralli» ospitante le perle, «mare d'amore», «feritrice».[53] Un quarto pastore, in 144 versi, celebra la guancia, definita «giardino d'amor», color di ostro e di latte, di giglio e di rose, «giardin fiorito».[54] Un quinto, infine, in 72 versi, celebra la mano dell'amata («dispensiera / de le grazie amorose», «vinci in albor de l'alba i gigli», «di tenera neve alpina falda / che stringi in te miracoloso il foco»).[55] È insomma una perfetta rievocazione di tutta la tradizione lirica amorosa che viene rivisitata da Imperiale in tutti i suoi topoi pur aggiungendovi talvolta anche elementi nuo-

---

48 In merito ai sogni ingannevoli di Clizio, contrapposti alle visioni di Euterpe, vedi anche le pagine di Beltrami, *Tra Tasso e Marino*, p. 171–179, sulla stessa linea argomentativa di questo lavoro, ma con diverso focus. Beltrami si focalizza infatti specificamente sulla «intenzione di Imperiale di congedarsi dalla poesia vanamente sensualistica per promuovere la linea impegnata dei Mutoli e dello *Stato rustico*» (p. 179), dunque sul programma morale imperialesco quale membro dell'accademia.
49 Imperiale, *Stato rustico*, IX, 553–556. Cfr. ibid., 552–589 per l'intera descrizione del *locus amoenus*.
50 Ibid., 609.
51 Ibid., 625–725.
52 Ibid., 726–843.
53 I riferimenti si leggono rispettivamente in ibid., 874; 882; 884; 913. Per l'intero elogio cfr. ibid., 844–946.
54 I riferimenti si leggono rispettivamente in ibid., 978; 985s.; 1 001. Per l'intero elogio cfr. ibid., 947–1 091.
55 I riferimenti si leggono rispettivamente in ibid., 1 112s.; 1 115; 1 121–1 122. Per l'intero elogio cfr. ibid., 1 092–1 155.

vi.[56] La sfida tra i pastori, comunque, non procede in modo lineare e contiene già prima dell'intervento di Euterpe degli elementi di disturbo. Già il terzo pastore si insuperbisce, beffa e interrompe bruscamente il secondo,[57] inoltre ai cinque pastori menzionati se ne aggiungono molti altri, i quali, commenta Clizio significativamente, parlano l'uno sovrapponendosi all'altro, in modo così confuso da non capirsi più tra loro:

> Né più diss'ei, né più tra lor distinti
> disser gli altri pastor; ma tutti a gara
> e confusi tra lor, senz'ordine certo
> di pensier concettosi e di parole
> sorsero a celebrar beltà diverse[58]

Il risultato è quello di uno «strepito» cacofonico, un «garrire tumultuoso e vano»,[59] che non può infine non sfociare nel silenzio. Riprende così la parola un ultimo pastore che si rifiuta di prendere posizione: non sa scegliere una caratteristica della ninfa amata da far eccellere, isolata, con il proprio canto.[60] È il pastore con cui Clizio si trova d'accordo, ma vorrebbe a questo punto partecipare alla disputa e dire la sua: la sua opinione è di «diversa sorte, ma [...] più bella sorte e più onorata»,[61] perché inviterebbe i pastori a dimenticare la fisicità dell'amata per celebrarne l'anima, di natura celeste. Clizio non riesce però a realizzare il suo proposito: il pensiero è così nobile, complesso ed ineffabile da richiedere che il protagonista si faccia violenza per esprimerlo. Con l'immagine del «picciol vaso [...] chiuso»[62] dell'anima addormentata che si spezza travolta dallo sforzo enunciativo, Clizio racconta di trovarsi bruscamente catapultato fuori dal sonno, mentre il sogno si frantuma. Di fronte all'aurora che sorge il suo animo è «mesto» per il sogno perduto, anche se, come ammette già Clizio, questo stato d'animo è qualcosa di «folle».[63]

In un recente intervento, sin dal titolo, Francesca Favaro ha parlato proprio del sogno di Clizio interpretandolo da una prospettiva metapoetica. Come mostra

---

56 Si rinvia a Beltrami, *Tra Tasso e Marino*, p. 172–178, per la dettagliata analisi del «codice descrittivo» di questo «repertorio fortemente serializzato» (p. 174) nei suoi topoi e nei suoi scarti e variazioni rispetto alla tradizione.
57 Cfr. Imperiale, *Stato rustico*, IX, 844–857.
58 Ibid., 1 156–1 160.
59 Entrambe le citazioni si leggono in ibid., 1 165s.
60 Cfr. ibid., 1 167–1 195.
61 Ibid., 1 203s.
62 Ibid., 1 222s.
63 Entrambe le citazioni si leggono in ibid., 1 231.

bene il catalogo delle bellezze delle ninfe, Clizio sarebbe «poeta che sogna (sogni di poesia)»[64], sia di poesia tradizionale sia coeva.[65] Da questo panorama poetico – che si ricordi essere confuso e disordinato –[66] Clizio di fatto si separerebbe, secondo Favaro, realizzando una nuova «precisa idea di poesia»,[67] una poesia capace di farsi messaggera di contenuti neoplatonici.[68] A questo punto, occorre tuttavia tracciare una differenziazione: diversamente da quanto sostiene Favaro, la nuova poesia promossa da Clizio non sembra realizzarsi interamente con il sogno,[69] un sogno che tra l'altro è connotato sin dagli esordi e in modo martellante come falso e vano. Nel momento stesso in cui Clizio cerca di staccarsi dal modo di poetare degli altri pastori il sogno va in frantumi e il protagonista se ne trova fuori senza poter sostenere la propria opinione: Clizio è, in altre parole, 'oltre' i pastori, ma non del tutto 'oltre', il suo è un brusco risveglio.

Al risveglio di Clizio va invece opposto il risveglio di Euterpe, che assisterà alla riunione accademica dei Mutoli e ne sarà paga. Il suo non sarà un diletto vano e temporaneo come quello del protagonista e la musa avrà per questo un risveglio molto più dolce, con l'arrivo dell'aurora in punta di piedi.

> E mentre avida udia cose sì rare
> e con quelle io n'empìa di gioia illustre
> da l'orlo de l'orecchio i vasi a l'alma
> già traboccante di delizie immense,
> e a te non lunge a quegli studii, a quelli
> di studio faticoso utili frutti,

---

64 Favaro, Il poeta che sogna (sogni di poesia).
65 Si ricordi in effetti la scelta di parole di Clizio: «pensier concettosi» (Imperiale, *Stato rustico*, IX, 1 159).
66 Questo aspetto, non considerato da Francesca Favaro, torna invece a essere centrale in Beltrami, *Tra Tasso e Marino*, p. 178, il quale nota significativamente che il canto d'amore dei pastori risulta così degradato e ciò per precisi motivi ideologici propri di Imperiale poeta e accademico insieme: «La critica ai componimenti dei pastori – e fuor di metafora ai poeti lirici del tempo – non risiede nell'uso ardito o maldestro del repertorio figurale o dell'arsenale retorico concettista, ma nell'incapacità di indirizzare questi strumenti alla lode della vera Bellezza, quella interiore.»
67 Favaro, Il poeta che sogna (sogni di poesia), p. 75.
68 Sul neoplatonismo presso l'Accademia dei Mutoli vedi le utili pagine di Beltrami, *Tra Tasso e Marino*, p. 48–70. Anche per l'Imperiale più anziano, autore del *Ritratto del Casalino*, il tema del sonno rivelatore è centrale per le *Particelle della seconda parte*: «La nostra mente pare fabricata in noi quasi tabernacolo al suo fabricatore: dorma il corpo a sua posta, ella nel sonno non è ancora desta; non per altro se non perché nel tempio della nostra mente spiritosa, di continuo la Natura invoca il suo nume tutelare. Non so s'io dica bene; se dico male, mel fa dire Platone, che così disse quando filosoficamente comprese l'unica e general cagione delle cagioni.» (Imperiale, Particella II, p. 95, in Imperiale, *Ritratto*, edizione di riferimento per tutte le citazioni provenienti dal *Ritratto*).
69 Cfr. Favaro, Il poeta che sogna (sogni di poesia), p. 76s.

> o Clizio, io disiava, ecco – affrettati
> i floridi suoi passi e risplendenti
> su per li campi che ancor neri in cielo
> con poco rilucente e picciol piede
> snella scorrea l'amorosetta stella
> che, primiera del dì precorritrice,
> d'un breve albore l'aura fosca inalba –
> con le piante di rosa apparve l'alba[70]

Questa seconda e diversa modalità di risveglio può essere letta anche come una ripresa dell'esordio del poema, dato che riscrive molto da vicino il risveglio di Clizio nella *parte prima*. Il poema si apriva infatti topicamente con l'aurora, con un risveglio fisico dalla mollezza del sonno, ma anche con un risveglio metaforico dalla mancanza di civiltà, dall'ozio vano. Come dichiara il protagonista:

> quando, in quel che di braccio a l'ozio, al sonno
> tolti gli spirti desti, il corpo io tolgo
> dal molle sen de l'indurate piume,
> ecco da nobil, glorïoso giogo
> ch'oltre le nubi l'Elicona estolle [...]
> discesa a me la mia leggiadra Euterpe
> ver me se 'n vien, del suo poter stupendo
> gli alti stupori al mover suo scoprendo.[71]

È con Euterpe che il risveglio nobilitante avviene, che il viaggio iniziatico ha avvio. Ma quando è la musa a svegliarsi con l'aurora nella parte *decima* del poema, ha appena finito di assistere alla riunione dei Mutoli, di cui, come attesta la biografia di Imperiale, l'autore aveva storicamente fatto parte con il nome di *Desioso*.[72] Se si legassero tra loro questi elementi si potrebbe interpretare la sequenza del sonno di Clizio e di Euterpe con la seguente chiave metapoetica: la poesia di Imperiale assiste e si compiace del panorama tradizionale e coevo della poesia, ne ripete ed amplifica i topoi, ma la partecipazione del poeta a tale mondo letterario e pastorale è solo parziale, perché costui persegue un ideale poetico personale, diverso dai precedenti in quanto nobile, ordinato e non confuso. Tale ideale non si realizza però nella *parte nona* del poema: non solo perché non può realizzarsi prima della fine del viaggio, che altrimenti sarebbe vano, ma soprattutto perché occorre a

---

70 Imperiale, *Stato rustico*, X, 116–129.
71 Ibid., I, 31–46.
72 Russo/Pignatti, Imperiale, p. 297.

Clizio un metaforico risveglio nella *parte decima*, con la mediazione dei Mutoli, dei loro studi e del loro ammaestramento.⁷³

È la stessa Euterpe a specificare i princìpi di tale ammaestramento, opponendo la propria visione al sogno di Clizio e relegando ancora una volta l'esperienza onirica del protagonista allo status di bella menzogna. A tale scopo la musa elenca i contenuti delle dispute degli accademici, i quali, a differenza dei pastori, parlano di ben più nobili affetti celesti:

> Ma i tuoi furo amor rozi, i miei gentili;
> eroi furono i miei, pastori i tuoi:
> i tuoi de i proprii ardori, i miei lontani
> d'ogni terreno amor (se non se in quanto
> fnsi al celeste amor scala di amore)
> con dire oltr'ogni dir facondo e grato
> de l'altrui ragionaro ardor beato.⁷⁴

Euterpe prosegue offrendo a chi legge uno spaccato storicamente attendibile della vita nell'accademia.⁷⁵ In primo luogo, indica esplicitamente il luogo delle riunioni, Genova, che non è solo particolarmente cara alle muse, ma è anche, significativamente e per due volte, definita «tempio»⁷⁶ – un particolare su cui vale la pena tornare poi. In un «real palagio»⁷⁷, fisicamente il palazzo di Campetto proprietà dello stesso Imperiale, si incontrano i Mutoli, accademici di eccellente eloquenza, delle cui straordinarie abilità la musa intende dar prova richiamando i temi abituali delle dispute. Nell'agone accademico si persegue infatti sia una certa idea di poesia sia una certa idea di virtù neoplatonica, con l'obiettivo, programmatico, di coniugare le due. Poeticamente parlando, si sa dalla voce di Euterpe che i Mutoli seguono esplicitamente Apollo, Orfeo, Pindaro, ma soprattutto Petrarca, spinti dal

---

73 Così anche la linea argomentativa di Beltrami, *Tra Tasso e Marino*, p. 180: «Proprio su questo aspetto sembra risiedere la più grande differenza tra gli autori di primo Seicento e Imperiali: mentre in molte raccolte di rime si avverte il compiacimento per la pratica della poesia come forma d'intrattenimento colto e galante, in cui la parola e il concetto sono occasioni per esibire i più arguti parti dell'ingegno, nello *Stato rustico* si ammette il ricorso al 'parlare ardito' e alla 'figurata invenzione' in virtù di una più alta finalità didascalica e morale.» Tuttavia, si confrontino le pagine seguenti del presente lavoro e specialmente il poscritto.
74 Imperiale, *Stato rustico*, X, 31–37.
75 L'intero passaggio si legge in ibid., 52–115.
76 Ibid., 55–63: «ne la tua patria, anzi pur patria mia, / e de le altre mie tutte alme sorelle: / poich'ella – ch'è del vecchiarel Bifronte / sacrato al tempo eterno, eccelso tempio / tempio de l'universo onde ne attende / la gente universale e guerra e pace – / gode quell'ozio virtuoso e quella / oziosa virtù, figlia di pace».
77 Ibid., 65.

desiderio di congiungere insieme lira e tromba.[78] Il contenuto dei loro canori accenti è però diverso da quello dei poeti della tradizione. Un primo accademico canta sì «d'amor, ma del celeste»[79], un secondo e un terzo accademico hanno il compito di sanzionare l'amore di tipologia opposta, quello terreno e vile,[80] un quarto accademico schernisce poi l'affetto indecoroso della gelosia[81] e un quinto accademico si occupa di dare una definizione e una catalogazione univoca dell'amore virtuoso.[82] Un sesto e ultimo accademico infine, pur «desto», ironizza Imperiale per voce di Euterpe con un concettismo significativo, «tra i miei sonni e i miei sogni, e i sogni e i sonni / e vitali e mortali e falsi e veri / con detti divisava accorti, alteri».[83] Dai Mutoli non si parla solo di amore e di poesia quindi, ma si distingue anche tra sogni e visioni che portano un messaggio, falso o vero che sia – esattamente i temi di queste due parti del poema. Non casualmente, una volta terminato l'elenco dei temi delle dispute accademiche, Euterpe si sveglia ed il suo animo è cambiato: non è mesto come quello di Clizio, ma è ora colmo di «gioia illustre» e di «delizie immense».[84]

A differenza di quanto sostiene Francesca Favaro, dunque, la notte non sembra «costituire una sosta, una pausa che si apre a frenare, momentaneamente, il percorso dell'iniziato»;[85] piuttosto, la doppia esperienza onirica, quella direttamente vissuta da Clizio e quella mediata dal racconto di Euterpe, diviene parte integrante e snodo fondamentale della formazione spirituale e poetica del protagonista. Ora, è interessante notare che tutto ciò avviene in un sogno, ricontestualizzato dalla musa, certo, ma che per la sua intrinseca componente irrazionale rappresenta anche un irriducibile spazio eversivo di libertà. Ciò già nel

---

78 L'intero passaggio si legge in ibid., 78–96.
79 Ibid., 97.
80 Ibid., 100–105: «altri scopriva e l'arti e la natura, / rea la natura e insidïose l'arti / di vil, d'impuro e di volgare amore; / altri di sdegno d'anima avveduta / contra sì fatto amor difesa a scudo / il poter glorïoso al ciel alzava».
81 Ibid., 106–108: «altri di gelosia, nume d'inferno, / di generoso cor cura non degna / e le miserie e la viltà scherniva».
82 Ibid., 109–111: «altri ne distingueva soavemente / de gli stati più stabili e più certi / le più certe misure e i varii stati». Cfr. Beltrami, *Tra Tasso e Marino*, p. 57, che interpreta in modo diverso il tema di studio del quinto accademico: «Le materie 'gravissime' di cui si occupano i Mutoli non escludono nemmeno la riflessione politica». In realtà, sebbene dai Mutoli si parlasse effettivamente di politica (in proposito vedi Selmi, Pastorale in romanzo, p. 277) l'ottima lettura di Luca Beltrami appare in questo punto poco convincente per quella particella pronominale *ne* (verso 109) che Imperiale sembra piuttosto riferire al contesto immediatamente precedente ai versi in questione, vale a dire, di nuovo, alla trattazione dell'amore e degli affetti a esso connessi.
83 Imperiale, *Stato rustico*, X, 112–115.
84 Rispettivamente ibid., 117; 119.
85 Favaro, Il poeta che sogna (sogni di poesia), p. 67.

Seicento italiano, come avviene esemplarmente sull'Isola dei Sogni nel decimo canto dell'*Adone*, popolata da fantasmi e mostri. Tale potenziale eversivo del sogno/sonno è anche qualcosa di predisposto dalla tradizione, dalle *Metamorfosi* di Ovidio, met. XI, 609: nella reggia del Sonno «custos in limine nullus», 'nessuno sta di guardia sulla soglia'.[86] In un tale spazio potenzialmente libero dentro lo *Stato rustico*, avviene un tentativo di sovversione, di non osservanza di norme poetiche: si sperimenta una commistione di generi, di topoi e di elementi nuovi, ma soprattutto si lancia una sfida a un poetare vano e cacofonico, che però non viene neanche ripudiato del tutto. In fin dei conti è a questo tipo di poesia che viene comunque dedicato, quantitativamente parlando, più spazio testuale. Si tratta di uno spazio disturbato e connotato come falso, certo, ma comunque così affascinante che il protagonista vorrebbe restarci per sempre, almeno finché non interviene Euterpe a trarlo dall'errore, a correggerne i passi guidandolo verso più nobili scopi. E se i più nobili scopi prevedono una diversa idea di poesia, misurata, virtuosa e impegnata, è subito chiaro perché, nella città viziosa che Clizio si lascia alle spalle, vengono esplicitamente ammoniti il filosofo che troppo si immerge nei propri studi perdendo sé stesso e il poeta che non insegna quando riproduce le gesta altrui.[87]

Insieme alle due figure letterarie citate, nella città viziosa di Imperiale si condannano cortigiani, invidiosi, folli amanti, avidi e avari, mercenari di terra e di mare, mercanti, soldati e comunque chiunque dedichi la vita a futili scopi o a passioni smoderate. Si capisce subito che, per essere una perfetta città tridentina, c'è una rumorosa assenza: quella degli ecclesiastici. Emerge così l'aspetto interessante di questo poema giovanile per il convegno di oggi: i valori lodati dallo *Stato rustico* non sono a priori inconciliabili con la morale cattolica. La Genova di Imperiale resta tuttavia una città solo letteraria, perché questo poema non è in alcun modo utilizzato per commentare una attualità autentica, anche se potrebbe. Anche se non vi sono chiese nel poema, si parla di catacombe (*parte duodecima*) e di due templi (*parte decima* e *parte seconda*). Il primo tempio è il tempio di Giano, Genova, che resta riferimento astratto ed erudito per celebrare la pace e la prosperità della Repubblica.[88] Il secondo tempio, pagano anch'esso, è ormai un rudere abbandonato,[89] non rivive in modi ambigui e pericolosi come il licenziosissimo tempio di Venere del canto XVI dell'*Adone*.

---

[86] Ovidio, *Metamorfosi*, p. 456s. L'intero passaggio dedicato alla reggia del Sonno e ai suoi figli si legge in Ovidio, met. IX, 583–649.
[87] Cfr. Imperiale, *Stato rustico*, I, 485–519.
[88] Ibid., X, 55–63; vedi sopra nota 76.
[89] Ibid., II, 260–309.

Come i templi così anche le catacombe hanno subito uno svuotamento.[90] Le catacombe, afferma Euterpe, sono ormai solo un «diletto»[91] tra i molti per Clizio, un elemento paesaggistico generante meraviglia e che il protagonista deve ammirare per passare subito oltre. Nella finzione offrono riparo e ristoro soltanto ai pastori, che fuggono la canicola. Traslato nel mondo bucolico, il massacro dei cristiani viene poeticamente filtrato con una circonlocuzione mitologica che lo rende piuttosto indeterminato e fuori dal tempo: i cristiani fuggono «d'empio Marte guerrier l'ire bollenti.»[92] Se anche la scena delle persecuzioni può ben sposarsi alla causa tridentina, il massacro descritto da Imperiale si chiude piuttosto, giocosamente, sul motivo del calore accomunante sia l'ira dei persecutori sia la canicola. L'accenno al tema religioso, alle «fuggitive schiere [...] / miseramente alor morte e straziate; / perseguitate ingiustamente alora»,[93] resta così circoscritto allo spazio di pochi versi e l'attenzione del poeta si concentra subito dopo sull'ennesima disputa di stampo amoroso-pastorale tra i nuovi abitatori delle catacombe. Se si considera che, nello *Stato rustico*, si assiste a un totale di nove dispute, gare e cacce amorose,[94] appare subito evidente quale tema sia più pervasivo tra i due.

L'impressione generale è quella che l'Imperiale dello *Stato rustico*, anche quando affronta temi lontanamente affini al motivo religioso, non intenda affatto parlare di religione, ma solo di poesia. Simona Morando parla di «campagna artificiale»[95] per definire le ambientazioni naturali del poema, ma si può estendere questo termine anche alla città. Quello di Imperiale resta un mondo dove i confini superati e superabili sono esclusivamente letterari, con Genova che appare città artificiale e fuori dal tempo, isolata dal suo presente storico se non per la presenza dei Mutoli. Il silenzio di Imperiale è comunque eloquente per una serie

---

90 Cfr. ibid., XII, 134–190, in particolare i versi 153–165: «Mira in lui, Clizio, mira e vedrai chiaro / che de i diletti tuoi non fia quest'antro / il diletto minor; poiché vedrai / de la natura il più superbo vanto, / il fregio più pomposo, il più bel lume / in questa tenebrosa, oscura tomba / morto e sepolto no, ma vivo e vero / per meraviglia altrui serbare intero. / Mira per l'antro in ogni parte incisi, / con certo ordine, altri antri; e fra di loro / sentier confusi, inesplicabili orme; / e da scarpelli in varie guise impressi / cerchi segreti, ove cercaro occulte, / scampo da l'infedel, stanze fedeli / ne' vecchi tempi fuggitive schiere, / miseramente alor morte e straziate; / perseguitate ingiustamente alora / ch'ardeano contra i giusti e gl'innocenti / d'empio Marte guerrier l'ire bollenti. / Qui del fervido Cane i morsi estivi / l'adusta gente oggi fuggir vi suole».
91 Ibid., 154s.
92 Ibid., 163.
93 Ibid., 159–162.
94 Cfr. ibid., III, 403–1 051; IV, 223–707; VI, 176–956; VII, 281–583; VIII, 257–1 009; IX, 501–1 243; X, 1 548–1 580; XI, 892–1 304; XII, 233–811.
95 Morando, Letteratura in Liguria, p. 49.

di motivi. In primo luogo, Imperiale ha legami strettissimi con i coevi ambienti ecclesiastici: Orazio Spinola, arcivescovo di Genova e cardinale, è suo zio materno.[96] In secondo luogo, ricorda con alcune cautele Matteo Ceppi, nei due inventari della biblioteca di Imperiale sono catalogati volumi di ortodossia tridentina e opere parzialmente censurate o occultate o rimosse, per così dire, con obbedienza, dopo la loro messa all'*Indice*.[97] Infine, Elisabetta Selmi ci ricorda che nell'Accademia dei Mutoli si parlava anche di politica.[98]

Come interpretare dunque la presa, o meglio la non-presa di posizione, dello *Stato rustico* su una questione culturalmente così rilevante? Nel momento in cui Imperiale sceglie di tenersi prudentemente 'al di qua' della cultura vigilante, astenendosi dal commentare il proprio presente politico-religioso, ma commentando comunque il proprio presente letterario e accademico, diviene difficile distinguere. Non sembra esserci nel poema un tentativo di allineamento con la cultura vigilante, a meno che non si interpreti il silenzio come un consenso implicito, non vi è alcuna radicale eversione o sovversione à la Marino data la tutto sommato marginale contaminazione tra sacro e profano. Da rampollo di ricca famiglia Imperiale è un intellettuale che avrebbe anche un certo margine di libertà in più, eppure sceglie di sfruttare lo spazio fittizio del sogno per parlare solo di poesia e sovvertire, al massimo, quei confini normativi. Di fronte a quello che sembra essere un prudente tentativo di non esporsi sulla questione, una terza via che non obbedisce, ma neanche sovverte lo *status quo* extraletterario, Imperiale sembra scegliere di non sfruttare a pieno le potenzialità eversive e sovversive garantite, almeno in linea di principio, dal dispositivo del sogno. Anzi, persino in questo spazio poetico fittizio svincolato dalla realtà quotidiana, il poeta sembra comunque voler sorvegliare sé stesso, 'auto vigilandosi' in modo complesso o ambiguo. L'indugio, la fascinazione per certi contenuti 'favolosi' e vani è presente, almeno finché subentra Euterpe a riportare l'equilibrio, quasi fosse ella stessa un

---

96 Russo/Pignatti, Imperiale, p. 297.
97 Ceppi, *Biblioteca*. Occorre prestare attenzione al fatto che i due inventari della biblioteca disponibili sono tardi e risalgono rispettivamente al 1647 e al 1649. Se, nel primo caso, Imperiale poteva ancora seguire la catalogazione di persona, nel secondo caso dell'inventario con gli espunti, la compilazione avviene postuma (vedi ibid., p. 29–36). Inoltre, non è noto chi abbia rimosso i volumi, se Giovan Vincenzo o i suoi eredi, o se siano andati persi (cfr. ibid., p. 146). È interessante notare che, negli inventari, compaiono volumi definiti «specchio delle idee politico-culturali dominanti» dai curatori moderni dello *Stato rustico*, vale a dire alcuni testi tridentini (Besomi/López-Bernasocchi/Sopranzi in Imperiale, *Stato rustico* I, p. 131, riferendosi agli *Annales ecclesiastici*). Sulle scelte di osservanza dell'*Indice* con la rimozione dei volumi proibiti dalla biblioteca imperialesca cfr. Ceppi, *Biblioteca*, p. 134–155; per riprendere uno dei poeti coevi a Imperiale e trattati in questo contributo, vedi in particolare p. 150, dedicata alla espunzione dell'*Adone* di Marino.
98 Selmi, Pastorale in romanzo, p. 277.

dispositivo di auto-disciplinamento oltre che di ammaestramento, pur nel suo essere *de facto* una istanza profana, a metà strada tra una figura divina e la personificazione della poesia d'amore, connotata talvolta come donna amata, talvolta come mistica sposa: «Ecco l'Euterpe tua»[99] dichiarerà una volta riunitasi ad Apollo. Sarebbe molto facile per il poeta radicalizzare le tensioni potenzialmente implicate da questa figura o quelle tra la Genova letteraria del suo poema e la Genova storica scardinando così il sistema dall'interno. Eppure, Imperiale si ferma prima, a metà strada tra osservanza ed eversione, con Euterpe che sta di guardia ai *confini del sonno* e *tra la vigilia e 'l sonno* di Clizio.

Poscritto

In sede di discussione Clizia Carminati si chiede se questa martellante connotazione del sogno di Clizio come falso e vano non sia già di per sé un inequivocabile segnale di *vigilanza* autoriale, un sanzionamento dei contenuti che esclude a priori ogni fascinazione 'pericolosa' o inopportuna. Raccogliendo questo utile spunto, convengo che occorrerebbe chiarire se il fenomeno da me definito *fascinazione* (maggior spazio testuale dedicato a questi temi, a livello quantitativo, ma anche la riproduzione effettiva e agonistica del repertorio poetico tradizionale, a livello qualitativo) non sia in parte insito nel «classico motivo del sensualismo voyeuristico»[100], che Imperiale consapevolmente recupera per introdurre il sogno di Clizio. Occorrerebbe dunque chiedersi se tale fascinazione non sia un fenomeno del tutto letterario e poco o per nulla ideologico. Vi sono alcuni elementi, elencati in questo contributo, per cui la posizione di Imperiale giovane appare quanto meno curiosa nel contesto secentesco, motivo per il quale ho proposto di parlare di posizione sospesa o irrisolta. L'alternativa è quella presentata da Luca Beltrami nelle pagine lungamente citate nelle note di questo contributo, vale a dire una posizione di compromesso: la fascinazione per i contenuti favolosi e vani è lecita purché essa abbia uno scopo etico e morale chiaro – ma di nuovo, laico o a-religioso.

Pur senza voler dare adito a speculazioni, se non ci si intende fermare alla primissima opzione presentata, vale a dire considerando la possibilità che l'atteggiamento ambiguo ed omissivo – di 'fascinazione' – riscontrato nello *Stato rustico* sia spiegabile anche oltre i semplici motivi letterari, si potrebbe analizzare

---

99 Imperiale, *Stato rustico*, XVI, 220. Per questo tema vedi anche Selmi, Pastorale in romanzo, p. 272.
100 La definizione citata è di Beltrami, *Tra Tasso e Marino*, p. 174.

brevemente un'altra opera composta dal poeta genovese in tarda età, il *Ritratto del Casalino* (1637[101]), cui l'autore fa precedere alcune pagine teoriche, le *Particelle*. Le *Particelle della Seconda parte*[102] e la *Seconda parte* poetica corrispondente[103] possono infatti fungere da cartina di tornasole per evidenziare le differenze ideologiche tra l'Imperiale più maturo, autore del *Ritratto*, e l'Imperiale più giovane, autore dello *Stato rustico*. In queste pagine si assiste infatti a una decisa rettifica di posizione che non lascia spazio ad ambiguità o dubbi di nessuna sorta in merito all'osservanza della norma religiosa da parte del poeta. Imperiale tratta infatti tematiche 'vane', evoca uno scenario affine ai temi trattati nella *parte nona* e *decima* del poema giovanile, ma risolve il tutto in modo completamente diverso.

Come ricostruisce il commentatore Luca Beltrami, la *Seconda parte* del *Ritratto* ha tema autobiografico e descrive il pellegrinaggio compiuto da Imperiale al Santuario della Madonna del Sasso.[104] Durante il viaggio per raggiungere il santuario, il poeta costeggia una valle attraversata da un fiumiciattolo, dove incontra non ninfe, ma pastorelle vagheggiate anch'esse dai pastori. Così spiega la *Particella* a chi legge:

> Si camina lungo quel corso della valle per lo quale corre il fiume: appresso all'acque di queste rive alcune contadine per lavori si radunano, appresso alle vaghezze di queste contadine alcuni pastorelli per amore si avicinano. Ove sono donzelle non mancano amori, ove sono amori non mancano amanti: prima si trova sole senza raggi, che beltà senza seguaci.[105]

Se anche l'incontro non avviene in sogno, se anche le contadine non si trastullano, ma lavorano, l'incontro ha comunque luogo in un *locus amoenus*, dove il fiume è così splendido e chiaro da sembrare una fonte:

> Eccomi in parte ove a le rive a fronte
> De le crespe onde sue l'acqua è più avara,
> Che quanto cupa men, tanto più chiara,
> Non sembra un fiume no, ma sembra un fonte.
>
> Nel suo puro cristallo ad una ad una
> Le pietruzze contar si ponno al fondo:
> Intorno al giro suo cerchio rotondo
> Di più contadinelle ora si aduna.[106]

---

101 Per la cronologia cfr. Beltrami in Imperiale, *Ritratto*, p. 18.
102 Imperiale, Particella II, in Imperiale, *Ritratto*, p. 93–96, in particolare p. 95 s.
103 Id., *Ritratto*, II, I–LXXXVIII, in particolare XLIII–LXVI.
104 Cfr. Beltrami in Imperiale, *Ritratto*, nota 70, p. 219.
105 Imperiale, Particella II, in Imperiale, *Ritratto*, p. 95.
106 Id., *Ritratto*, II, XLIII–XLIV.

In accordo con quanto anticipava la *Particella*, così chiarisce la quartina 51 della *Parte Seconda:* «Ove corre in bel sen fiume d'amore / Non mancan mai de' corridori amanti».[107] Sono almeno quattro i pastori che vagheggiano le contadine, ma diversamente dai pastori del sogno di Clizio, questi non interagiscono tra loro, ma interagiscono con le contadine in una lunga disputa (quartine LIV–LXV). Imperiale si focalizza in particolar modo sul pastore che cerca di vincere la ritrosa Filli con variazioni concettistiche del canone petrarchesco e petrarchistico[108] e accenna inoltre a un pastore che, nascosto tra i cespugli, spia e prova gelosia nel vedere interagire rivale e amata.[109] Parallelamente a quanto avviene nel sogno di Clizio, la disputa si interrompe bruscamente. Questa volta, tuttavia, l'interruzione ha luogo perché Imperiale semplicemente si disinteressa di quanto accade:

> Ciò che la cruda, a quei pietosi affetti
> Si replicasse alor, io dir non posso;
> Che mentre al mio camin su l'orlo al fosso
> Non fermo i passi, essi fermaro i detti.
>
> Modesto amore, in non lascivo calle,
> Mi è stimolo al desio, mi è sprone al fianco;
> E d'ogn'altro pensier è sazio, e stanco
> L'innamorato amor di questa valle.[110]

Il poeta ignora la disputa amorosa perché, senza l'aiuto di alcuna istanza esterna, quale era Euterpe nel poema giovanile, corregge in autonomia i propri passi. L'obiettivo è sempre il proprio affinamento spirituale, questa volta non in senso morale e letterario, ma spiccatamente religioso. Il più nobile desiderio che lo spinge infatti a proseguire il cammino è ricongiungersi al più presto con la «Dea di pietà»[111], per raggiungere il «Sasso, ch'è duro a par del cor de l'empio, / Qui di se stesso fabricato ha un tempio / A la Gran Madre del Fattor del Mondo.»[112] Giunto finalmente di fronte alla statua della Vergine, Imperiale «Pieg[a] il ginocchio».[113]

---

107 Ibid., LI, 1s.
108 Cfr. ad esempio ibid., LVII: «Cara, non mi ami no; non mi ami, o cara; / Deh perché non amarmi? Amami un poco: / Ah, che tu sei di ghiaccio; io son do foco; / Io prodigo d'amor; d'amor tu avara.» E ancora ibid., LXII: «Se t'amo, oh Dio, se t'amo, il dica il Cielo, / Che con sue pioggie accompagnò mio pianto, / Ch'al mio pallore impallidì suo manto, / Ch'arse al mio caldo, ed aghiacciò al mio gelo.»
109 Ibid., LIII: «Un altro osservo infra cespugli ascoso, / Che guatando il rival, guarda l'amica; / E in muto favellar, par ch'a lei dica: / 'De l'altrui gelosia sto qui geloso'.»
110 Ibid., LXVI–LXVII.
111 Ibid., LXXIII.
112 Ibid., LXXII.
113 Ibid., LXXV.

L'episodio si chiude così, performativamente, sul tempio sacro, sulla divinità religiosa, con una sostituzione che non lascia spazio ai contenuti favolosi, ma sembra ripudiarli.

Se a livello quantitativo, non vi è una netta contrapposizione tra le due sezioni del *Ritratto* (alla vana sono dedicate 24 quartine, alla religiosa 22 quartine, dove però la prima sezione include anche le due quartine rispettivamente di introduzione e di passaggio), vi sono notevoli differenze tra le due sezioni a livello qualitativo. La connotazione degli affetti come «pietosi» o dell'amore come «modesto», «non lascivo» ricontestualizzano l'episodio in chiave non solo morale, come avveniva invece nel poema giovanile, ma più precisamente in senso etico-religioso.[114] Come già nella *parte nona* dello *Stato rustico*, nella sezione amorosa ci sono alcuni elementi di disturbo: l'accenno alla gelosia del pastore, prima di tutto,[115] le contadinelle che puliscono «lordo stoviglio»[116], la contadinella che si specchia e «da la sciolta, e fugitiva imago, / Ad esser vana, ed incostante, apprende.»[117] E il canto di tutte, come già quello dei pastori dello *Stato rustico*, sfocia in stridore cacofonico: «Con rusticane, e varie cantilene, / Stridono altre d'amor barbare note: / Cantano altre d'amor, d'amor divote».[118] Qualsiasi fascinazione per questi contenuti è assente.

Si consideri infine la lunga pagina di spiegazione della *Particella* con cui Imperiale commenta lo sdoppiamento dell'episodio e la sua particolare risoluzione. La pagina instaura in modo eloquente non solo legami evidentissimi tra la morale di Imperiale e la religione ortodossa, ma soprattutto legittima i legami tra la religione e il potere. La morale viene fusa a quella religiosa: il tempio descritto nel testo non è un qualsiasi tempio, è quello della Madonna, mentre la fantasia è saldamente tenuta alla briglia dalla religione, che è sia fonte di ordine e coesione sociale, sia istinto naturale dell'uomo e ancora più necessario al suo sostentamento del cibo stesso.

---

114 Cfr. anche Beltrami in ibid., p. 225, nota 91, che insiste sul «motivo dell'amore rettamente indirizzato dallo spirito religioso, in opposizione al sentimento lascivo che tiranneggia la passione di pastori e giovani contadine» e constata a sua volta la «brusca interruzione del dialogo tra i due amanti proprio nel culmine tragico», senza approfondire.
115 Nella *parte decima* dello *Stato rustico*, la gelosia è esplicitamente condannata dal quarto accademico (cfr. sopra Imperiale, *Stato rustico*, X, 106).
116 Imperiale, *Ritratto*, II, XLVI.
117 Ibid., XLVIII.
118 Ibid., XLIX, 1–3.

Beato colui che de gli amori terreni sa farsi una scala per gli amori celesti.[119] Questi, s'io non conseguisco, almen procuro: questi nel mio pellegrinaggio mi propongo per mio scopo, ed ora sento pur questo conforto, di avere in queste mie descrizzioni incontrata ventura, il racconto della quale, se non è possente ad avalorarmi la penna, è bastevole a felicitarmi l'anima.

Parlo della Madonna Sagratissima del Sasso. Fra questi sassi, dentro a concavità di sasso, la Protettrice del mondo, la Regina del Paradiso, oggi si degna che l'imagine sua sia riverita, Questa del mio guardo è veduta, dal mio core adorata: piaccia a lei, che pur è mia difesa contro la guerra de' miei sensi, liberarmi col suo sasso dal Golia delle mie colpe.

In ogni luogo ad ognuno dispensa la Madre delle grazie quel tesoro delle divine misericordie delle quali non è numero, ma in questo tempio, in questo tempo, a questo popolo, pare che si liberale sia fatta prodiga. Popolo religioso invero, ma qual popolo, per zottico e per barbaro che sia, è tanto distaccato da umanità, che sia lontano da religione?

Lo stimolo della religione cotanto è naturale nell'uomo che prima di viver senza questo può viver senza cibo: molti idolatrano per penuria di ragione, ma nessuni per povertà di religione; ciò che a molti non insegnò la cristiana regola, a tutti predicò il morale istinto. Questo persuade alla nostra fantasia, che senza la spinta d'alcun sovrano movitore, non ha movimento la nostra attività. [...]

Dunque per religione intendesi quel generoso timore, onde riverito è quel sopremo potere dal quale confessiamo dipendenza. Dunque non sostenuto da religione, non pur languirebbe il corpo della umanità, ma cadrebbe il corpo della repubblica, essendo che lo stesso timore che induce l'animo a riverenza di Dio è quel che move l'uomo all'ubidienza d'un altr'uomo, che in terra è imagine di Dio. [...] Benedetta la nostra Santa Religione, che infallibilmente ne fa morire felici se ne fa cattolicamente vivere fedeli. Questa sola beatifica l'anima, che sola hanno d'immortale i mortali.[120]

Per chiarire infine la diversa posizione ideologica che sembra caratterizzare Imperiale maturo rispetto a Imperiale giovane, si ricordi che, nello *Stato rustico*, Euterpe si presentava al cospetto di Apollo ricalcando *Luca* 1, 38 «Ecce ancilla Domini». A prova di una contaminazione tra Euterpe e la Vergine eloquente quanto – oserei dire – a posteriori problematica, si ricordi che lo stesso riferimento evangelico viene impiegato da Imperiale in senso del tutto ortodosso nel più tardo *Ritratto del Casalino*. Quando il poeta giunge infine alla meta, al cospetto del santuario mariano, esclama:

> Ma cotanto sei pia, quanto sei bella
> Che sotto il tuo bel cielo Iddio s'inciela;
> Dunque già sul mio passo il core anela
> Per inchinarti al Dio del Cielo ancella.[121]

---

119 Cfr. Beltrami in ibid., nota 69, p. 219, che sottolinea un evidente legame con l'insegnamento di Euterpe nella *parte decima* dello *Stato rustico* (Imperiale, *Stato rustico*, X, 31–35). La ripresa della *scala* è anche lessicale.
120 Imperiale, Particella II, in Imperiale, *Ritratto*, p. 95s.
121 Id., *Ritratto*, II, LXX.

Nel *Ritratto del Casalino* si è però in presenza di una contestualizzazione forte, che non lascia spazio al dubbio in merito all'allineamento del poeta. Nel caso dello *Stato rustico*, le posizioni dell'autore sembrano farsi invece più sfumate e sfuggenti.

Riferimenti bibliografici

Imperiale, Giovan Vincenzo: *Il Ritratto del Casalino*. A cura di Luca Beltrami. Lecce 2009.
Imperiale, Giovan Vincenzo: *Lo stato rustico*. A cura di Ottavio Besomi, Augusta López-Bernasocchi, Giovanni Sopranzi. Roma 2015.
Ovidio Nasone, Publio: *Metamorfosi*. A cura di Piero Bernardini Marzolla. Torino ²1994.
Marino, Giovan Battista: *L'Adone*. A cura di Giovanni Pozzi. Milano ²1988.
Marino, Giovan Battista: *Adone*. A cura di Emilio Russo. Milano ³2018.

Baldassarri, Guido: Un progetto di lavoro sullo Stato Rustico. In: Beniscelli, Alberto/Chiarla, Myriam/Morando, Simona (a cura di): *La tradizione della favola pastorale in Italia. modelli e percorsi: atti del Convegno di studi (Genova, 29-30 novembre-1 dicembre 2012)*. Bologna 2013, p. 205-242.
Besomi, Ottavio: *Ricerche intorno alla «Lira» di G. B. Marino*. Padova 1969.
Beltrami, Luca: *Tra Tasso e Marino: Giovan Vincenzo Imperiali. Percorsi nella letteratura di primo Seicento*. Alessandria 2015.
Beltrami, Luca/Morando, Simona/Chichiriccò, Emanuela (a cura di): *I diversi fuochi della letteratura barocca. Ricerche in corso. atti del convegno di studi, Genova, 29-30 ottobre 2015*. Genova 2018.
Boillet, Danielle: Clizio et Fileno dans l'*Adone* de Marino. In: Russo, Emilio (a cura di): *Marino e il barocco da Napoli a Parigi. atti del convegno di Basilea, 7-9 giugno 2007*. Alessandria 2007, p. 259-287.
Ceppi, Matteo: *La biblioteca di Gio. Vincenzo Imperiale (Genova, 1582-1648)*. Roma/Padova 2020.
Favaro, Francesca: Il poeta che sogna (sogni di poesia) nello Stato Rustico di Giovan Vincenzo Imperiale. Metamorfosi di Topoi letterari nella parte IX. In: *Testo: studi di teoria e storia della letteratura e della critica* 75/1 (2018), p. 67-77.
Fingerle, Maddalena: *Lascivia mascherata. Allegoria e travestimento in Torquato Tasso e Giovan Battista Marino*. Berlino/Boston 2022.
Fingerle, Maddalena/Mehltretter, Florian: Vigilanza/vigilare. Der Vigilanzbegriff im Italienischen. In: *Vigilanzkulturen* (11.08.2020), https://vigilanz.hypotheses.org/398 [ultimo accesso: 15.02.2022].
López-Bernasocchi, Augusta: Una nuova versione del viaggio in Parnaso: «Lo Stato Rustico» di Gian Vincenzo Imperiale. In: *Studi Secenteschi* XXIII (1982), p. 62-90.
Martinoni, Renato: *Gian Vincenzo Imperiale politico, letterato e collezionista genovese del Seicento*. Padova 1983.
Morando, Simona: La letteratura in Liguria tra Cinque e Seicento. In: Puncuh, Dino (a cura di): *Storia della cultura ligure*, IV. Genova 2005, p. 27-64.
Pozzi, Giovanni: Anamorfosi poetiche nella maniera di Cinque-Seicento. In: Pozzi, Giovanni (a cura di): *Alternatim*. Milano 1996, p. 191-204.
Russo, Emilio: *Marino*. Roma 2008.

Russo, Emilio/Pignatti, Franco: Gian Vincenzo Imperiale. In: *Dizionario Biografico degli Italiani* 62 (2004), p. 297–302.

Selmi, Elisabetta: Pastorale in romanzo: un contributo per lo Stato Rustico di Gian Vincenzo Imperiali. In: Beniscelli, Alberto/Chiarla, Myriam/Morando, Simona (a cura di): *La tradizione della favola pastorale in Italia. modelli e percorsi: atti del Convegno di studi (Genova, 29–30 novembre-1 dicembre 2012).* Bologna 2013, p. 243–279.

Sopranzi, Giovanni: Le tre redazioni dello Stato Rustico di Giovanni Vincenzo Imperiale. In: Reichlin, Renato/Sopranzi, Giovanni (a cura di): *Pastori barocchi tra Marino e Imperiali.* Friburgo 1988, p. 75–139.

Verdino, Stefano (a cura di): *Su la Gierusalemme di Torquato Tasso con scritti di Gio. Vincenzo Imperiale, G. Chiabrera, G. B. Marino e A. Grillo.* Genova 2002.

David Nelting
Vigilanz und Observanz im *poema sacro*: Überlegungen zur Vorrede von Gasparo Murtolas *Della creatione del mondo* (1608)

Es gehört zu den unstrittigen Grundannahmen unseres Faches, dass die Literatur des frühen Seicento in hohem Maß kirchlicher Kontrolle ausgesetzt ist. Die Verurteilung Giordano Brunos im Jahr 1600 ist ein berüchtigtes Fanal ebenso tiefgreifender wie weitreichender kirchlicher Normierung des gesamten kulturellen Geschehens; literarische Produktion wurde über alle Gattungsgrenzen hinweg im römischen Index kirchlich zensiert. Nicht von ungefähr hat Clizia Carminati 2008 ein vielbeachtetes Buch über Marinos Verhältnis zur Zensur geschrieben. Unter dem Titel *Giovan Battista Marino tra Inquisizione e Censura* entfaltet der Band auf nicht weniger als 400 Seiten Marinos „lunga e tormentata relazione [...] con le due Congregazioni romane del Sant'Uffizio e dell'Indice".[1] Und ebenso bezeichnend für die Relevanz des Problems hat Maddalena Fingerle 2021 im Rahmen des Teilprojekts C03 des Münchner SFB 1369 *Vigilanzkulturen* ihre Dissertation zu Marinos poetischem Umgang mit der Zensur verteidigt. In ihrem Band *Lascivia mascherata. Allegoria e travestimento in Torquato Tasso e Giovan Battista Marino* zeigt Fingerle, wie Marinos Umgang mit kirchlichen Regelsystemen durch die Allegorie als „strumento di evasione" und durch Techniken der Verschleierung und Verkleidung geprägt ist.[2]

Angesichts dieser Studien nun noch etwas Neues zu Vigilanz und Observanz bei Marino in Bezug auf kirchlichen Normendruck berichten zu wollen, erschien mir wenig aussichtsreich, und daher habe ich vor dem Hintergrund des Tagungsprospekts mein Interesse in eine andere Richtung gelenkt. Ich habe mich Folgendes gefragt: Wenn sich, ausgehend von Marinos ambiger Verwendung sakraler Lexeme[3] in der profan-mythologischen Fiktion des *Adone* das Problem des Umgangs mit kirchlicher Autorität – bis hin zum Verbot des Epos! – derart einschneidend stellt, wie mag es dann mit entsprechenden Spannungsverhältnissen im Bereich literarischer Gattungen aussehen, die konstitutiv die Grenze zwischen weltlicher und

---

1 Carminati, *Giovan Battista Marino tra Inquisizione e Censura*, hier S. VII. Vgl. zu dem Problemfeld jüngst auch Clizia Carminatis Kapitel „L'*Adone* visto dai censori ecclesiastici" in: ead., *Tradizione, imitazione, modernità*, S. 129–168.
2 Fingerle, *Lascivia mascherata*, S. 10.
3 Der Vorwurf des Zensors Niccolò Riccardi bestand wesentlich im *profanum usum sacrarum vocum*, vgl. Carminati, *Giovan Battista Marino tra Inquisizione e Censura*, S. 346.

sakraler Rede überschreiten, genauer: In Gattungen, die – anders als etwa die meisten Märtyrerdramen – sakrale Themen nicht aus geistlicher, etwa jesuitischer oder benediktinischer, Autorschaft heraus behandeln, sondern aus entschieden weltlicher? Was ist mit Gattungen, in denen nicht Kleriker, sondern höfisch verortete Autoren mit den Mitteln weltlicher Poesie heilige Gegenstände traktieren? Müssten diese Autoren nicht besonders wachsam sein und strikte Formen der Observanz üben, um nicht umgehend dem Anathema anheimzufallen?

Als eine Gattung, die sich für die Behandlung solcher Fragen vorzüglich anbietet, erscheint mir das *poema sacro*. In dem hier interessierenden Zeitraum ‚um 1600' erwähnt die Literaturgeschichte meist Tassos *Le sette giornate del mondo creato* in reimlosen Elfsilbern, 1594 fertiggestellt und 1607 postum veröffentlicht, sowie Gasparo Murtolas *Poema sacro della creatione del mondo*, das – anders als Tassos Schöpfungsgedicht – ausdrücklich bereits auf dem Titelblatt mit der Gattungsbezeichnung *poema sacro* versehen (Abb. 1) als Oktavendichtung in sechzehn Gesängen erstmals 1608 in Venedig bei Deuchino und Pulciani erschienen ist (eine zweite, um sechs Gesänge und um sechs Illustrationen erweiterte Auflage druckte Pietro Salvioni 1618 in Macerata). Während Tasso vor allem aus cinquecentesken Traditionslinien heraus verstehbar ist, repräsentiert Murtola, wie mir scheint, beispielhafter Formen, Bedingungen und neue Dynamiken des hier titelgebenden Dichtens ‚um 1600'; aus diesem Grund werde ich mich im Folgenden – ebenso tentativ wie skizzenhaft – mit ihm beschäftigen.

Murtola verbindet man vielleicht unwillkürlich mit Marinos Verunglimpfung seiner Person. Für Marino war Murtola, so in der berühmten *Fischiata* 33, als Dichter von *cavolo* und *carcioffo* ein „poeta goffo" und „uomo gaglioffo".[4] Mit „cavolo" und „carcioffo" bezieht sich Marino nun geradewegs auf Murtolas *Poema sacro della creatione del mondo*,[5] welches dieser – noch – als Sekretär und Hof-

---

4 „Vuo' dar una mentita per la gola / a qualunque uom ardisca d' affermare / che il Murtola non sa ben poetare, / e ch'ha bisogno di tornar a scuola. / E mi viene una stizza mariola / quando sento ch' alcun lo vuol biasmare; / perché nessuno fa meravigliare / come fa egli in ogni sua parola. / È del poeta il fin la meraviglia / (parlo de l'eccelente, non del goffo): / chi non sa far stupir, vada a la striglia. / Io mai non leggo il cavolo e ‚l carcioffo, / che non inarchi per stupor le ciglia, / com'esser possa un uom tanto gaglioffo." (Marino, La Murtoleide, S. 627). Zu argumentativer Pointe und zu Denkvoraussetzungen des Sonetts vgl. Regn, Tragödie, S. 92 f.
5 Murtolas Oktaven zu „cavolo" und „carciofo" lauten: „Da la Terra spuntar tenero fuore / Fù lo Spinace oscuro indi veduto, / Di Perle accolse il rugiadoso humore / Fra le sue Crespe il Cavolo fronzuto, / Altri Torzo divenne, & altri Fiore, / Altri hebbe il Torzo rigido, e gambuto, / Altri picciolo, e vago, altri ritondo / Invillupato di sue foglie un Mondo" (Murtola, *Poema sacro*, VIII, 22); „Con la sua punta tenera odorata / Lo Sparace si vide altero alzarsi, / Polpa nel Torzo haver più delicata, / E di rigide spine il Cardo armarsi, / Di chioma più frondosa, e più puntata, / Il barbuto Carciofo incoronarsi, / Con teste grosse avanti, e piè sottili / Cader da i Muri i Cappari gentili" (ibid., VIII, 29).

dichter von Carlo Emanuele di Savoia verfasst hatte. Murtola war 1607 nach einer längeren enkomiastischen Werbekampagne in diese Position gekommen; Marino und Murtola begegneten einander wohl schon während ihrer römischen Zeit mit einer Rivalität, die sich im Jahr 1608 mit Marinos wenig versteckter Ambition, Murtolas Stellung am Turiner Hof einzunehmen, massiv verstärkte. Marinos Schmähgedichte gegen Murtola wurden ab 1626 postum unter dem Titel *La Murtoleide* veröffentlicht, zirkuliert sind sie und auch Murtolas wohl schon vorangegangenen, beleidigenden *Risate* gegen Marino freilich umgehend, und zwar italienweit, wie ein Brief des Kardinals Pietro Aldobrandini oder wie Traiano Boccalinis *Ragguagli di Parnaso* (1612) bezeugen.[6] Der Ausgang der insoweit prominenten Fehde ist bekannt: Der dichterisch offenbar verzweifelt gedemütigte Murtola versuchte am 1. Februar 1609, Marino auf offener Straße zu erschießen. Das Attentat misslang; Murtola wurde inhaftiert und Marino neuer herzoglicher Sekretär. Murtolas Karriere war damit freilich keineswegs zu Ende; nach einigen Monaten wurde er wieder freigelassen und erhielt durch die Vermittlung einflussreicher Gönner, vor allem durch die Familien Borghese und Farnese, Posten als Gouverneur von Amelia sowie später von Calvi, Montefiascone, San Ginesio und schließlich, wohl durch die Gunst des zum Papst Urban VIII aufgestiegenen Maffeo Barberini, als Gouverneur von Corneto, heute Tarquinia, wo er 1625 etwa fünfundfünfzigjährig starb. Murtola dankte den an seiner Alimentierung Beteiligten durch eine Vielzahl panegyrischer Werke, sein eigentliches Ziel, eine Stellung in Rom selbst, erreichte er zwar nicht – Corneto liegt knapp 90 Kilometer von Rom –, aber seine wirtschaftliche Sicherheit auf Basis seiner literarischen Tätigkeit muss außer Frage stehen. Anders gesagt: Murtola hatte keine überragend glänzende Karriere wie Marino, kann aber recht gut als Beispiel eines Berufsdichters dienen, den ein Netzwerk von Mäzenen offenkundig finanziell und reputativ absicherte. Dies gerät schnell aus dem Blick, wenn man Murtola durch die Linse Marinos wahrnimmt. Dann erscheint Murtola allein als der *uomo gaglioffo* der *Murtoleide*,[7] als Verkörperung prätentiöser Unbeholfenheit und dichterischen Misserfolgs. Tatsächlich aber scheint mir, wie gesagt, die Sache auf der historischen Objektebene anders zu liegen: Gasparo Murtola ist nicht mehr, aber auch nicht weniger als ein durchaus erfolgreicher höfischer Dichter, der sich im mäzenatischen System der frühen sechzehnhunderter Jahre zu behaupten vermag, was darauf hinweist, dass er sein Zielpublikum offenbar ebenso geschickt wie durchsetzungsfähig erreicht hat.

---

6 Meine hier vorgetragenen Hinweise auf die Biographie Murtolas speisen sich insgesamt aus Russos Darstellung, vgl. Russo, Murtola.

7 Vgl. das Zitat (Marino, La Murtoleide, S. 627) in Anm. 4.

Die Tatsache, dass der aus einfachen Verhältnissen stammende Murtola nach dem Jurastudium, das er Mitte der neunziger Jahre in Genua abgeschlossen hatte, zum Mitglied der *Accademia degli Insensati* in Perugia avancierte und aufgrund einer Fülle von – nicht nur enkomiastischen – Dichtungen mehr oder weniger ununterbrochen lebenslang und in unterschiedlichen Herrschaftsgebieten Italiens ein wohl auskömmlich protegiertes Leben führen konnte, erscheint mir für die Fragestellung unserer Tagung nicht nebensächlich, sondern als belastbares Indiz dafür, dass Murtola für seine Ziele opportune Techniken umsichtiger Observanz von Usancen, Normen- und Regelgeflechten offenkundig beherrscht hat. Nun beginnt einschlägige Rezeptionssteuerung vielfach schon paratextuell, und unmittelbar aussagekräftig scheinen mir in diesem Zusammenhang vor allem jene ‚um 1600' zahlreichen Vorreden zu sein, die als einleitende Selbstkommentare zwischen Werk, Autor und kulturellem Kontext pointiert zu vermitteln suchen. Auch im Fall von Murtolas *poema sacro* liegt uns ein derartiger Paratext vor, und zwar in Form einer Vorrede, die mit *Lo Stampatore a' lettori* überschrieben ist.

Schon seine über vierhundertseitigen *Rime*, die bei Roberto Meglietti 1603 in Venedig erschienen waren und im darauffolgenden Jahr eine zweite Auflage erfuhren, hatte Murtola, neben einem Widmungsbrief an den Erzbischof von Genua und einer einseitigen Copia der *licenza*, mit einer Vorrede unter dem gleichlautenden Titel *Lo Stampatore a' lettori* versehen. Diese Vorrede, die – ganz wie Marinos Vorreden zum *Ritratto del serenissimo don Carlo Emanuello* (1608)[8] und zu der *Parte terza* der *Lira* (1614)[9] – tatsächlich, wie Emilio Russo in seinem Artikel zu Murtola im *Dizionario Bibliografico degli Italiani* verzeichnet,[10] in vorgeschobener Autorschaft nicht vom *Stampatore*, sondern vom Autor selbst stammt, annonciert vor allem künftige Werke, die neben *Elogi*, einem *Ballo delle Grazie*, *Lettere poetiche* und *Heroici* eben auch eine *Genesi*, also unser *poema sacro della creatione del mondo*, umfassen sollen. Nach der „varietà dei concetti", der „leggiadria dei pensieri" und der „dolcezza dello stile" der *Rime* erklärt Murtola, künftig auch in diesen anderen Gattungen zu zeigen, wie er „con tante scienze" zu jener *perfettione* gelangt, die den Leserinnen und Lesern überwältigte Bewunderung, *stupore*, abnötigt.[11] Gleichzeitig thematisiert Murtola offen und konkret das Problem der Zensur: Man solle sich nicht wundern, wenn man in den lyrischen *gemme*, die mit den *Rime* vorlägen, bestimmte Wörter nicht finden könne, und zwar „fato, fatale, fortuna, paradiso, inferno, immortale, beato, glorioso, & altre parole simili." Das liege daran,

---

8 Vgl. Russo, *Marino*, S. 91 f.
9 Vgl. ibid., S. 32 und 320 f.
10 Vgl. Id., Murtola.
11 Murtola, *Rime*, S. X–XI.

dass die *Signori Superiori* diese als „non convenienti" entfernt hätten.¹² Murtola freilich vertieft dieses Thema nicht weiter, nach einer bündigen Bitte, man möge doch für eine *longa felicità* des Signor Murtola beten, damit dieser in seiner Eigenschaft als *maraviglioso Inventor* noch mit *mille nuove Inventioni* die italienische Sprache bereichern könne, endet die kurze, nur zweiseitige Leseranrede der *Rime*.

Die Vorrede zu Murtolas *Creatione del mondo* folgt, ohne weitere Paratexte wie Widmungsbriefe oder ähnliches, auf das Titelblatt (Abb. 1), das neben dem Werktitel, der Gattungsbezeichnung (*poema sacro*), dem Autornamen, der Grundstruktur (*Giorni sette, Canti sedici*), der Widmung an den Sereniss. D. Carlo Emanuello Duca di Savoia, &c. sowie der *Licentia de' Superiori, & Privilegi* ein Titelkupfer umfasst, welches im Uhrzeigersinn sujetbezogen wenig verwunderlich Firmament, Gottvater, Vögel, Eva, Meerestiere, Landtiere und Adam darstellt. Die, wie gesagt, ebenfalls *Lo Stampatore' lettori* überschriebene Vorrede zur *Creatione del mondo* ist deutlich ausführlicher als die zu den *Rime* und umfasst 11 Seiten. Auch hier ist davon auszugehen, dass ihr Verfasser Murtola selbst ist.¹³ Die unpaginierte Vorrede, welche die frühneuzeitlichen Muster von *prologus praeter rem* und *prologus ante rem* verbindet,¹⁴ beginnt mit der Erzählung einer Editionsgeschichte: Der Verleger habe Murtola schon seit Jahren gebeten, sein Werk über die *Creatione del mondo* drucken zu dürfen, immerhin sei das *poema sacro*, wie der erste Satz der Vorrede die bereits auf dem Titelblatt prominent platzierte Gattungsbezeichnung aufgreift, sehnlichst erwartet worden, „tanto desiderato da i litterati". Der mit „altri Studi", mit Reisen und mit Aufgaben an der Corte del Serenissimo Signor Duca di Savoia rastlos vielbeschäftigte – „sempre occupato" – Murtola habe aber nicht früher dem verlegerischen Wunsch entsprechen können als zu dem Zeitpunkt, zu dem die Fürstenfamilie sich in Venedig aufgehalten habe. Murtola habe die Principi auf dieser Reise durch die „particolar grazia dal Signor Duca Padre" begleiten können, weswegen das Publikum der Serenissima nicht nur den Piemonteser Fürsten ihre „particolar osservanza" habe zeigen können, sondern auch „tutti i litterati" Venedigs Murtola haben kennen lernen dürfen und der Verleger nun endlich mit Murtola den

---

12 Ibid., S. XI.
13 Mit letzter Sicherheit beweisen lässt sich diese Autorschaft zum gegenwärtigen Zeitpunkt nicht – aber selbst wenn man von dem höchst unwahrscheinlichen Fall ausgehen wollen würde, dass hier ein (aus welchem Grund?) namenloser *Stampatore* das Werk kommentiert hätte, dann wäre ein solcher Kommentar in enger Abstimmung mit dem Autor geschehen und könnte von daher nichts anderes als Murtolas eigene Position wiedergeben. Am Argument mit Blick auf das Problemfeld Vigilanz und Observanz würde sich daher nichts ändern.
14 Zu den diversen (hier synkretistisch verschränkten) ‚Textfunktionen' des *prologus praeter rem* als Textsorte exordialtopischer Begrüßung, Danksagung und Eigenwerbung und des *prologus ante rem* mit seinen Informationen zu Thema, Quellen usw. im 17. Jahrhundert vgl. Stockhorst, Dichtungsprogrammatik, S. 353–374.

langersehnten Druck seines Werks habe auf den Weg bringen können.[15] Die Vorrede ist von derlei Gesten lebensweltlicher Verortung des höfischen Autors und enkomiastischen Formeln gerahmt; am Schluss der Vorrede heißt es dann nämlich, dass nach allen Vorzügen des Werks nun nicht mehr auf Murtola weiter eingegangen werden müsse, er sei allenthalben bekannt und durch zahlreiche Ehrungen distinguiert; schließlich sei er neben „tanti altri favori" Sekretär des Herzogs von Savoyen, jenes „litteratissimo Principe vero Mecenate, & Augusto de i nostri tempi", der als „litteratissimo Principe" die Welt der *Corte* und die der *litterati* programmatisch verschränkt.[16]

Umklammert von dieser Inszenierung Murtolas als höfischem Autor, dem ebenso die Gunst der Mäzene wie die Bewunderung aller *litterati* sicher sind, finden sich gattungstheoretische Erklärungen. Diese beginnen mit der Feststellung, dass es sich bei dem vorliegenden Werk um ein *Poema* in einer bestimmten Traditionsfolge handle. Schon vor Murtola hätten zwanzig oder dreißig andere Dichter die Schöpfung behandelt, und zwar in der vorchristlichen und christlichen griechischen und römischen Antike ebenso wie in der jüngeren Vergangenheit, „finalmente fra i Moderni". Genannt werden für die *moderni* zwei Autoren und Werktitel: Guillaume Du Bartas' *La semaine ou création du monde* von 1578, hier als *Divina Settimana* geführt (so lautete der Titel der erstmals 1592 in *versi sciolti* bei Ciotti erschienenen italienischen Übersetzung),[17] und Torquato Tassos *Mondo creato*. Tassos Schöpfungsepos in *endecasillabi sciolti* war, wie gesagt, erst 1607, also unmittelbar vor Murtolas *Creatione del mondo*, postum veröffentlicht worden, und hatte einigen Erfolg, denn auf die bei Girolamo Discepolo in Viterbo erschienene Princeps folgten 1608 rasch weitere Ausgaben in Genua bei Pavoni, in Venedig bei Ciotti und Giunti sowie in Mailand bei Bordoni und Locarni. Schon Du Bartas' italienische *Settimana* war durchaus erfolgreich gewesen, hatte sie doch gleich 1593 bei Ciotti eine zweite Auflage erfahren und war 1595 aufwändig um Illustrationen erweitert erneut gedruckt worden.[18] Vor diesem Hintergrund ist Murtola entsprechend gefordert, seine eigene Position zum Schöpfungsepos zu markieren. Dazu setzt er mit einer deutlichen gattungstheoretischen Auskunft ein: Es handele sich bei seinem Werk um ein „Poema narrativo, e non Epico, come alcuni haverian voluti."[19] Was heute unter Umständen erstaunlich wirken mag, würden wir in der Folge der goethezeitlichen Trias der ‚Naturformen' Epik, Lyrik und Dramatik intuitiv doch das Narrative als Abgrenzungskriterium gegenüber Lyrik und Dramatik im Epischen realisiert sehen,

---

15 Murtola, *Della Creatione* (Version 1608), S. VIIf.
16 Ibid., S. XVII.
17 Bartas, *La Divina Settimana*.
18 Vgl. ibid.
19 Murtola, *Della Creatione* (Version 1608), S. X.

erschließt sich im historischen Kontext aus einer auf das Redekriterium in *Politeia* 394c herrührenden Dreiteilung der Dichtung in dramatische Dichtung, in welcher handelnde Personen auftreten und mimetisch zu Wort kommen, in erzählende Dichtung als einem Bericht des Dichters selbst, und in eine Mischform aus beidem, der epischen Dichtung, in der sowohl im Sinne eines Berichts bzw. einer einfachen Erzählung (*haplé diégesis*) erzählt wird als auch handelnde Personen auftreten und es dabei zu einer Nachahmung der Rede anderer kommt. Das platonische Redekriterium ist in den zumeist aristotelischen Renaissancepoetiken nicht bestimmend, aber (wie ja auch bei Aristoteles selbst) durchaus gegenwärtig, und es prägt entscheidend die Argumentation von platonistisch ausgerichteten Dichtungstheoretikern wie Mazzoni, Salviati, Scaliger oder Varchi. So gehört das Redekriterium gleichsam – explizit oder implizit – zur Grundausstattung frühneuzeitlicher Poetik. Mit Blick auf die spezifischen Möglichkeiten von im platonischen Sinn narrativer Dichtung hatte etwa Mario Equicola in seinen *Institutioni al comporre in ogni sorte di rima della lingua volgare*, 1541 postum veröffentlicht, unterschieden zwischen einem *Poema Attivo* als dramatischer Rede in Tragödie, Komödie, Bukolik und Satire, einem *Poema Enarrativo*, welches berichtend Historie, Philosophie oder Mathematik traktiert (heute würden wir von Lehrgedicht oder *poesia didascalica* sprechen) und einem *Poema Misto*, worunter er episch-heroische oder auch elegische Dichtung fasst.[20] Hinter Equicolas Wortwahl stehen offenkundig neben dem allgemeinen Redekriterium näherhin Diomedes Grammaticus' Gattungskonzepte des *genus activum vel imitativum* (Tragödie, Komödie, Eklogen), des *genus enarrativum vel enuntiativum* (Teile der *Georgica*; Lukrez) und schließlich des *genus commune vel mixtum* (*Ilias*; *Odyssee*; *Aeneis*) (*Ars grammatica* 3, De poematibus).[21] Kurzum: Diomedes' *genus enarrativum*, Equicolas *poema enarrativo* und eben Murtolas *poema narrativo* bezeichnen schlicht die Form eines poetischen Berichts, in dem keine handelnden Menschen mimetisch sprechend auftreten.

Die Gattungswahl dieses *genus enarrativum* oder *poema narrativo* hat, wie wir weiter in der Vorrede erfahren, zunächst etwas mit der poetischen Bescheidenheit Murtolas zu tun. Denn auch wenn sich einige ein *Poema Epico* von Murtola gewünscht hätten („come alcuni haverian voluto"), so sei er nicht so ehrsüchtig („non

---

20 In einen größeren Kontext wird diese Position eingebettet von Weinberg, *A History*, S. 264. Der entsprechende Passus bei Equicola lautet wörtlich: „Di Poemi tre modi sono stimati. Attivo, sotto'l qual viene Tragedia, Comedia, Buccolica, & quella, ch'è tutta nostra, Satira. Enarrativo, sotto'l qualsi comprendono, Historia, Sententie, & Filosofia con le Mathematice. L'ultimo è il Misto, il qual contiene maestà Heroica, soavità lirica, & miserabili Elegi" (Equicola 1541, o.S.).
21 Vgl. zusammenfassend Curtius, *Europäische Literatur*, S. 437–439. Dort auch Hinweise auf das Fortwirken Diomedes' im 16. Jahrhundert; v. a. durch einen Druck 1527 in Paris zusammen mit Donatus.

ardiva tanto di se stesso"), ein *Poema Heroico* als Spielart des *Poema Epico* schreiben zu wollen, denn mit dem Musterautor Tasso konkurrieren zu wollen, sei ebenso gefährlich (*pericoloso*) wie wagemutig (*temerario*) und außerordentlich schwierig („[...] molto difficile il poterlo emulare"). Nun gehören zum Oberbegriff des *Poema Epico* neben dem *Heroico* freilich auch die *Romanzi*; hier aber sei Ariosto im Bereich der „inventione maravigliosa" und der „dolcezza del dire" kaum zu überbieten.[22] Wachsam und vielleicht auch durchaus klug umgeht Murtola solchermaßen den Wettstreit mit den beiden epischen Klassikern höfischer Lektüreerfahrung und dadurch gleich auch die gesamte vertrackte akademische Diskussion über Form, Funktion und Wertigkeit von *poema* und *romanzo*. Murtolas Observanz besteht hier also darin, dass er, um es einmal so salopp zu sagen, schlicht den Hals aus der Schlinge einer epentheoretischen Diskussion zieht, indem er sie vermeidet und eine Gattung bespielt, die weithin außerhalb der dominanten Regelsysteme und dichtungstheoretischen Auseinandersetzungen liegt. Diese Randstellung des *poema narrativo* bringt die Vorrede denn auch in Anschlag, und selbstredend nicht als Defizit, sondern durch die Wortwahl, die italienische Sprache sei bisher arm an *poemi narrativi*, als Desiderat („...i Poemi narrativi, de' quali la lingua nostra è povera").[23]

Vor diesem Hintergrund kommt nun ein Geltungsanspruch zum Tragen, der mir gerade ‚um 1600' neue Dynamiken der Autorisierung zu entfalten scheint und den Franco Croce einst entschieden als Merkmal barocken Dichtens benannt hat:[24] Der nachdrückliche Anspruch auf *novità*. So soll sich die Anziehungskraft von Murtolas *Creatione del mondo* weniger aus einer ehrfürchtigen Fortschreibung der zuvor erwähnten Traditionen ableiten, sondern aus entschlossener *novità*:

> [...] se bene la materia del Poema del Sig. Murtola, sia materia trattata da tanti, come ho detto di sopra, e particolarmente dal Sig. Di Bertasso, e'l Tasso, e molti per avventura possino haver opinione, che il Sig. Murtola non habbia in se novità, e che dica le medesime cose, che hanno detto gli altri, con tutto ciò, il detto Signor ha professato di tener strada diversa da quanti habbiano sino hora scritto, come ben potrà vedere chi vorrà far paralello fra Scrittura, e Scrittura.[25]

Den philologischen Textabgleich *fra scrittura e scrittura*, der hier angeregt wird, überlässt uns die Vorrede. Stattdessen erläutert sie im Folgenden, dass die von Murtola behauptete *novità*, seine Wahl einer *strada diversa*, zunächst die Ebene der Disposition der *materia* betreffe. Hier nämlich hält die Vorrede dem Werk zugute,

---

22 Murtola, *Della Creatione* (Version 1608), S. X.
23 Ibid., S. XI.
24 Vgl. Croce, Critica e trattatistica, S. 473–518.
25 Murtola, *Della Creatione* (Version 1608), S. XII.

dass es nicht schlicht die einzelnen Tage der Schöpfung in der Zahl der *Canti* abbilde – das war bei Tasso der Fall, ohne dass hier daran ausdrücklich erinnert würde –, sondern dass die Canti abhängig von den Gegenständen der Schöpfung geordnet seien, und zwar sowohl in Hinblick auf eine „miglior distintione" als auch auf den „gusto di chi legge". Auch wenn Vögel und Fische an demselben Tag geschaffen worden seien, so müsse ihre Behandlung auf unterschiedliche Gesänge verteilt werden, um Überdruss, *satietà*, zu vermeiden.[26] Das Streben nach Gefälligkeit wundert nun nicht angesichts des höfischen Zielpublikums; und ganz auf dieser Linie geht es weiter, wenn in elokutioneller Hinsicht zuvörderst die Verwendung der Oktave im *poema narrativo* als weiteres Merkmal ausdrücklicher *novità* genannt wird, und dies wieder unter Vermeidung der direkten Nennung Tassos, der seinen *Mondo creato* in reimlosen Elfsilbern geschrieben hatte (wie auch die italienische Übersetzung von Du Bartas in *versi sciolti* gehalten war), und in dessen (sowie zweifellos auch Du Bartas'[27]) Horizont dieser Neuheitsanspruch sein eigentliches Profil gewinnt:

> Vi è di più l'Ottava Rima, la quale apporta per se stessa più novità, che il verso sciolto, alletta molto più per il numero, e l'Armonia, che ha seco, e non è dubbio, che quando ciò fosse succeduto felicemente al Sig. Murtola, il suo Poema haveria molto più di avantaggio, che gli altri.[28]

Während dieser Satz zur Oktave als der Grundlage klanglicher Vorzüge (*numero, armonia*) den Begriff der oben bereits programmatisch gewählten *novità* aufgreift, wiederholt der darauffolgende Satz das Bild der *strada diversa*. Zu einer anderen wesentlichen Eigenart des Werks, seinem außerordentlichen Detailreichtum, der die *Creatione* zu einer Art von „letteraria *wunderkammer*"[29] macht, heißt es nämlich:

> Oltra di ciò [also der Verwendung der *ottava rima*] hà tenuto ancor strada diversa in rappresentare le cose, con particolareggiarle, e allontanandosi dall'Universale venire a certi individui per farne spiccare maggiormente la maraviglia, & il diletto, e che questa era strada migliore, e che perciò li Poeti greci sono stati migliori de'Latini, Homero di Virgilio, e l'Ariosto, che ha seguito Homero è stato miglior del Tasso, che tutto ciò è conforme alla dottrina di Cicerone, Quintiliano, Hermogene, e Demetrio Falereo; e che l'artificio di un buon Retorico si

---

26 Vgl. ibid.
27 Murtola muss sich ziemlich eingehend mit der von Ferrante Guisone angefertigten Du-Bartas-Übersetzung befasst haben; Jori, *Le forme della creazione*, S. 69–74 macht konkrete Textbezüge zwischen Murtolas *Creatione* und der *Divina Settimana* in der Gegenüberstellung evident.
28 Murtola, *Della Creatione* (Version 1608), S. XIII.
29 Jori, *Le forme della creazione*, S. 54.

scopriva maggiormente in saper aggrandir le cose humili, e basse, si come per lo contrario le grandi abbassare.[30]

Wir haben es hier offenkundig mit einem gewissen Wandel poetischer Normierung ‚um 1600' zu tun, wenn die renaissanceklassizistische Autorität Vergil hinter Homer zurücktritt und Ariosto Tasso vorgezogen wird. Eine derartige Selbstlegitimierung kann nun als Selbstautorisierung, und darum geht es hier ja, besonders gut funktionieren, wenn der auf Zustimmung angewiesene Verfasser von einer entsprechenden Disposition bei seinem Publikum ausgehen kann. Dann beschreibt Murtolas Aussage nicht nur eine individuelle oder gar exzentrische Position, sondern entspricht einem einvernehmlichen Muster. Um den Befund in die Begrifflichkeiten unserer Tagung zu überführen: Murtola ‚beobachtet' sehr wohl Formularien der tardocinquecentesken Regelpoetik, aber er ‚beachtet' sie nicht mehr oder nur noch zu einem geringen Teil – der Anciennitätsverweis auf Cicero und Quintilian zitiert entsprechende Schemata, erweitert sie aber gleich um Hermogenes und Demetrius von Phaleron, und dies scheint mir in der Pragmatik der Vorrede eine Öffnung und Umwertung darzustellen, die offenkundige höfische Publikumserwartungen in Bezug auf abwechslungsreiche Unterhaltung – bezeichnend auch die Privilegierung von Ariosto – stärker beachtet als vorgängige regelpoetische (akademische) Traditionen.

Murtola ist sich allerdings des nach wie vor tendenziellen Spannungsverhältnisses zwischen seiner Technik des *particolareggiare* und des „aggrandir le cose humili" auf der einen Seite und tradierten Konventionen auf der anderen Seite bewusst, und zur Unterfütterung seines Ansatzes erwähnt er an dieser Stelle jene Kohlköpfe, deren Darstellung Marino in der *Fischiata* 33 angreift:

> E perche in questo particolare sò, che alcuni gli hanno havuto a dire, che non haveriano posto nella Creatione nè Cavoli, nè Bietole, nè Cipolle, nè Agli, nè rape, come nel Canto delle Herbe, [...] le quali par più tosto, che avviliscono la Scrittura, che altramente fò intender loro, che questo è stato il suo fine, e che pretende da queste far nascer la maraviglia maggiore, e dinotar maggiormente la Providenza di Dio [...].[31]

An dieser Stelle kommt ein neuer Faktor ins Spiel: Murtolas Poetik des *particolareggiare* dient nicht nur, wie bisher, einer *maraviglia* im Dienst des mundanen *diletto*, sondern ebenso dazu, Gottes Vorsehung durch das Detail der Schöpfung aufzuzeigen. Dieser Passus ist freilich der allererste, in dem Gott als Schöpfer zur Sprache gebracht wird, und erscheint nach der gattungspoetologischen Selbstre-

---

30 Murtola, *Della Creatione* (Version 1608), S. XIIIf.
31 Ibid., S. XIV.

flexion Murtolas in der Darstellungsökonomie der Vorrede so gleichsam als Fußnote einer Poetik, welche sich dem *particolareggiare* als Alleinstellungsmerkmal dichterischer *novità* verschrieben hat. Umgehend kommt Murtola denn auch wieder – ausgehend von der beispielhaft ausdetaillierten *zanzara* – auf genuin poetische Traditionslinien von (Pseudo-)Vergils *Culex*, Homer und Theokrit zurück, um die eigene *maestà* zu unterlegen. Es sei wie bei diesen die Technik des *particolareggiare*, die „per maggior diletto di chi legge" die Lebensgegenwart des Publikums zu erreichen und in alltäglichen Details wie *cavoli, bietole* usw. die reichhaltige Schöpfung präsent zu machen vermöge.[32] Darstellungsgegenstand des Schöpfungsgedichts sei schließlich die facettenreiche Gesamtheit des „[m]ondo come lo trova adesso, ma però principato allhora".[33] Der „Mondo come lo trova adesso" umfasst dabei in der überbordenden Konkretheit eines ‚barocken Enzyklopädismus'[34] neben den kleinsten Details der Schöpfung auch ganze Landschaften wie Burgund und Ligurien (und eine Fülle weiterer) sowie zahlreiche Städte von Coimbra und Venezia bis Roma und Napoli. Eine solche Verbindung von damals (*allhora*) und heute (*adesso*) wird sodann als notwendiges Ergebnis aus der Vorstellung erklärt, „che il Mondo è continuamente nascente per molte ragioni de Filosofi".[35] Schöpfungsgeschichte ist also Naturgeschichte und kann demnach nicht beim biblischen Schöpfungsakt selbst stehen bleiben, sondern muss in die Gegenwart verlängert werden. Dieser Gedanke einer von der Urschöpfung bis in die Gegenwart hinein werdenden ‚Welt' wird allerdings nicht weiter ausgeführt, sondern bleibt naturphilosophische Floskel eines sichtlich vor allem poetischen Geltungsanspruchs.

Bevor die Vorrede mit dem oben bereits referierten zyklischen Anschluss an die höfische Eingangstopik schließt, mündet der dichtungskonzeptuelle Teil in eine knappe Zusammenfassung der Meriten des Werks, also die „diversità della rima, distinzione delle cose, la particolarità loro, la diversità dell'invenzione", sowie in ein abschließendes Bild von Murtola, der einem Schmied gleich aus dem Eisen neue Funken schlägt, wobei die sprühenden Funken in ein der historischen Zielgruppe wohl angenehm geläufiges Sammelsurium poetischer Schlagworte übersetzt wer-

---

32 Ibid., S. XIII–XIV.
33 Ibid., S. XVI.
34 Massimilano Rossi bettet Murtolas Gedicht in eine enzyklopädische Kultur am Turiner Hof ein, welche sich in der Grande Galleria von Carlo Emanuele mit ihrer gewaltigen Sammlung von Gemälden, Atlanten, Naturalien, Antiquitäten usw. konzentriert, und von der inspiriert Murtolas *poema* als ein *„tour de force descrittivo e nomenclatorio"* erscheint (Rossi, Poemi, S. 106), und dies sowohl allgemein in der *inventio* als auch konkret etwa in der Gestaltung der die einzelnen Canti einleitenden Überschriften, welche die behandelten Gegenstände vorab verzeichnen. Ein jeder dieser Indizes erscheint, so Rossi, „modellato su quello [i.e. indice] dei contemporanei testi naturalistici e/o sui cataloghi delle raccolte di *naturalia*" (ibid., S. 107).
35 Murtola, *Della Creatione* (Version 1608), S. XVI.

den: „Come il Fabro, heißt es da, che battendo il Ferro ne fà uscir più faville, così egli farne nascer concetti, sententie, moralità, comparationi, & altre Digressioni dilettevoli, & utili."[36]

Ich komme zum Schluss. Murtolas Selbstverortung als Dichter barocker *novità* durch Verfahren wie *ottava rima* und *particolareggiare* dürfte hinreichend deutlich geworden sein. Seine Gattungsreflexion zeigt Wandelphänomene in Bezug auf die Normativität von regelpoetischen Traditionen an, die uns von Marino her gesehen nicht sonderlich wundernehmen, aber unser Bild entsprechender Dynamiken gerade ‚um 1600' beispielhaft abrunden. Dies weiter zu vertiefen erschiene mir angesichts des diesbezüglichen breiten und präzisen Kenntnisstands zur Barockdichtung und zu Spielarten wie dem Marinismus müßig. Noch einmal zusammenfassen würde ich freilich gern einige Punkte, welche mir für die bislang in meiner Darstellung der Vorrede – es wird aufgefallen sein – ja nicht einmal ansatzweise gestreifte Frage nach der Bedeutung kirchlicher Norm und Kontrolle interessant erscheinen.

Erstens. Einen wie auch immer gearteten Umgang Murtolas mit kirchlicher Kontrolle von außen suchen wir in der Vorrede vergeblich. Sollte er sich im Vorfeld der Veröffentlichung mit Vertretern der Glaubenskongregation ausgetauscht haben – immerhin musste er ja die *Licentia de' Superiori* bekommen –, dann verschweigt er dies, im auffälligen Gegensatz zu der Vorrede seiner *Rime*. Murtola adressiert nicht das kirchliche Normensystem, sondern ist sichtlich bemüht, seinen Text in eine höfisch innerweltliche Wahrnehmung und Diskussion von Dichtung einzubetten. Dazu gehört neben dem verstörend beiläufigen und verzögerten Eingehen auf jenen Schöpfergott, der Murtola doch erst sein Sujet liefert, ein, wie ich finde, verblüffender Schachzug: Die auf dem Titelblatt vorgenommene Gattungsbezeichnung *poema sacro* wird in der Vorrede nach der Wiederholung dieser Gattungsbezeichnung im ersten Satz nicht weiter verfolgt, stattdessen sollen wir das Werk als *poema narrativo* wahrnehmen. Dies ist die Gattung, als die wir Murtolas Schöpfungsgedicht wahrnehmen sollen und aus deren poetischer Faktur Murtola seinen Anspruch auf *novità* ableitet. Die Überschriften der einzelnen Gesänge, die stets wieder den Werktitel aufnehmen, bezeichnen dann übrigens allesamt den Text als *poema*, verzichten also auf den Zusatz des *narrativo*, aber ebenso auf den des *sacro*.

Zweitens. Wenn Murtola in seiner Selbstthematisierung die Wahl des „Poema narrativo, e non Epico" damit begründet, nicht mit Tasso im Feld des *poema eroico* und nicht mit Ariosto im *romanzo* konkurrieren zu wollen, dann scheint sich das Thema fast aus dieser Gattungswahl heraus zu ergeben, und nicht umgekehrt.

---

36 Ibid.

Poema eroico und *romanzo cavalleresco* hätten sich doch ohnehin nicht als geeignete Gattungen für die Erzählung der Schöpfungsgeschichte angeboten. Anders gesagt: Die Vorrede liest sich so, als habe Murtola in Umgehung der – nach dem Redekriterium – epischen Herausforderung eine weitere Textsorte außerhalb gesucht, im *poema narrativo* gefunden und dann als Gegenstand die Schöpfung gewählt. Die *Genesis* der Heiligen Schrift erscheint so als Mittel auf dem Weg zum Ziel des dichterischen Reputationsgewinns durch *novità* und nicht als ein aus überzeugtem Glauben heraus gewählter Ausgangspunkt eines *poema sacro*, welches die Schöpfungsgeschichte zum Ruhme Gottes auszufalten trachtet. Auch die den poetologischen Erwägungen erst nachgeordnete, auf die Technik des detaillierenden *particolareggiare* bezogene, späte Erwähnung Gottes scheint mir den entschlossen mundanen Ansatz der Vorrede zu unterstreichen, die in ihrer höfischen Weltlichkeit gar nicht erst versucht, das eigene Werk dogmatisch abzusichern. Einen dermaßen weltlichen Zuschnitt paratextueller Kommunikation empfinde ich auf der Schwelle zu einem *poema sacro* schon erstaunlich. Ich wäre fast versucht zu fragen, ob man es hier noch mit Taktiken der Evasion zu tun hat oder schlichtweg schon mit einer handstreichartig mundanen Vereinnahmung des Sakralen.

Drittens. Murtolas Formel vom *Mondo continuamente nascente* ist so knapp und ungefähr angelegt, dass man sie sicher auf unterschiedliche Weise verstehen kann. Das breite Spektrum der Möglichkeiten reicht dabei von einer christlichen *natura naturans*, welche den augustinischen und thomistischen Lehren von der *creatio continua* als dem fortdauernden Eingreifen Gottes in die eigene Schöpfung verpflichtet ist,[37] bis zu jenem naturphilosophischen Atomismus lukrezianischer Prägung, den man zu Murtolas Zeit zwangsläufig mit dem Namen Giordano Brunos verbindet.[38] Nach der Lektüre der *Creatione del mondo* scheint mir nun Einiges dafür zu sprechen, dass Murtolas Gedicht tatsächlich das letztere, mit Blick auf die christliche Lehre provokante Prinzip innerweltlichen Werdens im Sinne eines Lukrezischen *natura creet res* (*De rerum natura* I, 56) ausstellt. Im *poema* selbst tritt

---

[37] Paradigmatisch für diesen klassischen Gedanken, dass die Welterhaltung (*conservatio mundi*) sich in einem fortdauernden Weiterschaffen vollzieht, ist Thomas' *Summa contra gentiles* III, 6. Zum Konzept der substantiellen Gottespräsenz in den *natura-naturans*-Konzepten der christlichen Vormoderne vgl. Weijers, Contribution à l'histoire.

[38] „Nei poemi francofortesi – composti alla maniera die Lucrezio – il B[runo] sviluppa in senso decisamente atomistico la propria concezione della materia già esposta nei dialoghi londinesi. Nel *De minimo* sicontiene la definizione dell'atomo bruniano : Pars ultima della materia, minimum fisico assoluto, sostrato di tutti i corpi, impenetrabile. [...] Gli atomi sono infiniti essendo infinita la materia. In tale concezione non v'è posto per una forza esteriore che regoli o determini le combinazioni materiali. Nel *De monade* il B[runo] dà una spiegazione aritmologica delle diverse qualità degli oggetti sensibili, i cui elementi vengono mossi – come già sostenuto nella *Causa* rispetto alla materia infinita – da un principio intrinseco." (Aquilecchia, Bruno, S. 661 f.).

der Schöpfergott kaum in Erscheinung; von den machtvoll allgegenwärtigen *creavit Deus, fecit Deus* und *dixit Deus* der *Genesis* bleibt bei Murtola nicht viel übrig. Stattdessen wissen wir schon sehr früh im Text, genauer: ab der einundzwanzigsten Oktave des ersten Gesangs, dass es die *materia* selbst ist, die aktiv handelnd ständig neue Formen hervortreibt und damit die Schöpfungsgeschichte aus sich heraus bestimmt:

> Di varie forme avida fame espressa
> Hebbe ella [i.e. la materia] insatiabile, e vorace,
> Ne paga mai, nè mai si vide in essa
> la voglia estinta, e quel desir predace,
> Se dal Foco, o dal'Aria, o d'altro impressa
> Di nova forma fù lieve, e tenace,
> Quasi Proteo più vario in mille guise
> Cangiò volto, e Natura, e si divise.[39]

Nun findet sich durchaus auch in Gn 1.11 und 1.24 Gottes Auftrag an die Erde, selbst Gras, Kraut, Samen, Fruchtbäume, Vieh und Getier hervorzubringen. Diese ‚Selbstschöpfung' freilich bleibt ganz klar eingehegt durch die massiv strukturgebenden Gott-sprach- und Gott-schuf-Formeln, und auch abschließend bleibt kein Zweifel daran, dass die gesamte Schöpfung, also unzweifelhaft mitsamt der an die Erde sozusagen delegierten Schöpfungsakte, vom allgegenwärtigen Gott gemacht ist (*Viditque Deus cuncta quae fecerat*,[40] und *Complevitque Deus die septimo opus suum quod fecerat*[41]). Murtola entwirft dagegen in seinem Schöpfungsepos ein diesbezüglich quantitativ und qualitativ ganz anderes Szenario. Die Materie selbst wird „gierig", „unersättlich", „unbändig" und mit einem ausgeprägten „Willen" zur Selbstermächtigung versehen, während der Schöpfergott gleichsam aus dem Blick gerät. Ein solcher Ansatz steht dem biblischen Prinzip der *Genesis* ziemlich eklatant entgegen, und er setzt sich auch in einer immer wieder auf diese Weise dynamisch animierten Darstellung innerweltlichen Schöpfungsgeschehens im Werk fort, wie sich unschwer zeigen ließe.[42] Die Vorrede stellt mit ihrer kurzen Formel des *Mondo*

---

39 Murtola, *Della Creatione* (Version 1608), S. 20.
40 Gn 1.31.
41 Gn 2.2.
42 In den Gesängen ist es praktisch durchweg die *materia* der Schöpfung selbst, der wir beim Handeln zuschauen; es sind die Elemente, die Flüsse, die Tiere, die Pflanzen und Mineralien, welche durch ihre eigenen und in der Darstellungsökonomie gleichsam ‚selbstbestimmt' anmutenden Bewegungen ein Neues hervorbringen, dessen innerweltliches Werden so in Szene gesetzt wird. Beispielhalber seien hier nur einige wenige Verse aus dem Bereich aquatischer und botanischer Selbst-Schöpfung der Natur zitiert: „Precipitoso, infuriato il piede / Dal Borea il Mar di Scitia allhor rivolse, / Ma dal freddo più gelido, che il siede / Strinse l'onde sue belle, e in se l'accolse, / Gelato ancor

continuamente nascente somit, genauer besehen, einen heftigen Affront gegen jene *doctrina fidei* dar, deren Vertreter den Nolaner wenige Jahre zuvor auf dem Campo dei Fiori auf grausame Weise zu Tode gebracht hatten.

Nun war Murtola ganz sicherlich kein Theoretiker, erst recht kein Philosoph und auch kein Theologe.[43] Deswegen erscheint es mir wenig zielführend, darüber räsonieren zu wollen, wie genau atomistisch er seinen „[m]ondo continuamente nascente" gemeint haben mag, und die lakonische Kürze seiner Formulierung in der Vorrede zeigt, meine ich, auch an, dass naturphilosophische Komplexität im Gegensatz zu – oder just im Rahmen – der Selbstanpreisung für ein höfisches Publikum gar nicht in Murtolas Interesse gelegen hat. Ich denke aber, dass die theoretisch unscharfe Behauptung eines *Mondo continuamente nascente* gerade in ihrer Unbekümmertheit durchaus aussagekräftig ist. Wenn ein durchschnittlich erfolgreicher, aber eben in seiner Durchschnittlichkeit für die literarische Alltagskultur zweifellos beispielhafter Autor wie Gasparo Murtola ebenso unspezifisch wie sorglos eine in Bezug auf religiöse Normen provokative Formulierung wählt, um eine vage naturphilosophische Rahmung seines Schöpfungsgedichts vorzunehmen (deren Implikaturen er sodann im Gedicht weithin ausfaltet), zeigt das dann nicht deutliche Spielräume eines ‚um 1600' jenseits kirchlicher Kontrolle Sagbaren an?

---

adamantino il vede / L'occhio, tanto rigor dentro v'involse. / Et in vece de Pini agili a i venti, / Carri sostenne, e Vomeri taglienti. // Suberbe mostre horribili profonde / Fece il Mar di Bertagna alto, e spumante / Ma ben più belle alhor, che fra quell'onde / Vergini accolse peregrine, e tante, / Alhor, che verso le latine sponde / Rivolse ORSOLA bella il bel sembiante, / E di più chiare, e luminose Stelle / Orsa fù lor fra i Nembi, e le Procelle" (III, 9 f.); „Figlio fù de le Selve alto, e famoso / Il Pino acuto, e tondo, e al Ciel s'estolse, / E quanto al Ciel più lieve, e fastoso, / S'erse, all'Inferno le radici volse / Flutto calcar de l'Ocean spumoso / Anch'egli ardito, e e temerario volse, / E se col Fischio ne li Boschi il vento / Provocò, in Mar l'hebbe più al volo intento" (VII, 14); „Con più ruvido il Cierro aspro sembiante / Da le radici abbarbicate alzossi, / De l'alte Mete imitator Gigante / L'odorato Cipresso al Ciel voltossi, / Pallido, e crespo il Bosso Arbore Amante, / Sul Margine die Fiumi altier mostrossi, / All'Aure sospirò l'Alno, e fra l'onde / Del Pò scoperse l'odorata fronde. // Guerriera Pianta, altrui dure, e pungenti / Saette formò il Frassino orgoglioso, / Marito delle Viti, alme, e nascenti, / Fù l'Olmo più leggiadro, e più amoroso, / Al sibilar de lusinghieri venti, / Il Platano gentil diè seggio ombroso, / Fronda il Mirto di Venere, e d'Amore / Destò dolci, i sospiri, e dolci l'ore" (VII, 20 f.). Hinzu kommen zahlreiche enkomiastische Exkurse, welche die Schönheiten der Schöpfung auf Mitglieder der herzoglichen Familie umlegen, und die Schöpfungsgeschichte an solchen Stellen nachgerade zur rhetorischen Übung des höfischen Panegyrikers gerinnen lassen. – Dies weiter zu beleuchten, ist hier freilich nicht der Ort.

43 Interessanterweise wird Murtola, offenbar mit Blick auf einen erweiterten Geltungsanspruch, auf dem Titelblatt der erweiterten Neuauflage seiner *Creatione* u. a. als solcher gefeiert: *Della Creatione del Mondo Poema sacro Dell'Ecc.te Theologo e Dott. di Leg. Sig.r* GASPARO MURTOLA SECRETARIO DEL SERENISS.O DUCA DI SAVOIA *Giorni sette Canti ventidue dinovo accresciuti et Dedicati* ALL ILL.MO ET REV.MO SIG.R CARD.LE BORGHESE, In Macerata, Appresso Pietro Salvioni. M.DC.XVIII.

Und lässt sich daraus nicht auch auf entsprechende Erwartungen bei dem höfischen Publikum rückschließen, auf dessen Wohlwollen Murtola erpicht war, und dem er daher an Stellen wie diesen doch zweifellos entgegen zu kommen bestrebt war? Sind dies dann nicht, um den Titel eines philologisch vielleicht nicht unproblematischen[44], aber zweifellos höchst anregenden Buchs zu zitieren, tatsächlich Zeichen eines *Swerve*, der sich angesichts der alltäglich-undogmatischen Beiläufigkeit von Murtolas Wortwahl in der Vorrede (und angesichts der lockeren Selbstverständlichkeit einer aus sich selbst heraus schöpferischen Materie im *poema*) umso unhintergehbarer vollzogen zu haben scheint? Entfalten sich dann aber – ganz im Gegensatz zu einem Tasso[45] – literarische Vigilanz und Observanz in Bezug auf kirchliche Normierung und Kontrolle nicht weithin nur noch als Oberflächenphänomene? Abschließend kann diese Frage hier nicht geklärt werden. Auf jeden Fall aber ist festzuhalten, dass Murtola eine observante Ausrichtung am kirchlichen Normensystem offenbar wesentlich weniger wichtig war als jene Formen von Vigilanz und Observanz ‚um 1600', in denen es um die Herstellung von innerweltlich kulturellem Prestige und dadurch, ganz existentiell, um ökonomisches Auskommen ging. Gerade in Bezug auf die Gattung des Schöpfungsgedichts, von dem man meinen sollte, dass es im Jahr 1608 kirchlichem Normendruck besonders ausgesetzt gewesen sei, erscheint mir dieser Befund einigermaßen bedenkenswert.

---

44 Aus italianistischem Blickwinkel erscheint mir die von Stephen Greenblatt (*The Swerve*) vorgenommene Bindung einer Wende zur Neuzeit an Poggio Bracciolinis Wiederentdeckung von Lukrez' *De rerum natura* unbeschadet der Faszinationskraft des Buchs letztlich allzu forciert. Zu epistemologischen Herleitungen frühneuzeitlichen Denkens aus humanistischen Problematisierungen und Infragestellungen eines vertikal organisierten und darin als stabil vorausgesetzten Wahrheitskonzepts – gänzlich unabhängig von Lukrez – bereits durch einen Autor wie Petrarca vgl. zum Beispiel Regn, Pluralisierung von Wahrheit, S. 493–544; Id., Aufbruch zur Neuzeit, S. 33–77; Stierle, *Francesco Petrarca*.

45 Ich denke hier daran, dass Tasso bereits 1577 eine *autodenuncia* auf den Weg gebracht und seitdem durchweg den engen Austausch mit der kirchlichen Zensur gesucht hatte. Inwieweit dies mit der womöglich aufrichtig zunehmenden Religiosität eines Autors zu tun hat, dessen Schaffen in *Conquistata* und *Mondo creato* als Werk eines „cattolico osservante" mündet (Petrocchi, L'ultimo Tasso, hier S. XVII), kann dahin gestellt bleiben; zu den einschlägigen Merkmalen von Tassos ausgeprägter und bis zu einem gewissen Grad auch selbstquälerischer *autovigilanza* allgemein vgl. jedenfalls verdichtet den Beitrag von Clizia Carminati in diesem Band. Mit Blick auf Tassos *Mondo creato* ist ohne jeden Zweifel davon auszugehen, dass er sein Schöpfungswerk in „assoluta fedeltà *all'auctoritas* dei Padri della Chiesa" angelegt hat (Jori, *Le forme della creazione*, S. 11), nachdem er deutliche Vorbehalte gegen Du Bartas' *Semaine* geäußert hatte, dessen Werk, so Tasso brieflich, „troppo gentilmente e con minor pietà che non si conveniva a pietà cristiana" geschrieben und (ins Lateinische) übersetzt worden sei (zit. n. ibid.).

Abb. 1: Titelblatt *Della creatione del mondo. Poema Sacro del Sig. Gasparo Murtola.* Venedig 1608.

Literaturverzeichnis

Bartas, Guillaume Du: *La Divina Settimana, cioè, i Sette Giorni della Creatione del Mondo del Signor GUGLIELMO di SALUSTO Signor di BARTAS; Tradotta di rima Francese in verso sciolto Italiano dal sig. FERRANTE GUISONE.* Venedig 1592.

Bartas, Guillaume Du: *La Divina Settimana, Cioè, i Sette Giorni della Creatione del Mondo, del Signor GUGLIELMO di SALUSTO Signor di BARTAS; Tradotta di rima Francese in verso sciolto Italiano dal S. FERRANTE GUISONE. Aggiuntovi di nuovo le figure intagliate in rame da Christoforo Paulini.* Venedig 1595.

Equicola, Mario: *Institutioni di Mario Equicola al comporre in ogni sorte di Rima della lingua volgare, con uno eruditissimo Discorso della Pittura, & con molte segrete allegorie circa le Muse & la Poesia.* Mailand 1541.

Marino, Giambattista: Da „La Murtoleide". In: Ferrero, Guido (Hrsg.): *Marino e i Marinisti.* Mailand/Neapel 1954, S. 625–631.

Murtola, Gasparo: *Rime.* Venedig 1603.

Murtola, Gasparo: *Della Creatione del mondo poema sacro.* Venedig 1608.

Murtola, Gasparo: *Della Creatione del Mondo Poema sacro Dell'Ecc.te Theologo e Dott. di Leg. Sig.r GASPARO MURTOLA SECRETARIO DEL SERENISS.O DUCA DI SAVOIA Giorni sette Canti ventidue dinovo accresciuti et Dedicati ALL ILL.MO ET REV.MO SIG.R CARD.LE BORGHESE.* Macerata 1618.

Aquilecchi, Giovanni: Bruno, Giordano. In: *Dizionario Biografico degli Italiani* 14 (1972), S. 654–665.

Carminati, Clizia: *Tradizione, imitazione, modernità. Tasso e Marino visti dal Seicento.* Pisa 2020.

Carminati, Clizia: *Giovan Battista Marino tra Inquisizione e Censura.* Rom/Padova 2008.

Croce, Franco: Critica e trattatistica del barocco. In: Cecchi, Emilio/Sapegno, Natalino (Hrsg.): *Storia della Letteratura Italiana*, Vol. V: *Il Seicento.* Mailand 1967, S. 473–518.

Curtius, Ernst Robert: *Europäische Literatur und lateinisches Mittelalter.* Tübingen [11]1993

Fingerle, Maddalena: *Lascivia mascherata. Allegoria e travestimento in Torquato Tasso e Giovan Battista Marino.* Berlin/Boston 2022.

Greenblatt, Stephen: *The Swerve. How the World Became Modern.* New York/London 2011.

Jori, Giacomo: *Le forme della creazione. Sulla fortuna del „Mondo creato" (secoli XVII e XVIII).* Florenz 1995.

Petrocchi, Giorgio: L'ultimo Tasso e il ‚Mondo creato'. In: Torquato Tasso: *Il Mondo creato. Edizione critica di Giorgio Petrocchi* Florenz 1951, S. VII–L.

Regn, Gerhard: Pluralisierung von Wahrheit im Individuum: Petrarcas Secretum. In: Regn, Gerhard/Huss, Bernhard (Hrsg.): *Francesco Petrarca. Secretum meum – Mein Geheimnis. Lateinisch – Deutsch.* Mainz 2004, S. 493–544.

Regn, Gerhard: Aufbruch zur Neuzeit: Francesco Petrarca 1304–1374. In: Neumann, Florian/Speck, Reiner (Hrsg.): *Francesco Petrarca 1304–1374. Werk und Wirkung im Spiegel der Bibliotheca Petrarchesca Reiner Speck.* Köln 2004, S. 33–77.

Regn, Gerhard: Die Tragödie als spettacolo gentil: Poetik der meraviglia und hedonistische Weltmodellierung bei Marino. In: Elisabeth Oy-Marra/Dietrich Scholler (Hrsg.): *Parthenope Neapolis – Napoli. Bilder einer porösen Stadt.* Göttingen 2018, S. 87–115.

Rossi, Massimiliano: Poemi e Gallerie Enciclopediche: la ‚Creazione del Mondo' die Gasparo Murtola e il Collezionismo di Carlo Emanuele I di Savoia. In: Olmi, Giuseppe/Tongiorgi Tomasi, Lucia/Zanca, Attilio (Hrsg.): *Natura-Cultura. L'interpretazione del mondo fisico nei testi e nelle immagini.* Florenz 2000, S. 91–121.

Russo, Emilio: *Marino.* Rom 2008.
Russo, Emilio: Murtola, Gasparo. In: *Dizionario Biografico degli Italiani* 77 (2012), https://www.treccani.it/enciclopedia/gasparo-murtola_%28Dizionario-Biografico%29/ [letzter Zugriff: 09.11.2022].
Stierle, Karlheinz: *Francesco Petrarca. Ein Intellektueller im Europa des 14. Jahrhunderts.* München 2003.
Stockhorst, Stefanie: Dichtungsprogrammatik zwischen rhetorischer Konvention und autobiographischer Anekdote. Die funktionale Vielfalt poetologischer Vorreden im Zeichen der Reformpoetik am Beispiel Johann Rists. In: von Ammon, Frieder/Vögel, Herfried (Hrsg.): *Die Pluralisierung des Paratextes in der Frühen Neuzeit.* Berlin 2008, S. 353–374.
Weijers, Olga: Contribution à l'histoire des termes 'natura naturans' et 'natura naturata' jusqu'à Spinoza. In: *Vivarium* 16/1 (1978), S. 70–80.
Weinberg, Bernard: *A History of Literary Criticism in the Italian Renaissance.* Vol. 1. Chicago 1961.

Florian Mehltretter

Oper als korrektive Performanz. *La catena d'Adone* von Tronsarelli/Mazzocchi und die Indizierung von Marinos Adonis-Epos

Giovan Battista Marinos Epos *Adone* wurde 1623 zuerst in Paris, dann in Venedig gedruckt. Schon die venezianische Ausgabe war Gegenstand von Korrekturbemühungen, da das Epos als obszön galt und zudem sakrale und profan-erotische Diskurse in provokanter Weise vermischte. Ein Versuch, es auch in Rom zu veröffentlichen, wurde 1624 durch ein päpstliches Verbot mit der Auflage einer Korrektur des Textes aufgehalten; schon im November des Jahres erfolgte eine erste, nicht öffentlich gemachte Verurteilung des Buches. Im Sommer 1625, nach Marinos Tod im März des Jahres, kam es zu einer zweiten Verurteilung und zum Beginn einer Überarbeitung durch die Accademia degli Umoristi, die aber auch nach Jahren keinen je akzeptierten Text erbrachte. Im November 1626 erfolgte eine endgültige Verurteilung und im Februar 1627 die offizielle Indizierung des Werks. Über diese Vorgänge sind wir durch die Forschungen von Clizia Carminati sehr gut informiert.[1]

Noch bei schwebendem Verfahren wurde im Karneval 1626, also zwischen der zweiten und der endgültigen Verurteilung, im Palast des Grafen Evandro Conti und unter der Schirmherrschaft des Fürsten Giovan Giorgio Aldobrandini, die Favola boschereccia *La catena d'Adone* uraufgeführt, die erkennbar eine Episode von Marinos Epos aufgriff und dadurch den Zensurprozess zumindest für manche Zuschauer vergegenwärtigt haben dürfte.

Der Text stammte von Ottavio Tronsarelli, der höchstwahrscheinlich zu dieser Zeit noch selbst Mitglied der Umoristi gewesen war, bevor er wohl ca. 1629 austrat, und jedenfalls über die Umarbeitungsbemühungen dieser Akademie im Bilde gewesen sein wird; die Musik von Domenico Mazzocchi; die im römischen Theater der Zeit immer besonders wichtige Bühnenmaschinerie von Francesco de Cuppis und das Bühnenbild vom Cavalier d'Arpino. Das Libretto und auch die Partitur wurden im gleichen Jahr auch im Druck veröffentlicht.[2]

Der Text folgt lose der Falsirena-Episode in Gesang XII und XIII von Marinos gigantischem Epos, einer Episode, die nicht Bestandteil des antiken Adonis-Mythos

---

1 Hingewiesen sei vor allem auf die beiden grundlegenden Buchveröffentlichungen Carminati, *Giovan Battista Marino*; ead., *Tradizione, imitazione, modernità*.
2 Vgl. Gigliucci, Tronsarelli e la Catena d'Adone, S. 46–48. Allgemein zum Kontext vgl. auch Hammond, *Music and spectacle in baroque Rome*, S. 200 und S. 330. Zur Biographie Tronsarellis vgl. vor allem Morelli, Tronsarelli.

Open Access. © 2023 bei den Autorinnen und Autoren, publiziert von De Gruyter. Dieses Werk ist lizenziert unter einer Creative Commons Namensnennung 4.0 International Lizenz.
https://doi.org/10.1515/9783111167169-010

ist; angeblich bemängelten sogar einige Besucher der Uraufführung, dass Tronsarelli nicht auf eigene Erfindung zurückgriff, so die wichtigste zeitgenössische Quelle zur Biographie des Librettisten, die *Pinacotheca tertia* des Erithraeus.[3]

Hieraus folgt: Es war den Besuchern klar, dass der Text nicht einfach mit Marinos Epos mythosgleich war, sondern eine Adaption eines Teils des just in diesem Augenblick inkriminierten und einer Revision unterzogenen Epos darstellte. Namentlich der Librettist konnte sogar Details dieses Vorgangs kennen.

Die Oper wurde siebenmal wiederholt und im gleichen Jahr auch in Parma, später auch in Bologna (1648) und Piacenza (1650) aufgeführt,[4] das Libretto in drei Städten Italiens gedruckt.[5]

Simona Santacroce fragt sich in einem Artikel, wie diese Oper in der für das Epos so schwierigen Situation so großen Erfolg haben konnte wie uns zeitgenössische Quellen berichten,[6] und gibt dafür einleuchtende Antworten, die mit dem Mäzenatentum der Aldobrandini, aber auch mit der Attraktivität von Werk und Aufführung zusammenhängen. Auf den folgenden Seiten soll hingegen eine etwas andere Fragestellung verfolgt werden: Wie *verhält sich* die Oper zu dieser Situation, welches *Wirkungspotential* hatte sie im Hinblick auf sie? Es soll dabei nicht über verborgene Absichten Tronsarellis oder anderer Akteure spekuliert werden, sondern es ist die Frage zu stellen, welche Interpretationsmöglichkeiten diese frühe Oper im Kontext der Indizierung von Marinos Epos eröffnete; also nicht: Wie war es gemeint? Sondern: Wie konnte es verstanden werden? Meine Hypothese wird sein, dass das Bühnenwerk mit guten Gründen als korrektiver Eingriff in die hinter den Kulissen ablaufende Diskussion um das Epos lesbar ist – ein Eingriff, der aber nicht theoretischer oder explizit kritischer Art ist, sondern performativer Natur.

Zu Marinos *Adone*

Damit dies plausibel werden kann, gilt es zunächst in aller Kürze die Struktur und die Problematik von Marinos *Adone* zu umreißen. Der mythologische Rahmen der Liebe zwischen Venus und Adonis und des Todes des Adonis bei der Jagd auf einen Eber wird bei Marino durch zahlreiche Amplifikationen und Interpolationen verschiedensten Materials zu einer riesigen Erzählmaschine aufgebläht, dem längsten kanonischen Epos der italienischen Literatur. Charakteristisch ist dabei, dass viele

---

3 Vgl. Erithraeus, *Pinacotheca tertia*, S. 151.
4 Vgl. Mioli, *Recitar cantando*, S. 168.
5 Vgl. Scarci, Marino on Stage, S. 454 und Gigliucci, Tronsarelli e la Catena d'Adone, S. 46.
6 Vgl. Santacroce, La ragion perde, S. 139.

narrative Elemente darin funktionslos bleiben oder nur schwach kausal vernetzt werden; darauf hat Giovanni Pozzi hingewiesen.[7] Vielmehr entsteht eine durch Symmetrien und Variationen bestimmte Architektur, in welcher der schöne Jüngling Adonis relativ passiv umhergeschoben wird.

Trotz dieser vergleichsweise geringen diegetischen Stringenz lässt sich eine Makrostruktur aus zwei Teilen ermitteln: Ein erster Teil beschreibt einen Aufstieg (oder besser: ein Emporgehoben-Werden) des Adonis von der Begegnung mit Venus über die Unterweisungen in den epistemologischen und erotischen Räumen des Gartens der Sinne (insbesondere des Tastsinns, wo die Hochzeitsnacht stattfindet), der Insel der Poesie, dann des Mondhimmels mit der Höhle der Natur und der Insel der Träume, des Merkurhimmels mit den Künsten und schließlich des Venushimmels, wo Adonis die alles bestimmende Rolle der Schönheit und des Eros offenbart wird. Es handelt sich um eine die Sinnlichkeit betonende Antwort auf Dantes Aufstiegserzählung in der *Commedia*, die – verwirrenderweise – neuplatonische mit dezidiert sensuellen Akzenten verbindet.

Der zweite Teil beginnt wieder auf der Erde und beschreibt einen zweiten, flacher verlaufenden narrativen Bogen, in dem Adonis geprüft und gekrönt wird, dann bei der Jagd stirbt und schließlich durch prächtige Leichenspiele in gewisser Weise diesseitig verklärt wird. Dabei werden teils Episoden des ersten Teils gespiegelt und variiert, wobei ähnlich wie dort auch hier der Protagonist wenig handelt und kaum Verdienste erwirbt. War er im ersten Teil Gegenstand der Zuwendung, ist er im zweiten, sozusagen in der Tiefe der materiellen Welt, Spielball der Kontingenz. Dazu passt, dass der zweite Teil sich zunächst von der Welt des antiken Mythos in die unübersichtlichen, abenteuerlichen Wälder des Romanzo entfernt und in der Aventüre, auf die sich unsere Oper bezieht, eine Zauberin vom Schlage einer Alcina oder Armida als ‚unteres' Gegenbild der Venus einführt.

Anstößig war an Marinos Epos poetologisch gesehen der Versuch, ein eher kleines, idyllisch-bukolisches Thema als große Epopöe zu gestalten und, damit zusammenhängend, seine uneinheitliche, episodische und also unepische Struktur. Aus religiöser Sicht konnte die gewisse Obszönität mancher Passagen und ganz besonders die systematische Vermischung sakralen und profan-erotischen Vokabulars nicht gefallen; eine solche Vermischung wurde auch an einer (allerdings in der Oper nicht aufgegriffenen) Stelle der Falsirena-Episode zensiert (Gesang XIII, Oktave 99).[8]

---

7 Vgl. die Ausführungen Pozzis im Vorwort zu Bd. II von Marino, *Adone*, bes. S. 38f.
8 Vgl. Carminati, *Tradizione, imitazione, modernità*, S. 134. Zur Obszönität des *Adone* vgl. auch Boillet, Les scandaleuses libertés.

Der Effekt dieser ‚Amalgamierung'[9] sinnlich-erotischer, religiöser und dazu noch teils neuplatonischer Diskurse namentlich im ersten Teil des Epos suggeriert eine Art von panerotischer Weltordnung, die gut zum Venus-Mythos passt, aber ganz gewiss nicht im Sinne der Gegenreformation war; diese Suggestion wurde freilich von den Inquisitoren nicht als solche thematisiert.

Immerhin gebraucht aber eine uns erhaltene Zusammenfassung des Berichts von Niccolò Riccardi, der zur Indizierung des *Adone* geführt hat, neben dem auf den bloßen Sprachgebrauch zielenden Befund „profanum usum sacrarum vocum" auch den allgemein auf ein heterodoxes Potential solcher Diskursamalgamierungen hinweisenden Ausdruck „falsitates nocivas".[10] Ohne Marino eine ausgearbeitete Weltanschauung zuschreiben zu müssen, kann man sagen: Das Zusammenspannen solcher polar einander entgegengesetzter Vokabulare bleibt nicht folgenlos, es produziert doktrinär gefährliche Lichtblitze, die Marino vielleicht auch gefallen haben mögen.

Vor einer genaueren Untersuchung der Falsirena-Episode ist noch ein Nebenaspekt auf paratextueller Ebene zu ergänzen: Marino gab der Erstausgabe pseudoallographe Allegorien bei, die hauptsächlich verwirrend wirken, vielleicht Sand in die Augen oberflächlicher Zensoren hätten streuen können und dabei oft dem Inhalt der Gesänge und sich selbst auf vielfältige Weise widersprechen. Dieses reizvolle Verwirrspiel hat Maddalena Fingerle untersucht.[11]

Die Falsirena-Episode

Eine erste Beobachtung zu der für die Oper ausgewählten Episode ergibt sich unmittelbar hieraus: Die Allegorie zu Gesang XII ist unter den am wenigsten selbstwidersprüchlichen des ganzen Epos. Es wäre übertrieben, zu behaupten, sie böte eine klare Moral, aber im Vergleich zu vielen anderen ist sie zumindest nicht provokant verworren oder mit dem Inhalt des Gesangs gänzlich unverträglich (wie hingegen teils wieder die Allegorie des zweiten Gesangs unserer Episode, Canto XIII).

---

9 Näheres zu dieser Interpretation in Mehltretter, Das Ende der Renaissance-Episteme. Vgl. außerdem Regn, Die Tragödie als spettacolo gentil. Für eine – etwas anders gelagerte – Beschreibung von Marinos Poetik der Amalgamierung vgl. Nelting, Formar modelli nuovi.
10 Zitate aus der Zusammenfassung der zur Verurteilung des *Adone* im Februar 1627 führenden Stellungnahme von Niccolò Riccardi, genannt Padre Mostro, von der Hand des Sekretärs der Indexkongregation, Francesco Maddaleno Capiferro, zitiert nach: Carminati, *Giovan Battista Marino*, S. 346.
11 Vgl. Fingerle, *Lascivia mascherata*.

Die Wahl der Falsirena-Episode für die Oper eröffnet mithin eine Chance auf klare moralische Allegorese, und Tronsarelli ergreift diese Chance auch explizit, indem er sowohl in einem als selbständige Publikation erschienenen *Argomento* (1626) also auch als Teil des Partiturdrucks eine *Allegoria* wiederum seines eigenen Werks veröffentlicht, eine freilich noch um einiges konsistentere Weiterentwicklung von Marinos Allegorie zu seinem XII. Gesang.

Zugleich markiert Tronsarelli durch die Wahl einer Episode, die nicht aus dem Mythos abgeleitet, sondern Marinos Erfindung ist, dessen *Adone* als spezifischen Intertext jenseits bloßer Mythosgleichheit. Man könnte also schließen, dass Tronsarelli aus der großen Maschine von Marinos Epos unter klarer Bezugnahme auf dieses einen allegorisch beherrschbaren Teil herausgreift und dadurch die Aufmerksamkeit gerade auf die erbauliche Dimension von Marinos Stoff lenkt oder eine solche allererst aufbaut.

Worum geht es in dieser Episode, zunächst bei Marino, dann bei Tronsarelli? Adonis muss aufgrund der Eifersucht von Venus' Liebhaber Mars aus dem Palast der Venus fliehen und findet sich in einem Wald. An diesem Romanzo-Ort *par excellence* springt eine weiße Hirschkuh in seinen Schoß, die von einer Nymphe und einem Hündchen gejagt wird; das Halsband des Hündchens weist dieses als Führer zu glücklichen Zufällen aus (Gesang XII, Oktave 108).

Die Hirschkuh gehört der Fee des Goldes, Falsirena (der Name verweist auf die falschen Sirenen Boiardos und Ariosts), Tochter Plutos, zu der die Nymphe den Jüngling bringt: also einer Romanzo-Figur antik-mythologischer Abstammung. Auch Hirschkuh und Hündchen sind deutliche Romanzo-Signale. Reich und Gefolge der Falsirena sind ein Amalgam aus der Romanzo-Welt und den Wäldern Dianas, nicht nur wegen des Motivs der jagenden Nymphen, sondern auch, weil Falsirena nach Ausweis des Textes bislang nie geliebt hat und, wie sich gleich zeigen wird, an einer Stelle implizit mit Diana verglichen wird. In diesem Abschnitt bringt Marino eine lange und doktrinär nicht unproblematische Disquisition über die Dryaden unter, die unsterblich sind, aber keine Seele haben (XII, 135–145).

Adone wird durch den Stamm eines riesigen Baumes hinab in Falsirenas Reich geführt; Anspielungen auf Dante sind hier frequent (XII, 150 und 153), auch ein Ungeheuer in Form eines gigantischen Krokodils versperrt den Weg und wird mit den Worten „Così vuol chi quaggiù può quanto vuole" (XII, 155) ähnlich wie Minos in *Inferno* V, 22–24 in die Schranken verwiesen. Aber zugleich spielt dieses Krokodil auch auf Ariosts Astolfo an, denn es ist ein verwandelter Mensch, der Falsirena einst bei einer temporären Metamorphose in eine Schlange beobachtete; er musste als Zeuge und möglicher Berichterstatter ausgeschaltet werden. Dabei ist er außerdem ein zweiter Actaeon, denn Falsirena hat wie Diana die Transformation des Voyeurs durch Besprritzen mit Flüssigkeit bewirkt (XII, 158). Man sieht hier, wie Marino die Modellbezüge ineinander verschachtelt.

Angekommen, betritt Adone sodann den prächtigen Garten der Falsirena, in dem überall Gold wuchert. Amor schießt einen Pfeil auf die Goldfee, die sich daraufhin in Adone verliebt und darunter leidet. Hin und her gerissen zwischen dem Rat der weisen Sofronia und der leichtfertigen Idonia und in petrarkistischen Oxymora diesen Affektkonflikt beklagend, neigt sie schließlich der Leidenschaft zu und begibt sich – vollkommen nackt und umweht von arabischen Düften (XII, 240) – in Adones Gemach. Der Erzähler lässt durchblicken, dass diese Schlacht für Adone kaum zu gewinnen sein dürfte (XII, 241), aber Falsirena wird dennoch abgewiesen – und zwar, weil Adone erstens treu ist und zweitens durch einen Zauberring, der ihm immer wieder Venus' Bild zeigt, auch treu gehalten wird; die Treue ist also nicht allein Adones Verdienst.

Falsirena kann trotz der beträchtlichen Reize, die sie sich durch zauberische Täuschung zugelegt hat, und auch mit den Versuchungen ihres Goldes Adone nicht zum Bleiben bewegen und lässt ihn daher monatelang einsperren, bewacht von einem bösen Eunuchen und einer grotesken alten Zwergin, Feronia.[12]

Falsirena will nun für ihr weiteres Vorgehen herausfinden, wem Adones Herz gehört, und zu diesem Zweck verzaubert sie durch recht drastisch beschriebene schwarzmagische Praktiken eine Leiche, die sie auf einem Schlachtfeld gefunden hat und ins Leben zurückholt, um die Wahrheit zu erfahren. Dieser lange und detailreiche Abschnitt mit seinen „sacrifici abominandi ed empi" (XIII, 20) ist auf den Spuren von Lukans *Pharsalia* 6 geschrieben. Aber gerade durch die Gewalt, die Falsirena mit ihrem Zauber der Natur antut, so der wieder erweckte Tote, hat sie jede Hoffnung auf Liebesglück verwirkt (XIII, 81).

Falsirena erfährt, dass ihre Rivalin Venus selbst ist und dass Adone durch einen magischen Ring vor jedem Zauber geschützt ist. Idonia gibt nun auf Falsirenas Anweisung Adone einen Schlaftrunk; Falsirena vertauscht ihm den Zauberring gegen einen wirkungslosen und legt ihn in goldene Ketten. Adone, der mit dem neuen Ring Venus nicht mehr sehen kann, verzweifelt an deren Liebe. Falsirena plant, in der Gestalt der Venus zu ihm zu kommen, aber Adone wird von Merkur gewarnt, so dass er nicht auf Falsirenas Täuschung hereinfällt und sie abermals abweist. Als letztes Mittel weist Falsirena Idonia an, einen Liebestrank zu bereiten, dem niemand widerstehen kann. Aber sei es göttliche Providenz oder Zufall (wie der Text offenlässt: XIII, 162): Idonia verwechselt die Flaschen und gibt dem Jüngling einen Verwandlungstrunk, durch den er zum Vogel wird und davonfliegt. Erst viele Oktaven später wird er zurückverwandelt werden.

---

12 Siehe hierzu den Beitrag von Maddalena Fingerle in diesem Band.

Reduktion, Homogenisierung, Normalisierung

Wie fällt nun Tronsarellis dramatische Umarbeitung dieser Episode aus? Natürlich muss ein musiktheatralisches Werk zunächst kürzer sein als ein Epos und sogar auch als ein Sprechdrama. Es findet daher auf allen Ebenen eine diegetische und dramaturgische Reduktion statt. Aber diese Reduktion ist gleichzeitig eine Homogenisierung auf allen Ebenen: der Diskurse, der Modellbezüge, der Anschauungssysteme, der Gattungen; sie ist, so die hier zu verfolgende Hypothese, zielgenau oder lässt sich zumindest so verstehen.

In Marinos Textvorlage hatten wir mit Venus, Adonis, Diana und den Dryaden eine idyllisch-bukolische Welt gefunden, die gleichzeitig mit Actaeon eine Welt der Metamorphosen war, mit dem Zauberwald und der Fata eine romanzeske Abenteuerwelt, mit den Verweisen auf Dantes *Inferno* die Dimensionen eines christlichen Weltgedichts antippte und mit Lukans *Pharsalia* das große Bürgerkriegsepos der Antike. Tronsarelli macht bereits mit der gewählten Gattungsbezeichnung klar, dass er all dies auf einen einzigen Modellbezug reduziert: *Favola boschereccia*. Damit ist die Hybridität, eines der wichtigsten Merkmale von Marinos Dichtung, im Grunde bereits ausgehebelt.

Man könnte die Sache allerdings auch von einer anderen Seite her beschreiben: In den ersten Jahrzehnten der Operngeschichte ist Oper grundsätzlich eine mythologisch-pastorale Gattung. Insofern wäre diese Filterung durch die Wahl der Kunstform selbst bedingt. Dies gilt allerdings mit der Einschränkung, dass die Kunstform ‚Oper' als solche zu diesem Zeitpunkt noch nicht existiert. Die Kodifizierung der Gattung beginnt hier gerade. Was existiert, ist eine Praxis, Dramen mit Instrumentalbegleitung durchgehend zu singen, und diese Praxis geht mit einer – mit der gängigen Einschätzung von Musik verbundenen – Betonung eines mittleren Stilregisters und einer Vorliebe für mythologische Figuren einher, denen man gewissermaßen das dauernde Singen zutraut. Die frühe Opernpraxis ist deshalb eine mythologisch-pastorale.[13]

Aber auch unter dieser Bedingung ist es bemerkenswert, dass Tronsarelli Hybridisierungen wie sie seinen Vorbildtext prägen, vermeidet. Er schreibt eine sehr konsequente *favola boschereccia*. Alle anderen oben genannten Modellbezüge fallen heraus, darunter nicht nur der Romanzo (von dem nur der Name der weiblichen Protagonistin bleibt), sondern auch Lukans *Pharsalia*: Aus Falsirenas von dort geborgter schwarzer Magie und Totenbeschwörung wird bei Tronsarelli ein nur noch berichteter Zauber (Akt IV, Szene 1)[14] und eine deutlich zahmere Invokation Plutos

---

13 Vgl. hierzu Mehltretter, *Orpheus und Medusa*, S. 15–68.
14 Vgl. Santacroce, La ragion perde, S. 151.

(der hier nicht mehr ihr Vater ist); und wie in Marinos Version des Orpheus-Mythos in der Idyllensammlung der *Sampogna* von 1620 – und wie schon in Monteverdis und Striggios *Orfeo*-Oper von 1607 – wird Pluto nicht gezwungen, sondern durch den Verweis auf seine eigene Liebe zu Proserpina erweicht: also eine wesentlich Bukolik-kompatiblere Methode.

Durch diese Modellreduktion gelingt zugleich eine Ausmerzung einzelner provokanter Passagen: Die schwarzmagische Beschwörung der Leiche wird, wie gerade erwähnt, durch eine edlere, wenn auch im Ansatz noch düstere, Invokation Plutos ersetzt. Auch die lange esoterische Erörterung der Natur der Dryaden fällt aus. Die niedrige Dimension des Eunuchen und der Zwergin, von welch letzterer, wie gesagt, auch eine von der Zensur beanstandete Stelle handelt, wird mitsamt diesen beiden Figuren getilgt; stattdessen werden Ratgeberfiguren für Falsirena eingeführt.

Mit der Tilgung des Romanzo-Elements kann auch die Einheit von Zeit, Ort und Handlung gestärkt werden. Das Element des Zufalls, der Kontingenz, das bei Marino die gesamte Handlungsfolge auch über den XIII. Gesang hinaus beherrscht, wird weitgehend reduziert: Adone kommt bei Tronsarelli nicht durch eine Verwechslung der Zaubertrankflaschen frei und wird auch nicht verwandelt, und auch die dann im Epos folgenden Verwicklungen mit Mars, Apollo und einer Räuberbande werden gekappt. Dadurch ist die Episode geschlossen im Gegensatz zur Öffnung auf das Romanzeske bei Marino.

Es wird dadurch auch möglich, wie im Vorwort des Librettos angekündigt, die Handlung in einem Sonnenumlauf zu fassen (während es bei Marino viele Monate sind). Die bei Marino analeptisch nachgelieferte Vorgeschichte mit der Herstellung der goldenen *catena* durch Vulkan und Apollos Rolle darin werden im Drama vorgezogen und dorthin gestellt, wo sie auch chronologisch hingehört.

Auch auf der Ebene des Interpretationshorizonts kommt es zu einem analogen Vorgang, den man vielleicht als Reduktion allegorischer Überdetermination bezeichnen könnte. Es wurde schon angedeutet, dass Marinos pseudo-allographe Prosa-Allegorien meistens, wenngleich weniger im Falle des XII. Gesangs, widersprüchlich sind, und zwar einerseits weil sie Eigenschaften des dann folgenden Verstextes umdrehen oder nihilieren, andererseits weil sie die der Gattung der *Allegoria* ohnehin innewohnende Tendenz zur isolierten Allegorese jedes einzelnen Textelements so weit treiben, dass diese zur völligen Inkonsistenz der einzelnen Bedeutungszuschreibungen miteinander und mit so etwas wie einer allegorischen Gesamtökonomie führt.

Ein noch vergleichsweise schlichtes Beispiel findet sich gleich am Anfang der Allegorie zum XIII. Gesang von Marinos Epos: In Falsirenas Maßnahme, Adone einzukerkern, zeigt sich, so die Allegorie, die Boshaftigkeit des verschmähten Hochmuts. Implikat davon müsste nun sein, dass Adone hier die Rolle des unschuldigen Opfers hat – aber nein: seine Einkerkerung ist ausweislich der Allegoria zugleich Bild der Knechtschaft des den Versuchungen erliegenden Sinnenmenschen (obwohl der Held ja auf der *histoire*-Ebene eben gerade nicht der Versuchung erliegt). Dass er nun diesem doppelt negativ gezeichneten Gefängnis (nämlich einmal als Boshaftigkeit seitens einer Hochmütigen, einmal als eigene Unzulänglichkeit) endlich als Vogel entkommt, wird dann wiederum als Allegorie der amourösen Leichtfertigkeit und Flatterhaftigkeit der Jugend gelesen – obwohl ja gerade der *Adone* der dann folgenden Verse ein Muster der Standhaftigkeit ist.[15]

Durch diese Art der allegorischen Überdetermination wird im Grunde verhindert, dass überhaupt ein kohärenter *sensus moralis* auch nur für einen einzelnen Gesang herauskommt. Es soll keineswegs bestritten werden, dass Marinos Text dadurch auf viele Lesende ein Stück künstlerischer wirken dürfte als das vielleicht biedere Libretto Tronsarellis. Aber man sollte auf der anderen Seite auch nicht aus einer modernistischen Erwartung heraus die Klärung, nach der unser Librettist unverkennbar strebt, ästhetisch unterschätzen.

Tronsarelli gibt nun seinerseits sowohl dem Libretto als auch dem Partiturdruck eine Allegorie bei, die er in einem separat gedruckten *Argomento* des Stückes sogar ein drittes Mal abdruckt: Falsirena mit ihrem guten Ratgeber Arsete und der verführerischen Ratgeberin Idonia wäre demnach die menschliche Seele, die zwischen Vernunft und Begehren wählen muss. Am Anfang des Dramas (I,1) wird daher auch vorgeführt, dass Falsirena nicht immer schon böse ist, sondern in einer Art Abstieg von der intellektuellen Erkenntnis von Adonis' im Prinzip himmlischer Schönheit (II,1), die sie aus Idonias Bericht gewinnt, erst nachträglich in das körperliche Verfallensein hinabgleitet.

Dass sie dem Begehren nachgibt, zeigt, so die Allegoria, die Macht der Sinnlichkeit über unsere Affekte. Am Anfang des dritten Aktes wird in Araspes Monolog deutlich gemacht, dass es hier um ein rechtes Maß geht: „La ragion perde, dove il senso abbonda" (III,1). Dieser Refrain nimmt, wie schon Nino Pirrotta bemerkt, Marinos Vers „Smoderato piacer termina in doglia" (*Adone* Gesang I, Oktave 80) auf[16] – einen Vers, in welchem der Dichter vorgibt die Moral seines Epos bündig zusammenzufassen.

Aber bei Marino ist dies eine ironische Spiegelung seines textuellen Verwirrspiels, da nicht nur diese Moral für das überdeterminierte Gefüge des Epos offensichtlich zu kurz greift, sondern die Leserschaft bereits aus dem gleichen Gesang (I,10) weiß, dass die wahre Lehre des *Adone* wie ein Silen verborgen ist – was impliziert, dass es nicht *diese* allzu offenliegende sein kann.

---

15 Vgl. Marino, *Adone*, Bd. I, S. 723.
16 Vgl. Pirrotta, Falsirena, S. 258.

Bei Tronsarelli hingegen wird aus Marinos scheinheiliger Ermahnung zur Mäßigung eine durchaus nachvollziehbare Moral der Geschichte. Falsirenas Bestrafung am Ende der Oper (sie wird mit der Kette, mit der sie Adone band, an einen Felsen gefesselt) wird schließlich in der Allegoria dahingehend interpretiert, dass die Strafe der Schuld auf dem Fuß folgt. Damit diese Deutung Falsirenas als die hin- und hergerissene und schließlich erliegende Seele klappt, ist sie bei Tronsarelli nicht mehr Plutos Tochter, und auch ihre Verbindung mit dem Gold wird auf eine minimale Andeutung reduziert.

Der fern von Venus gefangene und der Versuchung ausgesetzte Adone ist in der Perspektive der *Allegoria* der Mensch, der fern von Gott in Irrtum geraten kann (vgl. auch Akt III, Szene 2). Aber wie Venus dem Adonis hilft, zu ihr zurückzufinden, ist auch Gott bereit, uns dabei zu helfen, zu ihm zurückzufinden und der ewigen Freuden teilhaftig zu werden. Dies wird in den Versen des Librettos dadurch gestützt, dass Adone zeitweilig an Venus' Liebe verzweifelt und daher zu ihr umkehren muss (Akt V, Szene 1).

Diese Allegorese ist vielleicht etwas schlicht, aber konsistent und theologisch unanstößig, sogar das Ineinandergreifen von *gratia praeveniens* und *gratia cooperans* passt hinein. Dabei wird, wie im 17. Jahrhundert häufig, eine Analogie zwischen heidnischen Göttern, hier Venus, und dem christlichen Gott hergestellt. Der am Anfang solcher Texte übliche apologetische Paratext, der gewissermaßen die Übersetzbarkeit heidnischer in christliche Konzepte darlegt und dadurch den Verdacht des Neuheidentums widerlegen soll, ist auch bei Tronsarelli unter dem Rubrum „Avvertimento" zu finden.

Man kann zeigen, dass auch schon Marino mit einer solchen Übersetzbarkeit spielt, etwa an der Stelle, an der Venus darüber klagt, dass eines Tages, nämlich im 16. Jahrhundert, die Türken ihre Altäre entweihen werden (*Adone* XVII, 173): Die Osmanen konnten offensichtlich in der Frühen Neuzeit keine anderen als christliche Altäre vorfinden, und insofern ist diese Stelle nur auf der Basis einer solchen ‚Übersetzung' überhaupt verständlich. Riskant wird dieses Spiel bei Marino jedoch nicht zuletzt durch die bereits erwähnte systematische Vermischung sakraler und diesseitig-erotischer Diskurse, die im *Adone*-Epos ins Werk gesetzt wird. Marinos Venus ist gleichzeitig göttliches und sinnliches Prinzip und sogar sinnenverfallenes Wesen.

Vielleicht weil unter diesen Umständen eine Übersetzbarkeit heidnischer Götternamen in christliche Gottesnamen oder -attribute gefährliche synkretistische Verwerfungen erzeugen würde (und meines Erachtens auch erzeugt), haben die Zeitgenossen die Rede der Venus gegen die Türken nicht in dieser Weise gelesen, sondern einfach als Anachronismus kritisiert, so Tommaso Stigliani in seinem *Occhiale*; Clizia Carminati hat darüber gearbeitet.[17]

Solche Interferenzprobleme sind bei Tronsarelli von vorn herein ausgeräumt. Daher kann er unanstößig Venus auf der Ebene des moralischen Zweitsinns mit Gott selbst vergleichen; er kann sich also erlauben, was bei Marino provokant ist. Und in II,3 kann Oraspe problemlos singen: „Amore è la beltà dell'universo."

Korrektive Performanz

Es geht hier nicht darum, dieser Vorgehensweise besonderes literarisches Raffinement zu bescheinigen. Es soll auch nicht die häufig gestellte Frage verfolgt werden, ob diese Allegorie ehrlich gemeint oder heuchlerisch ist.[18] Vielmehr ist aus der Perspektive der Vigilanz betrachtet interessant, wie punktgenau dieser Entwurf auf die Problematik von Marinos Epos antwortet.

Es wird hier vereindeutigt, gereinigt, klassischer gemacht; das Verhältnis zwischen sakralem und säkularem Diskurs wird nicht aufgehoben, sondern geklärt. Die Allegorie wird ‚aufgeräumt.'

Man könnte ähnliche Bemühungen auch auf der Ebene der Poetik zeigen, hier im Sinne des von Papst Urban VIII favorisierten Klassizismus: So gibt es bei Tronsarelli deutlich weniger *arguzie* als bei Marino, und diese scheinen diskret auf die Szenen verteilt; die Metrik der Chöre lehnt sich an Chiabreras pindarische Manier an. Wie Scarci zeigt, dienen die häufigen Reduktionen syntaktischer Komplexität gegenüber dem nur selten im Wortlaut anklingenden Epos auch der Verstehbarkeit singender Darbietung;[19] Gigliucci weist darauf hin, dass Tronsarelli im Librettodruck sogar eine noch in der Partiturfassung von Marino übernommene Paronomasie tilgt.[20] Der Marinismus wird damit nicht negiert (wir wissen um das gute Verhältnis zwischen Tronsarelli und Marino aus einem Brief),[21] aber er wird klassisch geglättet. Die *meraviglia*, das Staunen, wird weniger durch argute Metaphorik und mehr durch die prächtige Maschinerie des Theaters und durch die Musik erzeugt.

Diesbezüglich ist natürlich der Beitrag des Komponisten Mazzocchi und der Szenographen de Cuppis und D'Arpino entscheidend; mit zwei Flugmaschinen und fünfzehn teils sensationellen Verwandlungen der Szene, unter anderem vom Wald

---

17 Vgl. Stigliani, *Dello Occhiale*, S. 372f.; Carminati, *Tradizione, imitazione, modernità*, S. 148.
18 Hiermit befassen sich etwa Scarci, Marino on Stage, S. 455, und grundsätzlich Pirrotta, Falsirena.
19 Vgl. Scarci, Marino on Stage, S. 460.
20 Vgl. Gigliucci, Tronsarelli e la catena d'Adone, S. 48f.
21 Vgl. Giambonini, Cinque lettere ignote.

in einen Zaubergarten und später zurück sowie in einen goldenen Palast, ist dieser letztgenannte Beitrag im Libretto bereits großzügig vorgezeichnet. Alles geht auf ein prächtiges Zeigen hin – nur Falsirenas Verführungsversuch und dessen Abwehr durch Adone wird selbstredend nicht gezeigt, sondern nur kurz berichtet (Akt III, Szene 2).

Ein dramaturgisch glücklicher Kunstgriff ist die Szene, in der Falsirena Adone in Venusgestalt erscheint (V,2); hieraus macht Tronsarelli sehr viel mehr als Marino, der sie geradezu verschenkt: Der Opern-Adone wird zunächst getäuscht, bemerkt dann, dass etwas nicht stimmt, und dann erscheint eine zweite, die wahre Venus; selbst Amor ist dadurch verwirrt. Neben einem aufregenden szenischen Effekt und einem gewissen komischen Potential[22] kann sich auf diese Weise das Theater an der zeitgenössisch wichtigen Diskussion über die Sinnestäuschungen des Bösen beteiligen und zugleich amüsant auf die täuschende Natur des Theaters selbst reflektieren (so sagt Adone in diesem Zusammenhang: „dal falso il ver non scerno"). Scarci weist unter Rekurs auf Erithraeus darauf hin, dass diese Szene ursprünglich als Wettkampf zweier rivalisierender Sängerinnen geplant war – aber durch Intervention der um Decorum besorgten Gattin des Fürsten Aldobrandini wurden die Sängerinnen durch Kastraten der päpstlichen Kapelle ersetzt.[23]

Chöre und Tänze beenden die Akte; dadurch, dass sie diese Funktion übernehmen, gibt es keine von der Handlung ablenkenden Intermedien. Attraktive arienhafte Musik skizziert der Text hingegen in etwas bescheidenerem Maße durch recht maßvoll eingestreute strophische Ariendichtung vor. Die Musik von Domenico Mazzocchi ist heute vor allem dafür bekannt, dass sie diese bescheidene Anlage durch arienhafte Vertonung mancher eigentlich rezitativisch gedichteter Passagen steigert – eine Technik, die man später als Kavatine bezeichnet hat. Im Partiturdruck ist nach einer Liste der Arien und Ensembles in der Tat von „molte mezz'arie" die Rede, die das Taedium des Rezitativs durchbrechen sollen.[24] Aus diesem Grunde wird diese Komposition von der Musikgeschichte als Wendepunkt weg von der Dominanz des *recitar cantando* der frühen Oper und hin zu mehr Eigengewicht der Musik bewertet.[25]

Die luxurierende Pracht von Marinos Epos wird also im Text zugunsten einer gewissen Aufgeräumtheit zurückgenommen, aber von den anderen beiden Künsten supplementiert. Semantische Knalleffekte durch die Amalgamierung unvereinbarer Vokabulare, Modellpluralität und allegorische Überdetermination werden zuguns-

---

22 Vgl. hierzu Mioli, *Recitar cantando*, S. 172.
23 Vgl. Scarci, Marino on Stage, S. 455.
24 Hiermit befassen sich insbesondere Pirrotta, Falsirena; Reiner, Vi sono molt'altre mezz'arie; Gianturco, Nuove considerazioni.
25 Vgl. allgemein Pirrotta, Falsirena und Mioli, *Recitar cantando*, S. 170.

ten einer klar pastoral-idyllischen Erbaulichkeit abgebaut. Es ist gewissermaßen nicht mehr erkennbar, worin die Problematik des Epos bestanden haben könnte. Roberto Gigliucci spricht von einem „Adone possibile".[26] Das ist jedoch, so ist hier aus dem Blickwinkel des Sonderforschungsbereichs ‚Vigilanzkulturen' anzumerken, keine Evasion, kein Unterlaufen von Vigilanz, sondern selbst vigilantes Eingreifen im Sinne einer Wachsamkeit auf Sprache und Sinn.

Tronsarelli sekundiert damit in gewisser Weise den Korrekturbemühungen der Akademie der Umoristi, aber in ganz anderer Art, nämlich durch eine korrektive Performanz. Hier wird nicht argumentiert; vielmehr *ereignet* sich die ‚mögliche' Normenkompatibilität des *Adone* vor den Augen und Ohren der faszinierten Fürsten und Prinzessinnen im römischen Karneval 1626 – nicht zuletzt am Ende der Aufführung, wenn der *sensus moralis* noch einmal doppelchörig eingepeitscht wird:

> Lieto dopo l'errore
> giunge Adone a goder la dèa d'amore;
> ch'arde di lieto zelo,
> chi dopo i falli fa ritorno al cielo.[27]

Literaturverzeichnis

Erithraeus (Giovanni Vittorio Rossi): Iani Nicii Erythræi *Pinacotheca tertia, imaginum, virorum, aliqua ingenii & eruditionis fama illustrium, qui auctore superstite e vita decesserunt.* Coloniae Ubiorum (= Köln), apud Jodocium Kalcovium et socios 1648.
Marino, Giovan Battista: *L'Adone.* Hrsg. von Giovanni Pozzi. 2 Bde. Mailand 1988.
Mazzocchi, Domenico: *La catena d'Adone.* Venedig: Vincenti, 1626; Reprint: Bologna 1969.
Stigliani, Tommaso: *Dello Occhiale. Opera difensiva scritta in risposta al Cavalier Gio Battista Marino.* Venedig: Carampello 1627.
Tronsarelli, Ottavio: *La catena d'Adone.* Rom: Corbelletti 1626. Exemplar: Library of Congress, Albert Schatz Collection 6222.
[Tronsarelli, Ottavio]: *Argomento della Catena d'Adone, favola boscareccia.* Rom: Mascardi 1626

Boillet, Danielle: Les scandaleuses libertés du style lascif dans l'Adone de Marino. In: *Italies* 11 (2007), S. 379–418. DOI: https://doi.org/10.4000/italies.1944 [letzter Zugriff: 11.10.2022].
Carminati, Clizia: *Giovan Battista Marino tra inquisizione e censura.* Padua 2008.
Carminati, Clizia: *Tradizione, imitazione, modernità. Tasso e Marino visti dal Seicento.* Pisa 2020.
Fingerle, Maddalena: *Lascivia mascherata. Allegoria e travestimento in Torquato Tasso e Giovan Battista Marino.* Berlin/Boston 2022. https://doi.org/10.1515/9783110794113 [letzter Zugriff: 11.10.2022].

---

26 Gigliucci, Tronsarelli e la catena d'Adone, S. 48.
27 Mazzocchi, *La catena,* S. 119–122.

Giambonini, Francesco: Cinque lettere ignote del Marino. In: Besomi, Ottavio/Gianella, Giulia/Martini, Alessandro/Pedrojetta, Guido (Hrsg.): *Forme e vicende. Per Giovanni Pozzi.* Padua 1988, S. 325–327.

Gianturco, Carolyn: Nuove considerazioni su „il tedio del recitativo" delle prime opere romane. In: *Rivista italiana di musicologia* XVII/2 (1982), S. 212–239.

Gigliucci, Roberto: Tronsarelli e la Catena d'Adone fra morte di Marino e messa all'indice del poema. In: *Scrittori in musica: I classici italiani nel melodramma tra Seicento e Novecento.* Rom 2016 [Studi (e testi) italiani: Semestrale del Dipartimento di Studi Greco-Latini, Italiani, Scenico-Musicali, Sapienza Università di Roma, 36], S. 45–54.

Hammond, Frederick: *Music and spectacle in baroque Rome. Barberini patronage under Urban VIII.* New Haven/London 1994.

Mehltretter, Florian: Das Ende der Renaissance-Episteme? Bemerkungen zu Giovan Battista Marinos Adonis-Epos. In: Höfele, Andrea/ Müller, Jan-Dirk/Oesterreicher, Wulf (Hrsg.): *Die Frühe Neuzeit. Revisionen einer Epoche.* Berlin/New York 2013, S. 331–353.

Mehltretter, Florian: *Orpheus und Medusa. Poetik der italienischen Oper 1600–1900.* Baden- Baden 2020.

Mioli, Piero: *Recitar cantando. Il teatro d'opera italiano, I: Il Seicento.* Palermo 2008.

Morelli, Arnaldo: Tronsarelli, Ottavio. In: *Dizionario biografico degli italiani* 97. Rom 2020. https://www.treccani.it/enciclopedia/ottavio-tronsarelli_%28Dizionario-Biografico%29/ [letzter Zugriff: 05.04.2022].

Nelting, David: …formar modelli nuovi… Marinos Poetik des ‚Neuen' und die Amalgamierung des ‚Alten.' Bemerkungen aus dem Blickwinkel einer laufenden Forschergruppe. In: *Working Papers der FOR 2305 Diskursivierungen von Neuem* 5 (2017), S. 2–16.

Pirrotta, Nino: Falsirena e la più antica delle cavatine. In: *Music and culture in Italy from the Middle Ages to the baroque: a collection of essays.* Cambridge, MA 1984.

Regn, Gerhard: Die Tragödie als spettacolo gentil: Poetik der meraviglia und hedonistische Weltmodellierung bei Marino. In: Oy-Marra, Elisabeth/Scholler, Dietrich (Hrsg.): *Parthenope – Neapolis – Napoli. Bilder einer porösen Stadt.* Göttingen 2018, S. 87–115.

Reiner, Stuart: Vi sono molt'altre mezz'arie. In: Powers, H.S. (Hrsg.): *Studies in Music History for Oliver Strunk.* Princeton 1968, S. 241–258.

Santacroce, Simona: „La ragion perde dove il senso abbonda": *La catena d'Adone* di Ottavio Tronsarelli. In: *Studi secenteschi* 55 (2014), S. 135–153.

Scarci, Manuela: Marino on Stage: La catena d'Adone. In: Guardiani, Francesco (Hrsg.): *The Sense of Marino. Literature, Fine Arts and Music of the Italian Baroque.* New York/Ottawa/Toronto 1994, S. 451–464.

Carlo Bosi
Opere veneziane per scene non veneziane: tra censura e assimilazione

La rappresentazione di *Andromeda* nel 1637 al Teatro S. Cassiano di Venezia inaugurò un'impresa che, a tutt'oggi, nonostante le tante morti preannunciate e forse auspicate, ma mai prodottesi, continua a riscuotere successo: l'opera commerciale-impresariale.[1] Gli autori di questo primo dramma per musica destinato a un pubblico pagante, il librettista Benedetto Ferrari (1603/4–1681) e il compositore Francesco Manelli (1595/7–1667), provenivano da ambienti relativamente simili, poiché entrambi erano stati cantori ecclesiastici: Ferrari al Collegio Romano Germanico (1617–1618) e, più tardi, presumibilmente alla Cattedrale di Reggio Emilia (1618–1621) e Manelli alla Cattedrale di Tivoli (1609–1624), dove poi divenne anche maestro di coro (1627–1629). Inoltre Ferrari, che era anche un abile tiorbista e tastierista, fu impiegato come 'musico' alla corte dei Farnese a Parma tra il 1619 e il 1623, la stessa corte dove, a partire dal 1645, la moglie di Manelli, Maddalena, divenne cantante, mentre Francesco prese posto con il figlio Costantino nel coro di S. Maria della Steccata. Dopo *Andromeda*, il duo Ferrari-Manelli produsse con la sua compagnia di cantanti, per lo più romani, un altro dramma per musica, *La maga fulminata*, presentato in prima assoluta nel 1638, sempre al Teatro S. Cassiano. Anche in questo caso il libretto fu scritto da Ferrari e la musica, andata persa, come del resto quella di *Andromeda*, da Manelli. Successivamente Ferrari fu autore di altri quattro libretti, ma questa volta compose anche la musica, purtroppo anche in questi casi irreperibile.[2]

L'Opera 'alla veneziana' e gli 'Incogniti'

Se a prima vista può sorprendere che Ferrari, il musicista affermato, abbia iniziato la sua carriera operistica come librettista e che sia stato autore di un totale di sei libretti, dobbiamo anche ammettere che non sappiamo nulla della sua biografia anteriore al 1617. Tuttavia, in una lettera a Francesco II d'Este, duca di Modena e

---

1 Per un'edizione moderna dell'*Andromeda*, cfr. Badolato/Martorana, *I drammi musicali*, p. 3–36. Sull'opera veneziana in generale, lo studio fondamentale resta Rosand, *Opera*.
2 Per uno schizzo biografico di Ferrari, cfr. Badolato/Martorana, *I drammi musicali*, p. VII–XIII; sui drammi musicali di Ferrari in generale, cfr. Accorsi, Morale e retorica, ripubblicato in ead.: *Amore e melodramma*, p. 81–150. Su Manelli, cfr. Petrobelli, Francesco Manelli, nonché Whenham, Manelli.

Reggio, scritta nel 1674, egli ammette di aver studiato musica nella "scola di Roma", quindi è possibile che fosse stato ammesso come studente del Collegio Germanico, a sua volta molto rinomato per la sua tradizione musicale, ben prima del 1617.[3] Oltre alla musica, il Collegio Germanico poneva grande enfasi, come tutte le scuole gesuite, sulla retorica e la composizione letteraria, non solo in quanto tali, ma anche sulla scena, dato che i Gesuiti promuovevano attivamente una loro forma di teatro.[4] E in effetti, alcuni dei libretti scritti da Ferrari, come *La maga fulminata* (1638) e *L'Armida* (1639), sembrano riflettere l'atmosfera moralistica e un po' bacchettona di certa letteratura promossa dai Gesuiti in contesto controriformistico. Tuttavia, a partire da *La ninfa avara* (1641), per la quale compose anche la musica ormai perduta, l'autore sembra orientarsi decisamente verso un teatro molto più irriverentemente sensuale. Questa 'trasformazione' può essere meglio inquadrata se si considera l'atmosfera culturale che inevitabilmente Ferrari deve aver respirato nella Venezia di quegli anni.[5] Secondo alcuni indizî pare, in effetti, che egli fosse in rapporto più o meno contrastato con alcuni dei membri più importanti dell'*Accademia degli Incogniti*, l'istituzione letteraria di tendenze libertineggianti fondata nel 1630 dal patrizio Giovan Francesco Loredan (1606–1661) e che avrebbe dominato la vita intellettuale veneziana e non solo fino alla sua dissoluzione nel 1661, coincidente peraltro con la morte del suo fondatore.[6] Rispetto a molte altre accademie letterarie italiane che fiorirono tra il XVI e il XVII secolo, i membri dell'*Accademia degli Incogniti*, fecero molto di più che intrattenersi con tematiche più o meno erudite durante le loro regolari riunioni e, per esempio, la politica contemporanea, con una decisa posizione anti-spagnola e anti-barberiniana, andrà a formare una parte essenziale di non pochi dei loro scritti. Inoltre, molti di loro erano stati studenti del filosofo peripatetico Cesare Cremonini (1550–1631) presso l'Università di Padova. Cremonini si distingueva come il principale rappresentante in Italia di una forma 'eterodossa' o, piuttosto, antitomistica di aristotelismo che sosteneva, tra le altre cose, la mortalità dell'anima umana individuale, l'assenza di una Provvidenza Divina, l'eternità dell'Universo e, soprattutto, un approccio sensualista ed esperienziale alla vita e alla conoscenza, fondato su una generale visione scettica del dogma e della religione accettati, tutti tratti in comune con autori generalmente ascritti all'area di pensiero 'libertino', sebbene Cremonini dichiarasse di limitarsi ad esporre il pensiero aristotelico,

---

3 Cfr. Steinheuer, Ferrari, a sua volta ripreso da Culley, *Jesuits and Music*, p. 145s.
4 Circa l'attività teatrale dei Gesuiti, sulla cui influenza sul teatro musicale 'profano' ci sarebbe molto da indagare, cfr. Culley, *Jesuits and Music*.
5 Cfr. Badolato/Martorana, *I drammi musicali*, p. XVs.
6 Cfr. ibid., p. XXXIII. Sugli Incogniti e Loredan in particolare, cfr. Miato, *L'Accademia degli Incogniti*; inoltre Lattarico, *Venise 'incognita'*.

senza necessarie implicazioni per la sua ortodossia cattolica.[7] Lo stesso può dirsi della copiosa produzione letteraria degli *Accademici*, che riflette, sebbene indirettamente, molti aspetti importanti della filosofia di Cremonini, mostrando tuttavia anche elementi del *libertinage érudit* francese, il tutto condito da uno spirito giocoso e beffardo. Gli autori della cerchia 'incognita', inoltre, abbracciano nella loro sbalorditiva ecletticità la maggior parte dei generi letterari allora in voga, non disdegnando quelli emergenti, come il romanzo e, in particolare, l'ibrido libretto d'opera.[8] Ma l'attività degli *Incogniti* in quanto librettisti deve considerarsi eminentemente periferica, una delle tante sfaccettature della loro proteiforme opera letteraria, spesso dai tratti audaci e sperimentali, che sfida le distinzioni di genere fino ad allora imperanti. E tuttavia la dimensione implicitamente spettacolare del libretto d'opera permette agli autori gravitanti intorno al circolo 'incognito' di raggiungere strati di pubblico ben più ampî di quelli che avrebbero raggiunto i loro pur popolari romanzi, dialoghi, novelle, bizzarrie accademiche e polemici *pamphlets* di varia natura. Dai romanzi e dalle novelle, i primi libretti d'opera veneziani riprendono soprattutto gli intrecci a più coppie che si scompongono e ricompongono in varia maniera, il gusto per i travestimenti e le identità di genere ambigue – nell'opera questo essendo enfatizzato naturalmente dalla presenza di castrati per le parti di protagonisti maschili giovani – ma anche la critica sotterranea, spesso occultata dietro la facezia e il doppio senso e per lo più agita da personaggi 'buffi', ai rapporti di potere o alle credenze imperanti.[9]

In alcuni dei primi libretti d'opera veneziani emerge, in comune con altre opere letterarie, oltre a uno spiccato erotismo, una visione scettica e disincantata della vita, unita alla persuasione che sia impossibile e forse neanche tanto desiderabile cambiare i rapporti di potere esistenti, anche perché non pochi degli "Accademici Incogniti" sono membri altolocati del patriziato veneziano. Basti qui citare il 'principe' stesso degli "Incogniti", Loredan, che nel corso della sua esistenza occuperà posizioni chiave nell'amministrazione della Serenissima, sebbene verso la fine della sua vita verrà relegato in provincia.[10] Va da sé che un conto è trattare tematiche dalla potenziale esplosività 'libertina' in un romanzo o in una disquisizione accademica da leggersi e da 'viversi' in privato o comunque in un

---

7 Sul pensiero di Cremonini, cfr. Kuhn, *Venetischer Aristotelismus* e Riondato/Poppi, *Cesare Cremonini*.
8 Sull'eclettícità e la varietà dei temi della letteratura 'incognita', cfr. in particolare Lattarico, *Venise 'incognita'*, specialmente la prima parte: Un laboratoire des genres, p. 49–152.
9 Sul romanzo e la novella barocchi e, specificamente, 'incogniti', cfr. a titolo esemplificativo, risp. Rizzo, *Sul romanzo secentesco*; Riposio, *Il laberinto della verità*; Stockbrugger, *Il romanzo seicentesco* e Spera, *La novella barocca*.
10 Cfr. Miato, *L'Accademia degli Incogniti*.

circolo ristretto di 'cognoscenti', tutt'altro è far filtrare determinati contenuti in un testo, come appunto il libretto d'opera, esso stesso elemento di un complesso ingranaggio che include non solo la musica, ma le macchine sceniche, le luci, i balli e soprattutto un pubblico che paga l'entrata in singole serate o, nel caso dei ceti più facoltosi ovvero di principi stranieri, che affitta palchetti per intere stagioni, principalmente per trarre diletto dallo spettacolo, non certo per essere edotto in questioni di natura etica.[11] Non va inoltre trascurato il fatto che molto spesso, soprattutto nei teatri più grandi, come il SS. Giovanni e Paolo – noto anche come Teatro Grimani dal nome dei suoi proprietarî – di forma peraltro ovale (Fig. 1), gli spettatori seduti nelle parti più lontane dalla scena raramente saranno stati in grado di comprendere il testo cantato nei dettagli, come indirettamente testimoniato da alcuni autori[12], per cui in teoria la previa lettura del libretto si sarebbe rivelata necessaria per seguire vicende spesso anche piuttosto intricate.[13] Forse anche per tale ragione, se nelle prime stagioni operistiche si stampava al massimo il solo scenario prima della recita, il libretto venendo pubblicato successivamente come testimonianza e ricordo dell'avvenuta rappresentazione, ben presto si iniziò a vendere i libretti prima delle rappresentazioni stesse, sebbene non ci sia com-

---

11 Sul differente impatto, e quindi sul diversamente intenso accanimento censorio da parte delle autorità, di un'opera scritta per essere recitata e soprattutto cantata e di una scritta per essere letta in privato, cfr. in particolare, sebbene si riferisca ad altre epoche e ad altri ambiti culturali, Weisstein, Böse Menschen, p. 53–56.

12 Giulio Strozzi, ad esempio, nell'avviso ai "Lettori" della sua *Delia o sia la Sera sposa del Sole*. Venezia 1639, afferma che "il canto" diviene molesto ("un'abborrita cantilena") "o quando s'ha di gir dietro alle chimere del Poeta, o quando dileguandosi la parola, o la finale d'alcuna voce nell'ampiezza de' Teatri, smarriscono gli uditori il filo degli ammassati concetti", affermando poco più avanti di aver voluto stampare il libretto per rimediare all'abitudine "di que' musici, che cantano talhora più volentieri à loro medesimi ch'agli ascoltanti" (p. 6). Quest'ultima affermazione può non sembrare altro che un vezzo retorico, se non fosse che la *Delia* fu uno dei primi libretti ad essere stampati prima della recita. In ogni caso questi passaggi di Strozzi sono una preziosa, rara testimonianza indiretta sull'acustica dei primi teatri per musica veneziani e se i cantanti avevano ancora difficoltà a farsi udire, ciò non dev'essere stato necessariamente per difetti di tecnica vocale, ma per la poca dimestichezza e per la novità di dover cantare in ambienti così ampi come un teatro, come ad esempio il grande SS. Giovanni e Paolo, mentre fino ad allora i luoghi dove si saranno per lo più esibiti saranno stati limitati, per estensione, a quelli della camera privata di un principe o, al massimo, di un teatro di corte.

13 Sui teatri veneziani nel Seicento, in generale, cfr. Mangini, *I teatri di Venezia*; sul SS. Giovanni e Paolo in particolare, cfr. ibid., p. 56–61 e Mancini/Muraro/Povoledo, *I teatri del Veneto*, p. 294–321. La figura riproducente la pianta del SS. Giovanni e Paolo è stata tratta da ibid., p. 303. Sebbene la pianta riprodotta nella figura sia piuttosto tarda e sebbene il teatro fu sottoposto a varî rimaneggiamenti, è verosimile che la struttura allungata di base sia rimasta costante, come sembra confermare indirettamente un dispaccio dell'ambasciatore mediceo a Venezia a Mattias de' Medici del 1645. Cfr. Mancini/Muraro/Povoledo, *I teatri del Veneto. 1,1 Venezia*, p. 300.

pleto accordo su quando esattamente questo cambiamento avvenne.[14] Ma anche in seguito a ciò è difficile immaginare che la maggior parte degli spettatori si sarebbe veramente presa la briga di leggersi l'intero libretto prima della recita. Nonostante questo, il libretto a stampa resta un testimone privilegiato dello statuto letterario del dramma musicale, ciò soprattutto nel primo decennio della diffusione dell'opera commerciale a Venezia, quando, come già detto, in molti casi gli autori sono non librettisti 'di mestiere', ma letterati a tutto tondo, per i quali il libretto rappresenta una concessione, spesso sminuita da loro stessi nei varî "avvisi al lettore", ad un gusto per una forma di teatro musicale sempre più dominante, ma del cui valore letterario anche autonomo essi sono ben consci[15]: basti pensare al fatto che uno dei più significativi librettisti 'Incogniti', Giovan Francesco Busenello, pubblica nel 1656 con il titolo *Le ore ociose*, tutti i libretti da lui scritti sin ad allora in un'edizione che spesso differisce anche significativamente dal testo tramandato nelle partiture delle opere superstiti[16]. Ma anche un autore come Giulio Strozzi, pur non curando una raccolta letteraria autonoma dei suoi libretti, si mostra preoccupato della diffusione di varianti non autorizzate della sua opera, nel caso specifico del libretto della *Finta pazza* (1641), uno dei più grandi successi operistici della prima metà del secolo, subito esportato anche al di fuori del circuito veneziano, persino con una rappresentazione parigina al Petit Bourbon nel 1645, tantoché nel 1644 fa uscire una versione esplicitamente riveduta da lui stesso.[17]

Le prime opere 'alla veneziana' sul resto della penisola italiana: emendamenti censorî?

Dunque ben presto l'opera 'alla veneziana' si diffonde anche al di là della Laguna, come è possibile vedere da questa tabella (Tabella 1). Le prime piazze al di fuori di Venezia sono Modena, Piacenza e Bologna. Per le prime due la spiegazione può sembrare ovvia: in effetti Benedetto Ferrari, il compositore e librettista di questi primi saggi di opera impresariale, era originario del Reggiano, allora parte del Ducato di Modena. Inoltre sin da giovanissimo, e poi in seguito per molti anni, fu in

---

14 Per un utile riassunto delle diverse posizioni in merito, cfr. Whenham, Perspectives on the Chronology, p. 258–263.
15 Sullo statuto letterario del libretto d'opera in generale s'interrogano gli studi raccolti in Decroisette, *Le livret d'opéra*. Cfr. inoltre: Getrevi, *Labbra barocche*; Fabbri, *Il secolo cantante*; Chiarelli/Pompilio, *Or vaghi or fieri*.
16 Per un'edizione moderna della raccolta busenelliana, cfr. Busenello, *Delle ore ociose*.
17 Cfr. Michelassi, *La finta pazza*, p. 172 s. e Id., *La doppia "Finta pazza"*.

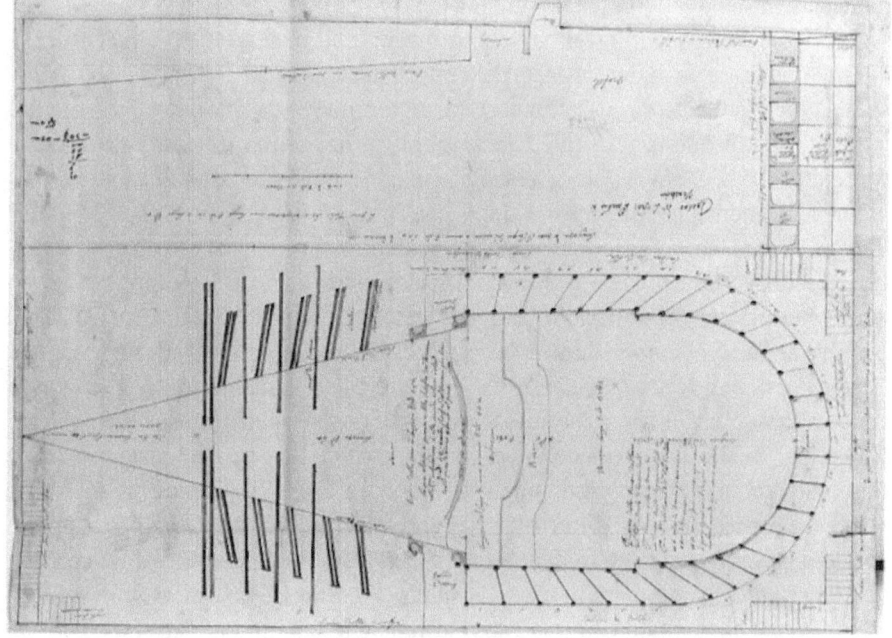

Fig. 1: Tommaso Bezzi: *Disegno della pianta del teatro di S. Gio: e Paolo di Venezia*, 1691–1693, Sir John Soane's Museum, Londra.

corrispondenza e in contatto diretto con i Duchi di Modena: nel 1623, ad esempio, dedica al futuro Duca Alfonso III d'Este una raccolta di composizioni a due e cinque voci oggi purtroppo andata perduta. Per quel che riguarda i suoi legami con Parma, il letterato-compositore è impiegato come musico alla corte dei Farnese dal 1619 al 1623.[18] Non deve pertanto stupire che fra le primissime rappresentazioni operistiche a Modena e Piacenza si debbano annoverare proprio i drammi di Ferrari, direttamente importati da Venezia.

Molto raramente la ripresa di un'opera al di fuori del circuito veneziano non era soggetta a cambiamenti musicali e testuali anche considerevoli. Per quanto riguarda la musica inoltre, essa, non circolando che manoscritta, era di per sé stessa effimera, anche perché doveva dipendere dalla disponibilità di organici diversi, dalle aspettative di pubblici eterogenei e dalla sua diffusione ad opera di

---

18 Per questi dati e per uno schizzo biografico di Ferrari, cfr. Badolato/Martorana, *I drammi musicali*, p. VII–XIII. Badolato/Martorana asseriscono che Ferrari nel 1623 scrisse "al duca Alfonso III d'Este" (ivi, p. IX). Ma il principe diverrà duca solo nel 1628, alla morte del padre Cesare.

compagnie di cosiddetti 'comici' dalla composizione variabile. Una di esse, nota con il nome di 'Febiarmonici', un nome probabilmente comune ad altre compagnie similari, fu responsabile, tra l'altro, di avere esportato nel 1651 a Napoli, su invito dell'allora Viceré Íñigo Vélez de Guevara, Conte d'Oñate, una delle opere oggi più note del repertorio veneziano, vale a dire *L'incoronazione di Poppea*, che in Napoli venne reintitolata *Il Nerone overo L'incoronazione di Poppea*. Non è qui il luogo e l'occasione per riassumere le intricate vicende intorno a questo capolavoro dell'opera veneziana delle origini, del resto già ampiamente analizzate da varî studiosi.[19] Per quel che concerne l'argomento di questo saggio, basti qui ricordare come il libretto e probabilmente la partitura napoletana – una delle due sopravvissute, la seconda, conservata a Venezia, essendo successiva e comunque ibridata con la partenopea – furono soggetti a pesanti interventi e revisioni. Molti di questi interventi probabilmente censorî riguardano passaggi del libretto veneziano che, *more 'incognito'*, sono intrisi di sensualità; in questo caso o i termini incriminati vengono semplicemente evitati con ellissi, ovvero interi versi vengono completamente riscritti. Altri, non meno incisivi, riguardano contenuti dalle potenziali implicazioni teologiche eterodosse ed è sintomatico, ad esempio, che l'intera scena quarta del secondo atto, che ritrae il suicidio di Seneca e la sua assunzione in cielo accompagnato da un "Choro di Virtù", sia assente dal libretto napoletano, come pure dalle due partiture superstiti. È impossibile, basandoci sulle fonti a nostra disposizione, ipotizzare che questo passaggio fosse stato originariamente messo in musica da Monteverdi o da chi per lui – la questione della paternità musicale dell'opera è tutt'ora assai controversa – e poi tagliato.[20] Certo è che la battuta chiave pronunciata da Seneca in questa scena, presente nell'edizione collettiva dei libretti busenelliani del 1656, curata personalmente dall'autore e forse corrispondente ad un intento se non ad un'edizione originaria[21], sarebbe forse potuta risultare problematica persino sulle relativamente 'liberali' scene veneziane:

> Breve coltello,
> ferro minuto
> sarà la chiave

---

[19] Sulle vicende dei 'Febiarmonici' lo studio fondamentale resta Bianconi/Walker, *Dalla Finta pazza*. Sulla trasmissione letteraria e musicale della *Poppea* un indispensabile studio con nuovi interessanti ragguagli e che include riassumendole le conclusioni di gran parte degli studî precedenti è Usula, „Qual linea al centro".
[20] Sulla questione della paternità musicale della *Poppea*, cfr., in particolare Rosand, *Monteverdi's Last Operas*, p. 65–68.
[21] Che l'edizione collettiva dei libretti del Busenello, in particolare della *Poppea*, testimoni in realtà un'intenzione originaria, viene dimostrato da Usula, «Qual linea al centro», p. 40–50, dove, tra l'altro, vengono discussi altri interventi censorî, sebbene non quello di cui qui è questione.

> che m'aprirà
> le vene in terra
> e in Ciel le porte dell'eternità.[22]

In effetti non solo si infrange qui il tabù, vigente del resto sin dall'antichità, di rappresentare un suicidio sulla scena, di fronte agli occhi degli spettatori e delle spettatrici, ma l'atto stesso viene esaltato come chiave per accedere al cielo: e poco importa che questo possa venire interpretato dal lettore o lo spettatore attento, come fuga da un mondo, quello dell'*Incoronazione*, caratterizzato da vizio, sopraffazione e abuso tirannico del potere. È da notare inoltre come nel libretto napoletano vengano eliminati termini riferentisi direttamente al potere regio, ciò indubbiamente a causa della luce negativa che la figura del monarca riceve nell'opera: se nella Repubblica di Venezia questo poteva avere una sua giustificazione, nel Regno di Napoli, governato da un Viceré, come il conte d'Oñate, gloriatosi di aver ristabilito la pace in seguito alla repressione della Repubblica di Masaniello, menzionare "regi" e "grandi" in un contesto ben poco raccomandabile come quello della *Poppea*, non sarebbe stato visto altrettanto di buon'occhio.[23] Certo è che la semplice soppressione di alcuni termini non migliora di granché l'immagine fondamentalmente negativa del principe che emerge dal testo di quest'opera, anche ammettendo che la magnanimità mostrata da Nerone nella scena quarta del terzo atto nei confronti di Ottone il quale, sotto le vesti della sua spasimante Drusilla, aveva appena tentato di assassinare Poppea, e l'estatico duetto finale fra i due protagonisti, aggiunto proprio in occasione della rappresentazione napoletana, possano aver contribuito a gettare una luce diversa, meno infamante, sulla figura del sovrano.

Ma interventi che farebbero pensare ad atti censorî sono presenti anche in produzioni non veneziane dei primi libretti, peraltro, come abbiamo rimarcato all'inizio, relativamente castigati, di Benedetto Ferrari. La ripresa dell'*Armida* al Teatro di Palazzo Gotico o Teatro Nuovo di Piacenza nel 1650, avviene ben undici anni dopo la prima veneziana al SS. Giovanni e Paolo (v. Tabella 1). Il Teatro Nuovo era stato inaugurato nel 1644 con una produzione della *Finta pazza* di Strozzi / Sacrati[24] e nel 1655 ospiterà *La Didone* e *Il Giasone*, opere che avevano visto il loro debutto sulle scene veneziane rispettivamente nel 1641 e nel 1649, entrambe al S. Cassiano (v. Tabella 1). Anche questi drammi per musica vennero quindi esportati da Venezia svariati anni dopo la prima, nel caso della *Didone* addirittura

---

22 Cfr. Busenello, *Delle ore ociose*, p. 528.
23 Cfr. Conti/Usula, Venetian Opera Texts. Sulla restaurazione monarchica a Napoli dopo Masaniello perseguita dall'Oñate, cfr. in particolare Rossi, *Il viceré*.
24 Cfr. Bussi, Piacenza.

quattordici. È chiaro quindi in questi casi aspettarsi cambiamenti e tagli notevoli, anche al di là di tutte quelle scene, il Prologo *in primis*, che potevano avere riferimenti più o meno diretti con Venezia e che quindi non avrebbero avuto senso al di fuori della città lagunare. Nella *Didone* in effetti i cambiamenti apportati alle riprese successive furono considerevoli, in qualche caso anche piuttosto radicali.[25] Per la rappresentazione piacentina, il libretto dell'*Armida*, di cui Ferrari concepì sia la musica che il testo, è in molte parti completamente riscritto.[26] La trama, pur sostanzialmente fedele al modello tassiano, diverge allo stesso tempo vistosamente da questo in punti essenziali. Innanzitutto il lieto fine, d'obbligo del resto in un dramma musicale di questo periodo, per cui Armida, pentita, non solo finisce per convertirsi al Cristianesimo – mentre nel poema tassiano la conversione viene lasciata aperta – ma sposa anche Rinaldo, ove in Tasso ella si limita a divenire la sua "ancella"[27]; indi la presenza, seppur limitata a due scene, dei personaggi buffi della vecchia ninfa Tamburla e del semicapro Fauno che, come di regola in questi casi, svolgono la funzione di alleggerire, ma anche di commentare ironicamente lo svolgimento del dramma. Ma soprattutto i continui interventi divini, che fanno sì, ad esempio, che lo stesso infiammarsi d'amore della maga per il guerriero cristiano sia opera di Giove e Amore, le stesse Divinità che sin dal primo atto sanciscono «la sorte finale di Armida e Rinaldo».[28] Tutto sembra qui dettato dal volere degli Dei, persino la volontà stessa dei protagonisti, ironicamente proprio in un testo che in teoria dovrebbe esaltare la vittoria dei cristiani sui cosiddetti 'infedeli'. Tanto più stupiscono in questo senso taluni interventi nell'edizione piacentina del libretto. Mi riferisco, in particolare, all'eliminazione quasi sistematica di riferimenti a 'Fortuna', 'Fato' *et similia*. In tutti questi casi i versi o i passi relativi non vengono semplicemente soppressi, ma completamente riscritti. Così tutto il passo dove in I,1[29] un Nunzio racconta ai tre cacciatori presenti in scena gli atti prodi di Rinaldo in procinto di liberare i suoi compagni prigionieri, è completamente riscritto. E, mentre nel libretto veneziano il terzo cacciatore alla fine del racconto commenta:

---

25 Per un'analisi dei cambiamenti effettuati nella *Didone* nelle recite extra-veneziane, cfr. Conti/Usula, Venetian Opera Texts, 7.3 e 7.5.
26 Per un'edizione moderna di entrambe le versioni, cfr. Badolato/Martorana, *I drammi musicali*, p. 83–120 e 256–290.
27 "«Ecco l'ancilla tua; d'essa a tuo senno / dispon.» gli disse «e le fia legge il cenno.»". Tasso, *Gerusalemme liberata*, p. 1289–1290, canto XX, ott. 136, v. 7s.
28 Badolato/Martorana, *I drammi musicali*, p. XIX.
29 Di qui in avanti il numero romano si riferisce all'atto, mentre la cifra araba dopo la virgola alla scena all'interno dello stesso atto.

> Sì negli abissi dispietati e felli
> rotar denno le Furie i lor flagelli[30]

nel testo stampato a Piacenza, in cui tra l'altro i tre cacciatori sono semplicemente 'voci' soliste emergenti da un coro, il passo corrispondente diviene il più anodino

> Di timor, di diletto
> il tuo dir martial m'ingombra il petto.[31]

Anche la menzione troppo esaltata di Dei dei gentili, persino in un'opera in cui essi, come già notato, hanno un'azione così decisiva, viene a volte evitata. Così, allorché Iride in II,1 preannuncia la liberazione di Rinaldo ad opera di due cavalieri cristiani, il testo piacentino elimina una quartina che in Venezia faceva riferimento all'onnipotenza di Giove:

> Giove ognun giunge dall'eccelso trono,
> fugga la maga col garzon lontano;
> Pluton adopri ogni ardimento insano,
> i disegni d'abisso un nulla sono[32]

aggiungendone un'altra, ma in posizione finale, dalla generale portata morale-gnomica:

> Ai trionfi Rinaldo il Ciel destina,
> le lascivie e i trofei non van del pari,
> Amor è nume di diletti amari
> E di bell'opre è la Virtù Reina.[33]

Ancora più attenzione viene apparentemente prestata dagli stampatori o dai censori all'emendamento di quei passi potenzialmente suscettibili di recare una qualche offesa alla sensibilità religiosa. Quando ad esempio il Coro infernale, istigato da Plutone e da Due Furie, conclude trionfalmente I,2 in Venezia con il distico

> Estinto il cavaliero,
> rott'è lo scudo del cristiano impero,[34]

---

30 Ibid., p. 89.
31 Ibid., p. 263.
32 Ibid., p. 99.
33 Ibid., p. 272.
34 Ibid., p. 91.

Piacenza emenda in

> L'empio Rinaldo estinto,
> trionfante è Sion, Goffredo vinto.[35]

Ma anche la menzione del 'cielo' come sede implicita della divinità sembra essere problematica in determinati contesti. Forse è per questo che quando Giove in I,4 chiama a sé Amore onde pregarlo di trasformare l'odio di Armida verso Rinaldo in passione infuocata, i versi del suo esordio

> Figlio, al cui gran valore
> s'inchina il ciel, la terra, il mar[,] l'inferno[36]

sono mutati da Piacenza, che evidentemente preferisce non implicare che il 'Cielo' debba inchinarsi ad Eros, in

> Figlio, lo cui valore
> pregia'l Ciel, cole il mondo e teme Averno.[37]

D'altra parte nella versione trasmessa in Piacenza anche la sola menzione dell'avversario del Dio cristiano viene evitata e ciò persino in un contesto comico. In II,2, (che diventa II,3 in Piacenza a causa della suddivisione della prima scena in due parti) Amore interrompe bruscamente il discorso della vecchia ninfa Tamburla, tutta tesa ad esaltare la sua creduta avvenenza, capace persino, a suo dire, di produrre effetti miracolosi, con il verso «nel diavolo s'incontra», che rima con «e chi meco si scontra» appena pronunciato dall'attempata ninfa.[38] Ebbene in Piacenza ciò viene cambiato in (Tamburla) «e chi il bel viso sogna» (Amore) «dà forma a una carogna», forse ancora più offensivo per la povera ninfa, ma evidentemente meno per il pubblico o i censori di Piacenza;[39] e così via. È chiaro che in tutti questi casi non si tratta di tagli dovuti all'eccessiva lunghezza di un testo librettistico peraltro piuttosto stringato, ma di interventi precisi atti a scansare alla meglio o comunque a limitare il più possibile eventuali scontri con censori presumibilmente molto più attivi e occhiuti che a Venezia.

Che questo non sia un caso, ma pratica diffusa, può essere dimostrato da un'altra delle opere veneziane dei primordi ripresa al di fuori della Laguna. *Gli*

---

[35] Ibid., p. 265.
[36] Ibid., p. 92.
[37] Ibid., p. 266.
[38] Ibid., p. 101.
[39] Ibid., p. 273.

Amori di Apollo e di Dafne su testo di Giovan Francesco Busenello e musica, questa volta tramandata, di Francesco Cavalli, viene rappresentata per la prima volta al S. Cassiano nel 1640 e ripresa sette anni dopo con il titolo *La Dafne* al Teatro bolognese dei Guastavillani, anch'esso uno dei primissimi teatri a rappresentare, riadattandole, opere provenienti dal circuito veneziano (v. Tabella 1).[40] In questo caso, tra l'altro, non si tratta di un intervento di riscrittura globale, come in un certo senso è il caso dell'*Armida*, giacché il libretto bolognese del 1648 espunge, quasi chirurgicamente, solo passi o singole parole probabilmente giudicati troppo audaci, sia dal punto di vista teologico che etico. In I,7, ad esempio, quando Aurora tenta di consolare e di rassicurare Cefalo del suo amore prima della sua partenza, affermando:

> O Dio, tu pur vaneggi
> e formi sospettando
> un ideale inferno
> alla tua fantasia,
> e pur tu solo sei l'anima mia![41]

l'edizione bolognese riproduce esattamente tutto il passaggio salvo sostituire «anima mia» con «la vita mia».[42] Un caso ancor più interessante, per concludere, è costituito dal Coro delle Muse che alla fine di II,1 lodano Apollo in saltellanti ottonari e quaternari tronchi con questi versi:

> Da te pende, da te nasce
> quel che l'huom doppo la morte
> vivo fa;
> quell'honor che tu comparti
> per girar di lustri ed anni
> fin non ha.
> Tutto invecchia, tutto cade,
> si corrode il duro bronzo
> e'l marmo fin;
> la virtù contrasta sola
> con l'etade, con la morte
> e col destin[43]

che in Bologna vengono rimpiazzati dai molto più convenzionali:

---

40 Su questo teatro bolognese, il primo ad essere specificamente destinato alla rappresentazione di opere in musica, cfr. Monaldini, Il teatro di Filippo Guastavillani.
41 Cfr. Busenello, *Delle ore ociose*, p. 150.
42 Cfr. *La Dafne[,] drama musicale. Rappresentata in Bologna* [...]. Bologna 1648, p. 33.
43 Cfr. Busenello, *Delle ore ociose*, p. 162.

Hor drizziamo il volo al monte
ove sale ognun ch'odora [*sic!*]
la Virtù.
Nobil'alme, invitti cori,
V'invitiamo a i veri honori
colà su.⁴⁴

Mentre dunque nell'originale viene implicato o che l'unica cosa duratura e a sopravvivere dopo la morte sia l'onore, ovvero che Apollo, in quanto fonte di onore, sia il mezzo per sopravvivere alla morte fisica, nel libretto bolognese i veri «honori» sono quelli che si gustano nel «cielo», implicitamente dopo la morte: un vero e proprio 'pio' ribaltamento di senso!

Conclusioni

Gli esempî qui riportati si potrebbero grandemente moltiplicare, anche se *grosso modo* sono sintetizzabili in tre categorie 'censorie': l'eliminazione o la modifica di passi o parole giudicati eroticamente troppo audaci; l'eliminazione o la modifica di passi o parole dalla possibile incidenza teologica; l'eliminazione o la modifica di passi o parole politicamente problematici.⁴⁵ Ma la definizione di queste tre grandi categorie, peraltro a volte anche parzialmente sovrapponentisi, non è così univoca e chiara, dipendendo probabilmente anche dal luogo in cui la censura viene effettuata e da chi se ne occupa. Purtroppo non è chiaro chi dovette prendersi carico, su propria iniziativa o su spinta delle autorità, dell'attività censoria. Probabilmente il 'capocomico' delle rispettive compagnie teatrali responsabili dell'esportazione dell'opera, ovvero lo stampatore. In alcuni casi è chiaro comunque che il libretto venne sottoposto all'autorità censoria di turno: la *Dafne*, stampata a Bologna nel 1648, come abbiamo visto sopra, porta ad esempio l'*imprimatur* del Vicario del Sant'Uffizio per il Padre Inquisitore di Bologna⁴⁶; ma in altri casi, come nell'*Armida*, l'*imprimatur* è assente. Può essere tuttavia significativo che la dedica sia rivolta a «Cesare Tedeschi [...], Capitano del Divieto (magistrato preposto al con-

---

44 Cfr. *La Dafne*, p. 40.
45 In effetti queste categorie censorie sono applicabili anche ad altre epoche e ad altri contesti culturali, come è chiaramente visibile dal memoriale redatto dal censore teatrale viennese Franz Karl Hägelin nel 1795, esaminato e ristampato da Glossy, *Zur Geschichte der Wiener Theaterzensur corsivo*, e ripreso in Weisstein, *Böse Menschen*, p. 51, 53, 56, 60s.
46 Cfr. *La Dafne[,]* s.p., http://corago.unibo.it/esemplare/BUB0000407/DPC0000074 [ultimo accesso: 03.10.2022].

trollo dell'ordine pubblico) [n]ella città di Piacenza»[47] ed è quindi possibile che le modifiche anche profonde, rispetto al libretto veneziano, che abbiamo analizzato siano state apportate anche per compiacere questo magistrato. D'altronde non è da escludere che alcune modifiche cui vennero sottoposti i libretti veneziani esportati altrove possano essere state ereditate da rappresentazioni su altre piazze non documentate, ciò soprattutto nei casi in cui fra la prima veneziana e la prima rappresentazione documentata al di fuori di Venezia siano passati svariati anni, come è per i casi qui esaminati. Considerando comunque il pesante clima controriformistico imperante su gran parte della penisola italiana nel primo Seicento, gli interventi censorî subiti dai primi libretti veneziani, con i loro contenuti spesso 'scabrosi' o politicamente delicati, esportati su altre piazze operistiche, non sono affatto sorprendenti.[48] Semmai è sorprendente l'isola di relativa libertà di parola e di espressione rappresentata dalla Repubblica Veneta nel primo Seicento, coincidente in maniera non casuale con l'assenza dei Gesuiti, cacciati come reazione all'interdetto papale del 1606:[49] e probabilmente fu proprio questa atmosfera di relativa libertà, anche di sperimentazione letteraria e di genere, che permise la nascita e la piena fioritura dell'opera 'alla veneziana'.[50] Un clima pressoché unico che si manterrà almeno sino al ritorno dei Gesuiti, nel 1657: ed infatti non a caso, da quegli anni in poi l'opera in musica a Venezia diviene sempre più convenzionale nei temi scelti e nella loro trattazione, evitando sempre più di toccare temi 'imbarazzanti' per la morale corrente e fallendo clamorosamente quando qualche librettista avesse ancora tentato di portare sulla scena tematiche scabrose. Ciò è dimostrato eloquentemente dal caso dell'*Eliogabalo* (1667) di Aurelio Aureli, con musica di Francesco Cavalli che all'ultimo momento venne ritirato dalle scene e sostituito l'anno seguente da un libretto, sempre dell'Aureli, molto più castigato, con nuove musiche di Antonio Boretti.[51] Segnale manifesto nella sua singolarità della fine di un'epoca, seppur breve, di relativa libertà artistica e di espressione nella Serenissima.

---

47 Cfr. Badolato/Martorana, *I drammi musicali*, p. 256, n. 32.
48 Ciò è tanto più vero se si pensa che librettisti e compositori dovranno continuare a confrontarsi con la censura nel teatro d'opera fin ben addentro il Novecento, come evidenziato da Weisstein, Böse Menschen.
49 Le cause e le circostanze che condussero all'interdetto sono trattate in maniera esemplare da Bouwsma, *Venice and the Defense of Republican Liberty*, specialmente nel capitolo VII: The Venetian Interdict: Men and Events, p. 339–417.
50 Ciò è quanto sostiene, almeno indirettamente, Muir, *The Culture Wars*, p. 130s.
51 Sul caso dell'*Eliogabalo*, cfr. Calcagno, Censoring *Eliogabalo*.

Riferimenti bibliografici

Badolato, Nicola/Martorana, Vincenzo (a cura di): *I drammi musicali veneziani di Benedetto Ferrari.* Firenze 2013.
Busenello, Giovan Francesco: *Delle ore ociose / Les fruits de l'oisiveté.* Cur. da Jean-François Lattarico. Paris 2016.
La Dafne[,] drama musicale. Rappresentata in Bologna [...]. Bologna 1648.
Tasso, Torquato: *Gerusalemme liberata.* A cura di Franco Tomasi. Milano [12]2021.

Accorsi, Maria Grazia: Morale e retorica nei melodrammi di Benedetto Ferrari. In: *Musica, scienza e idee nella Serenissima durante il Seicento.* Venezia 1996, p. 325–363.
Accorsi, Maria Grazia: *Amore e melodramma. Studi sui libretti per musica.* Modena 2001
Bianconi, Lorenzo/Walker, Thomas: Dalla *Finta pazza* alla *Veremonda*: storie di Febiarmonici. In: *Rivista Italiana di Musicologia* X (1975), p. 379–454.
Bouwsma, William J.: *Venice and the Defense of Republican Liberty. Renaissance Values in the Age of the Counter Reformation.* Berkeley/Los Angeles 1968.
Bussi, Francesco: Piacenza. In: *Grove Music Online* (2001), https://www.oxfordmusiconline.com/grovemusic/view/10.1093/gmo/9781561592630.001.0001/omo-9781561592630-e-0000021609?rskey=YJR9b4 [ultimo accesso: 01.10.2022].
Calcagno, Mauro: Censoring *Eliogabalo* in Seventeenth-Century Venice. In: Glixon, Beth (a cura di): *Studies in Seventeenth-Century Opera.* Farnham 2010, p. 181–203.
Chiarelli, Alessandra/Pompilio, Angelo: «Or vaghi or fieri». *Cenni di poetica nei libretti veneziani (circa 1640–1740), con l'edizione de* Il cannocchiale per la «Finta Pazza» *di Maiolino Bisaccioni.* Cur. Cesarino Ruini. Bologna 2004.
Conti, Valeria/Usula, Nicola: Venetian Opera Texts in Naples from 1650 to 1653: *Poppea* in Context. In: *Journal of Seventeenth-Century Music* 27/2 (2021), 7.6, https://sscm-jscm.org/jscm-issues/volume-27-no-2/venetian-opera-texts-in-naples-from-1650-to-1653-poppea-in-context/#_ednref36 [ultimo accesso: 01.10.2022].
Culley, Thomas D.: *Jesuits and Music: I. A Study of the Musicians Connected with the German College in Rome during the 17th Century and of their Activities in Northern Europe.* Roma 1970.
Decroisette, Françoise (a cura di): *Le livret d'opéra, œuvre littéraire?* Paris 2010.
Fabbri, Paolo: *Il secolo cantante: per una storia del libretto d'opera nel Seicento.* Bologna 1990.
Getrevi, Paolo: *Labbra barocche. Il libretto d'opera da Busenello a Goldoni.* Verona 1987.
Glossy, Carl: Zur Geschichte der Wiener Theaterzensur. In: *Jahrbuch der Grillparzer-Gesellschaft* 7 (1897), p. 57–74.
Kuhn, Heinrich C.: *Venetischer Aristotelismus im Ende der aristotelischen Welt. Aspekte der Welt und des Denkens des Cesare Cremonini (1550–1631).* Frankfurt a. M. 1996.
Lattarico, Jean-François. *Venise incognita. Essai sur l'académie libertine au xviie siècle.* Paris 2012.
Mancini, Franco/Muraro, Maria Teresa/Povoledo Elena: *I teatri del Veneto. 1,1: Venezia – teatri effimeri e nobili imprenditori.* Venezia 1995.
Mangini, Nicola: *I teatri di Venezia.* Milano 1974.
Miato, Monica: *L'Accademia degli Incogniti di Giovan Francesco Loredan, Venezia (1630–1661).* Firenze 1998.
Michelassi, Nicola: *La finta pazza* di Giulio Strozzi: un dramma incognito in giro per l'Europa (1641–1652). In: Conrieri, Davide (a cura di): *Gli Incogniti e l'Europa.* Bologna 2018, p. 145–208.

Michelassi, Nicola: *La doppia «Finta pazza»: Un dramma veneziano in viaggio nell'Europa del Seicento*. Firenze [in corso di pubblicazione].

Monaldini, Sergio: Il teatro di Filippo Guastavillani, i Riaccesi e l'opera alla veneziana a Bologna (1640–1660). In: *Il Saggiatore Musicale* 25/2 (2018), p. 247–298.

Muir, Edward: *The Culture Wars of the Late Renaissance. Skeptics, Libertines, and Opera*. Cambridge, MA/London 2007.

Petrobelli, Pierluigi: Francesco Manelli: documenti e osservazioni. In: *Chigiana n.s.* 4 (1967), p. 43–66.

Riondato, Ezio/Poppi, Antonino (a cura di): *Cesare Cremonini. Aspetti del pensiero e scritti. Atti del Convegno di studio (Padova, 26–27 febbraio 1999)*. 2 voll. Padova 2000.

Riposio, Donatella: *Il laberinto della verità. Aspetti del romanzo libertino del Seicento*. Alessandria 1995.

Rizzo, Gino: *Sul romanzo secentesco: atti dell'incontro di studio di Lecce (29 novembre 1985)*. Galatina 1987.

Rosand, Ellen: *Opera in Seventeenth-Century Venice: The Creation of a Genre*. Berkeley/Los Angeles/Oxford 1990.

Rosand, Ellen: *Monteverdi's Last Operas: A Venetian Trilogy*. Berkeley 2007.

Rossi, Gaetana: *Il viceré. La Restaurazione del viceré Oñate a Napoli dopo la Rivoluzione di Masaniello secondo la corrispondenza del Residente Fiorentino Vincenzo De' Medici (1648–1650)*. Borgomanero 2017.

Spera, Lucinda (a cura di): *La novella barocca, con un repertorio bibliografico*. Napoli 2001.

Steinheuer, Joachim: Ferrari, Benedetto. Biographie. In: *MGG Online* (2016), https://www.mgg-online.com/article?id=mgg04518&v=1.0&rs=id-e122fc55-5f3e-a01d-e3ad-a1f7174a8113&q=Ferrari%2C%20Benedetto [ultimo accesso: 23.09.2022].

Stockbrugger, Philip: *Il romanzo seicentesco tra Francia e Italia. Indagini intorno all'Accademia degli Incogniti*. Pisa/Roma 2020.

Usula, Nicola: «Qual linea al centro»: New Sources and Considerations on «L'incoronazione di Poppea». In: *Il Saggiatore Musicale* 26/1 (2019), p. 23–59.

Whenham, John: Manelli, Francesco. In: *Grove Music Online* (2001), https://doi.org/10.1093/gmo/9781561592630.article.17616 [ultimo accesso: 20.09.2022].

Whenham, John: Perspectives on the Chronology of the First Decade of Public Opera at Venice. In: *Il Saggiatore Musicale* 11/2 (2003), p. 253–302.

Weisstein, Ulrich: Böse Menschen singen keine Arien. Prolegomena zu einer ungeschriebenen Geschichte der Opernzensur. In: Brockmeier, Peter/Kaiser, Gerhard R. (a cura di): *Zensur und Selbstzensur in der Literatur*. Würzburg 1996, p. 49–73.

Appendice: Tabella

Tabella 1: Opere veneziane dal 1637 al 1662 con loro eventuali riprese al di fuori della Laguna

Librettista/Compositore*	Titolo	Luoghi di recita**	Anno di recita
Benedetto Ferrari/Francesco Manelli	L'Andromeda	**Venezia, S. Cassiano**	**1637**
		Modena, Ducale di Piazza	1656
Ferrari/Manelli	La maga fulminata	**Venezia, S. Cassiano**	**1638**
		Bologna, Guastavillani-Formagliari	1641
Ferrari/Ferrari	L'Armida	**Venezia, SS. Giovanni e Paolo**	**1639**
		Piacenza, Teatro di Palazzo Gotico (Teatro Nuovo)	1650
Giulio Strozzi/Manelli	La Delia, o sia la Sera sposa del Sole	**Venezia, SS. Giovanni e Paolo**	**1639**
	La Delia	Bologna, Guastavillani	1640
	La Delia sposa del Sole	Genova, Falcone	1645
		Milano, ?	1647
Orazio Persiani/Francesco Cavalli	Le nozze di Teti e di Peleo	**Venezia, S. Cassiano**	**1639**
Paolo Vendramin/Manelli	L'Adone	**Venezia, SS. Giovanni e Paolo**	**1639**
Giovan Francesco Busenello/Cavalli	Gli amori d'Apollo e di Dafne	**Venezia, S. Cassiano**	**1640**
	La Dafne	Bologna, Guastavillani	1647
	Apollo e Dafne	Venezia, SS. Giovanni e Paolo	1647 (ripresa)
	Gli amori d'Apollo e di Dafne	Venezia, SS. Giovanni e Paolo	1647 (nuovo allestimento)
Giacomo Badoaro/Claudio Monteverdi	Il ritorno d'Ulisse in patria	**Venezia, SS. Giovanni e Paolo (?)**	**1639/40**
	Ulisse	Bologna, Guastavillani	1640

Tabella 1: Opere veneziane dal 1637 al 1662 con loro eventuali riprese al di fuori della Laguna *(Continuazione)*

Librettista/Compositore*	Titolo	Luoghi di recita**	Anno di recita
	Il ritorno d'Ulisse in patria	Venezia, SS. Giovanni e Paolo (?)	1641
Ferrari/Ferrari	*Il pastor regio*	**Venezia, S. Moisè**	**1640**
		Bologna, Guastavillani	1641 (ristampa)
		Milano, ?	1646
		Piacenza, Teatro Nuovo	1646 (nuovo allestimento)
Busenello/Cavalli	*Didone*	**Venezia, S. Cassiano**	**1641 (*Le ore ociose*):** la stessa?
		Napoli, Sala del Pallonetto, Palazzo Reale	1650
		Genova, Falcone	1652
		Piacenza, Teatro Nuovo	1655 (lo stesso che nel Falcone?)
		Milano, ?	1660 (nuovo allestimento)
Ferrari/Ferrari	*La ninfa avara*	**Venezia, S. Moisè**	**1641**
Michelangelo Torcigliani/ Monteverdi	*Le nozze d'Enea con Lavinia*	**Venezia, SS. Giovanni e Paolo**	**1641**
Ferrari/Ferrari	*Proserpina rapita*	**Venezia, S. Moisé**	**1641**
Strozzi/Francesco Sacrati	*La finta pazza*	**Venezia, Novissimo**	**1641**
		Piacenza, Teatro Nuovo	1644
		Firenze, Baldracca	1645
		Parigi, Petit Bourbon	1645
		Bologna, Guastavillani	1647
		Genova, Falcone	1647 (ristampa)
		Reggio Emilia, ?	1648 (solo Argomento)
		Torino, ?	1648 (ristampa)
		Napoli, Sala del Pallonetto, Palazzo Reale	1652

Tabella 1: Opere veneziane dal 1637 al 1662 con loro eventuali riprese al di fuori della Laguna (*Continuazione*)

Librettista/Compositore*	Titolo	Luoghi di recita**	Anno di recita
		Milano, ?	1662 (nuovo allestimento; ristampa)
Giovan Battista Faustini/ Cavalli	*La virtù de' strali d'Amore*	**Venezia, S. Cassiano**	1642
		Bologna, Malvezzi	1648
Vincenzo Nolfi/Sacrati	*Il Bellerofonte*	**Venezia, Novissimo**	1642
		Venezia, SS. Giovanni e Paolo	1645 (ripresa)
		Bologna, Guastavillani	1648 (nuovo allestimento)
		Bologna, Guastavillani	1649
Giovan Francesco Loredan, Pietro Michiel & Giovan Battista Fusconi/Cavalli	*Amore innamorato*	**Venezia, S. Moisé**	1642
Persiani/Filippo Vitali & Marco Marazzoli	*Narciso et Eco immortalati*	**Venezia, SS. Giovanni e Paolo**	1642
Francesco Melosio/Nicolò Fontei	*Sidonio e Dorisbe*	**Venezia, S. Moisè**	1642
Marc'Antonio Tirabosco/ Manelli	*L'Alcate*	**Venezia, Novissimo**	1642
Persiani/Marazzoli	*Gli amori di Giasone e d'Isifile*	**Venezia, SS. Giovanni e Paolo**	1642
Busenello/Monteverdi	*L'incoronazione di Poppea*	**Venezia, SS. Giovanni e Paolo**	1642/3 (***Ore ociose***)
		Venezia, SS. Giovanni e Paolo	1646 (ripresa)
	Il Nerone, ovvero L'incoronazione di Poppea	Napoli, Sala del Pallonetto, Palazzo Reale	1651
Strozzi/Filiberto Laurenzi, Tarquinio Merula, Arcangelo Crivelli, Ferrari, Alessandro Leardini & Vincenzo Tozzi	*La finta savia*	**Venezia, SS. Giovanni e Paolo**	1643

Tabella 1: Opere veneziane dal 1637 al 1662 con loro eventuali riprese al di fuori della Laguna *(Continuazione)*

Librettista/Compositore*	Titolo	Luoghi di recita**	Anno di recita
Niccolò Enea Bartolini/Sacrati	*La Venere gelosa*	**Venezia, Novissimo**	**1643**
Faustini/Cavalli	*Egisto*	**Venezia, S. Cassiano**	**1643**
		Genova, Falcone	1645 (ristampa)
		Firenze, Corte di Palazzo Pitti / Baldracca***	1646
		Bologna, Guastavillani	1647 (nuovo allestimento)
		Ferrara, S. Lorenzo(?)	1648
		Napoli, Sala del Pallonetto, Palazzo Reale	1651
		Bologna, ?	1659
		Bergamo, ?	1659
		Spilimberto, ?	1667 (nuovo allestimento)
		Firenze, Cocomero	1667
Ferrari/Ferrari	*Il prencipe giardiniero*	**Venezia, SS. Giovanni e Paolo**	**1643**
Faustini/Cavalli	*Ormindo*	**Venezia, S. Cassiano**	**1644**
Badoaro/Sacrati	*L'Ulisse errante*	**Venezia, SS. Giovanni e Paolo**	**1644**
Errico Scipione/Cavalli	*La Deidamia*	**Venezia, Novissimo**	**1644**
		Venezia, SS. Giovanni e Paolo	1647
		Firenze, Baldracca(?)	1650(?)
Faustini/Cavalli	*La Doriclea*	**Venezia, S. Cassiano**	**1645**
Faustini/Cavalli	*Il Titone*	**Venezia, S. Cassiano**	**1645**
Maiolino Bisaccioni/Giovanni Rovetta	*Ercole in Lidia*	**Venezia, Novissimo**	**1645**
Strozzi/Cavalli	*Il Romolo e 'l Remo*	**Venezia, SS. Giovanni e Paolo**	**1645**

Tabella 1: Opere veneziane dal 1637 al 1662 con loro eventuali riprese al di fuori della Laguna *(Continuazione)*

Librettista/Compositore*	Titolo	Luoghi di recita**	Anno di recita
Busenello/Cavalli	*La prosperità infelice di Giulio Cesare dittatore*	**Venezia, Novissimo(?)**	**1646**
		Venezia, SS. Giovanni e Paolo	1656(?)
?/?	*Gli accidenti del vittorioso Goffredo con il caso di Sofronia e Olindo*	**Venezia, SS. Apostoli**	**1648**
Faustini/Cavalli(?) & Marc'Antonio Ziani(?)	*L'Ersilla*	**Venezia, S. Moisè**	**1648**
Pietro Paolo Bissari/Cavalli	*La Torilda*	**Venezia, SS. Giovanni e Paolo**	**1648 o 1649**
		Genova, Falcone	1653
Bisaccioni/Sacrati	*La Semiramide in India*	**Venezia, Novissimo(?)**	**1648**
Fusconi & Michiel/Rovetta & Leardini	*Argiope*	**Venezia, SS. Giovanni e Paolo**	**1649**
Faustini/Cavalli	*L'Euripo*	**Venezia, S. Moisè(?)**	**1649**
Giacinto Andrea Cicognini/ Cavalli	*Giasone*	**Venezia, S. Cassiano**	**1649**
		Milano, ?	1650 (ristampa, ma libretto ristampato anche a Venezia lo stesso anno)
		Firenze, ?	1650
		Genova, Falcone	1651
		Firenze, ?	1651
		Bologna, Guastavillani	1651
		Napoli, Sala del Pallonetto, Palazzo Reale	1651 (identica alla milanese del 1651?)
		Palermo, ?	1655 (identica a quelle di Piacenza e Milano?)
		Piacenza, Teatro Nuovo	1655 (nuovo allestimento)
		Livorno, Fedeli	1656 (ristampa)

Tabella 1: Opere veneziane dal 1637 al 1662 con loro eventuali riprese al di fuori della Laguna *(Continuazione)*

Librettista/Compositore*	Titolo	Luoghi di recita**	Anno di recita
		Vicenza, ?	1658
		Ferrara, Obizzi	1659 (identica a quella stampata lo stesso anno a Viterbo?)
		Perugia, ?	1663
		Rovereto, ?	1664
		Venezia, Saloni	1664 (nuovo allestimento)
		Ancona, ?	1664
		Venezia, S. Cassiano	1666 (nuovo allestimento)
		Napoli, S. Bartolomeo?	1667
		Reggio Emilia, Palazzo Comunale	1668
	Il novello Giasone	Roma, Tordinona	1671 (nuovo allestimento)
	Il Giasone	Napoli, S. Bartolomeo	1672
		Bologna, ?	1673 (nuovo allestimento)
	Il novello Giasone	Roma, Tordinona	1676 (revisione)
	Il trionfo d'amor nelle vendette	Genova, Falcone	1681
	Medea in Colco	Brescia, ?	1690 (revisione)
Cicognini/Francesco Lucio	*Orontea*	**Venezia, SS. Apostoli**	**1649**
	Orontea regina d'Egitto	Napoli, S. Bartolomeo	1654
Giacomo Castoreo/?	*Argelinda*	**Venezia, Saloni**	**1650**
Bissari/Cavalli	*La Bradamante*	**Venezia, SS. Giovanni e Paolo**	**1650**
		Milano, Reggio Palazzo di Milano	1658

Tabella 1: Opere veneziane dal 1637 al 1662 con loro eventuali riprese al di fuori della Laguna *(Continuazione)*

Librettista/Compositore*	Titolo	Luoghi di recita**	Anno di recita
Bisaccioni/Gasparo Sartorio	*Orizia*	**Venezia, SS. Apostoli**	1650
Niccolò Minato/Cavalli	*Orimonte*	**Venezia, S. Cassiano**	1650
Dario Varotari/Antonio Cesti	*Il Cesare amante*	**Venezia, SS. Giovanni e Paolo**	1651 o 1652
	La Cleopatra	Innsbruck, Komödienhaus	1654
	Il Cesare amante	Genova, Falcone	Seconda metà del XVII secolo
Faustini/Cavalli	*L'Oristeo*	**Venezia, S. Apollinare**	1651
	L'Oristeo travestito	Bologna, Guastavillani	1656
Faustini/Cavalli	*Rosinda*	**Venezia, S. Apollinare**	1651
	Le magie amorose	Napoli, S. Bartolomeo?	1653 (revisione)
Francesco Sbarra & Torcigliani/Cesti	*Alessandro vincitor di sé stesso*	**Venezia, SS. Giovanni e Paolo**	1651
		Firenze, ?	1654
		Lucca, ?	1654 (revisione)
		Bologna, Guastavillani	1655 (nuovo allestimento)
	Alessandro il Grande vincitor di sé stesso	Monaco di Baviera, ?	1658 (nuovo allestimento)
	Alessandro vincitor di sé stesso	Milano, ?	1659
		Napoli, S. Bartolomeo?	1662
		Roma, ?	1664
Bortolo Castoreo/Sartorio	*L'Armidoro*	**Venezia, S. Cassiano**	1651
Cicognini & ?/Lucio	*Gl'amori di Alessandro Magno e di Rossane*	**Venezia, SS. Apostoli**	1651
		Firenze, Baldracca	1652
Faustini/Cavalli	*La Calisto*	**Venezia, S. Apollinare**	1651
Aurelio Aureli/Sartorio	*L'Erginda*	**Venezia, SS. Apostoli**	1652
Faustini/Cavalli	*Eritrea*	**Venezia, S. Apollinare**	1652

Tabella 1: Opere veneziane dal 1637 al 1662 con loro eventuali riprese al di fuori della Laguna *(Continuazione)*

Librettista/Compositore*	Titolo	Luoghi di recita**	Anno di recita
		Bologna, Guastavillani	1654
		Napoli, ?	1659
		Venezia, S. Salvatore	1661 (nuovo allestimento)
		Venezia, S. Apollinare	1662 (come sopra?)
		Brescia, Novissimo della illustrissima Accademia	1665
		Milano, Regio	1669
	Eurimedonte, principe d'Egitto	Bergamo, ?	1675
	L'Eritrea	Pisa, ?	1676 (revisione)
Castoreo/?	*Eurimene*	**Venezia, S. Apollinare**	**1652**
Faustini/Cavalli	*Elena rapita da Teseo*	**Venezia, SS. Giovanni e Paolo**	**1653**
Castoreo/Lucio	*Pericle effeminato*	**Venezia, S. Apollinare**	**1653**
Castoreo/Pietro Andrea Ziani	*La guerriera spartana*	**Venezia, S. Apollinare**	**1654**
Giacomo Dall'Angelo/Lucio	*L'Euridamante*	**Venezia, S. Moisè**	**1654**
Giulio Cesare Sorrentino & Aureli/Cavalli	*Il Ciro*	**Venezia, SS. Giovanni e Paolo**	**1654**
		Venezia, SS. Giovanni e Paolo	1654 (nuovo allestimento)
		Genova, Falcone	1654
		Palermo, ?	1657
		Venezia, SS. Giovanni e Paolo	1665 (revisione)
		Bologna, ?	1666
		Bologna, Guastavillani	1671
		Modena, Spelta	1675 (nuovo allestimento)
		Perugia, ?	1678

Tabella 1: Opere veneziane dal 1637 al 1662 con loro eventuali riprese al di fuori della Laguna
(Continuazione)

Librettista/Compositore*	Titolo	Luoghi di recita**	Anno di recita
Faustini/P. A. Ziani	*L'Eupatra*	**Venezia, S. Apollinare**	**1655**
Minato/Cavalli	*Xerse*	**Venezia, SS. Giovanni e Paolo**	**1655**
		Genova, Falcone	1656
		Napoli, S. Bartolomeo	1657 (revisione e ristampa)
		Bologna, Guastavillani	1657
		Palermo, ?	1658 (revisione)
		Parigi, Louvre	1660
		Milano, Ducale	1665
		Verona, Nuovo di S. Eufemia	1665 (revisione)
		Torino, Palazzo Vecchio di S. Giovanni	1667
		Cortona, ?	1682
Busenello/Cavalli	*La Statira principessa di Persia*	**Venezia, SS. Giovanni e Paolo**	**1655 (1656?)**
		Napoli, ?	1666
Castoreo/?	*Arsinoe*	**Venezia, Saloni**	**1655**
Aureli/Cavalli	*L'Erismena*	**Venezia, S. Apollinare**	**1655**
		Bologna, Guastavillani	1656
		Milano, Corte Ducale	1661
		Firenze, Cocomero	1661
		Ferrara, S. Lorenzo(?)	1662
		Ancona, ?	1666
		Brescia, Accademia degli Erranti	1666
		Genova, Falcone	1666
		Bologna, Guastavillani	1668
		Lucca, de' Borghi	1668

Tabella 1: Opere veneziane dal 1637 al 1662 con loro eventuali riprese al di fuori della Laguna *(Continuazione)*

Librettista/Compositore*	Titolo	Luoghi di recita**	Anno di recita
		Ferrara, Bonacossi	1669
		Venezia, Vendramino in S. Salvatore	1671(?) (nuovo allestimento)
		Forlì, Publico	1673
Castoreo/?	*Le fortune d'Oronte*	**Venezia, Saloni**	**1656**
Pietro Angelo Zaguri/?	*Le gelosie politiche & amorose*	**Venezia, Casa Giovan Battista Sanudo**	**1657**
Aureli/P. A. Ziani	*Le fortune di Rodope e Damira*	**Venezia, S. Apollinare**	**1657**
		Bologna, Guastavillani	1658 (nuovo allestimento)
		Bergamo, ?	1660 (come Milano?)
		Milano, Regio	c. 1660
		Livorno, Nuovo	1661
		Ferrara, S. Lorenzo	1662
		Torino, ?	1662
		Firenze, Cocomero	1662
		Napoli, S. Bartolomeo?	1666
		Forlì, Signori Accademici Filergiti	1667
		Palermo, Rodino	1669
		Bologna, Guastavillani	1670 (nuovo allestimento)
		Reggio Emilia, Comunità	1674 (nuovo allestimento)
Minato/Cavalli	*Artemisia*	**Venezia, SS. Giovanni e Paolo**	**1657**
		Napoli, S. Bartolomeo	1658(?) (revisione)
		Palermo, Misericordia	1659
		Milano, ?	1662 (nuovo allestimento)

Tabella 1: Opere veneziane dal 1637 al 1662 con loro eventuali riprese al di fuori della Laguna *(Continuazione)*

Librettista/Compositore*	Titolo	Luoghi di recita**	Anno di recita
		(Milano), ?	1663
		Genova, Falcone	1665
		Firenze, Cocomero(?)	1666
		Vienna, ?	1673
Castoreo/?	Il principe corsaro	**Venezia, Saloni**	**1658**
Francesco Maria Piccioli/P. A. Ziani	L'incostanza trionfante, ovvero il Teseo	**Venezia, S. Cassiano**	**1658**
Accademici Imperturbabili/ Pietro Simone Agostini	Il Tolomeo	**Venezia, S. Apollinare**	**1658**
Aureli/Lucio	Il Medoro	**Venezia, SS. Giovanni e Paolo**	**1658**
		Palermo, Rodino	1667
Castoreo/?	Il pazzo politico	**Venezia, Saloni**	**1658**
Aureli/Giovan Battista Volpe	La costanza di Rosmonda	**Venezia, SS. Giovanni e Paolo**	**1659**
		Bologna, Guastavillani	1660 (nuovo allestimento)
		Milano, Ducale	1661
		Milano, Regio	1675
Minato/Cavalli	Antioco	**Venezia, S. Cassiano**	**1659**
		Reggio Emilia, Comunità	1668 (nuovo allestimento)
		Firenze, Cocomero	1669
		Bologna, Guastavillani	1673 (nuovo allestimento)
		Venezia, S. Salvatore	1680
Faustini & Minato/Cavalli	Elena	**Venezia, S. Cassiano**	**1659**
Zaguri/Daniele da Castrovillari	Gl'avvenimenti d'Orinda	**Venezia, Grimani a SS. Giovanni e Paolo**	**1660**
		Napoli, S. Bartolomeo?	1662

Tabella 1: Opere veneziane dal 1637 al 1662 con loro eventuali riprese al di fuori della Laguna *(Continuazione)*

Librettista/Compositore*	Titolo	Luoghi di recita**	Anno di recita
Domenico Gisberti/Cavalli	La pazzia in trono, overo Caligola delirante	**Venezia, S. Apollinare**	1660
Aureli/P. A. Ziani	Antigona delusa da Alceste	**Venezia, SS. Giovanni e Paolo**	1660
		Bologna, ?	1661 (nuovo allestimento)
		Milano, ?	1662 (nuovo allestimento)
		Milano, Regio	1669
		Napoli, S. Bartolomeo?	1669(?)
		Venezia, S. Salvatore	1670x (nuovo allestimento)
	L'Alceste	Hannover, ?	1679 (revisione)
Giuseppe Artale/Castrovillari	La Pasife, o vero L'impossibile fatto possibile****	**Venezia, S. Salvatore**	1661
(Minato) & Niccolò Beregan/P. A. Ziani	Annibale in Capua	**Venezia, Grimano (SS. Giovanni e Paolo)**	1661
		Ferrara, S. Stefano	1665
		Milano, Regio	1666
		Bologna, Guastavillani	1668
		Parma, Collegio dei Nobili	1668
		Bergamo, ?	1668
		Lucca, ?	1675
		Lucca, ?	1676
Aureli/Antonio Sartorio	Gl'amori infruttuosi di Pirro	**Venezia, SS. Giovanni e Paolo**	1661
		Venezia, SS. Giovanni e Paolo	1662 (ripresa)

Tabella 1: Opere veneziane dal 1637 al 1662 con loro eventuali riprese al di fuori della Laguna *(Continuazione)*

Librettista/Compositore*	Titolo	Luoghi di recita**	Anno di recita
Aureli/P. A. Ziani	Gli scherzi di fortuna	**Venezia, Grimano (SS. Giovanni e Paolo)**	**1662**
		Verona, ?	1665
		Livorno, ?	1669
Dall'Angelo/Castrovillari	La Cleopatra	**Venezia, S. Salvatore**	**1662**
		Pisa, ?	1671
Aureli/P. A. Ziani	Le fatiche d'Ercole per Deianira	**Venezia, Grimano (SS. Giovanni e Paolo)**	**1662**
		Napoli, S. Bartolomeo	1679
		Amsterdam, ?	1681

* Le informazioni sono tratte essenzialmente dal sito *Corago. Repertorio e archivio di libretti del melodramma italiano dal 1600 al 1900*, http://corago.unibo.it/ (ultimo accesso: 06/10/2022).
** Il teatro veneziano, coincidente con il teatro della prima rappresentazione, è in grassetto.
*** Cfr. Michelassi, Nicola: *La finta pazza* a Firenze: commedie «spagnole» e «veneziane» nel teatro di Baldracca (1641–1665). In: *Studi Secenteschi* 41 (2000), p. 313–351: 336.
**** Evidentemente, lo spettacolo fu un fallimento, almeno a giudicare dal clamoroso rifiuto del pubblico nella serata di apertura. Cfr. da Mosto, Andrea: Uomini e cose del '600 veneziano (da un epistolario inedito). In: *Rivista di Venezia*, 1933, 117, cit. in Gualandri, Francesca: Spettacoli, luoghi e interpreti a Venezia all'epoca della *Didone*. In: *La Fenice prima dell'Opera 2005–2006* 7, p. 39-62: 40, n. 5. Non sorprende quindi che questa sia una delle rare opere veneziane degli anni 1660 a non godere di una rappresentazione al di fuori della Laguna.

www.ingramcontent.com/pod-product-compliance
Lightning Source LLC
Chambersburg PA
CBHW020116010526
44115CB00008B/856